"十三五"江苏省高等学校重点教材(编号：2019-1-082)

高等职业教育通信类系列教材

# 移动通信无线网络优化

主　编　徐　彤　于正永

副主编　李　军

西安电子科技大学出版社

# 内 容 简 介

本书内容对接中国移动 LTE 无线网络优化岗位技能要求，并将华为、大唐等 ICT 技能认证内容融入其中。本书主要内容包括 LTE 技术特点和网络架构认知、LTE 无线网络信号测试、LTE 无线网络数据的统计与分析、LTE 无线网络优化技术认知、LTE 无线网络典型案例的分析，共 5 个项目 17 个学习任务。为便于使用，本书提供了中国大学 MOOC 在线资源，读者可通过扫描封面上的二维码查看。

本书既可作为高职高专通信技术类专业的教材，也可作为 LTE 无线网络优化工程技术人员的参考书。

**图书在版编目(CIP)数据**

移动通信无线网络优化 / 徐彤，于正永主编. —西安：西安电子科技大学出版社，2022.5
(2024.11 重印)
ISBN 978-7-5606-6419-4

Ⅰ. ①移… Ⅱ. ①徐… ② 于… Ⅲ. ①移动通信—无线网 Ⅳ. ①TN929.5

中国版本图书馆 CIP 数据核字(2022)第 059966 号

策　　划　高　樱
责任编辑　高　樱
出版发行　西安电子科技大学出版社(西安市太白南路 2 号)
电　　话　(029)88202421　88201467　　　邮　编　710071
网　　址　www.xduph.com　　　　　　电子邮箱　xdupfxb001@163.com
经　　销　新华书店
印刷单位　陕西博文印务有限责任公司
版　　次　2022 年 5 月第 1 版　　2024 年 11 月第 3 次印刷
开　　本　787 毫米×1092 毫米　1/16　印　张　16.25
字　　数　383 千字
定　　价　46.00 元
ISBN 978-7-5606-6419-4
XDUP 6721001-3
***如有印装问题可调换***

# 前　言

　　随着技术的发展，移动网络建设规模不断壮大，移动通信正在不断改变人们的生活。无线网络优化是移动通信网络正常运行的重要保证，而无线网络优化课程是通信技术类专业的核心课程，在人才培养中起着重要的作用。有鉴于此，我们编写了本书，希望能够在该领域为读者奉献一本实用、精练的教学用书。

　　本书是江苏省"通信技术"品牌专业项目教材建设成果，获得了"十三五"江苏省高等学校重点教材立项。

　　本书由校企合作编写，出版前已经作为校本教材使用了 3 年。按照"十三五"规划对教育和教学建设的要求，为突出实践技能培养，主要编写人员由国内著名电信运营企业中从事无线网络优化工作的资深技术人员担任，他们均具备较丰富的无线网络优化实践工作经验。另外，为了确保书中内容的安排与中国移动 LTE 无线网络优化技能要求相对接，力求将 LTE 无线网络优化工作流程所涉及的相关技术原理和操作技能介绍得全面且系统，本书编写团队曾多次到华为大学培训中心和中国移动通信集团公司进行技术调研，研讨 LTE 无线网络优化岗位能力要求。

　　本书遵循工学结合的编写理念，在内容选取上以 LTE 无线网络优化的岗位要求为目标，以工作过程为主线，从网络优化基本原理到实践操作，由浅入深地介绍了 LTE 无线网络优化方面的理论知识和实践技能。本书具有以下特点：

　　(1) 采用项目任务式结构。根据无线网络优化流程将教材设计为 5 个项目 17 个学习任务，使读者在实施任务的过程中掌握知识和技能。

　　(2) 内容与岗位技能对接。依据中国移动 LTE 无线网络优化技能要求和通信行业职业技能鉴定标准，将 LTE 无线网络优化流程所涉及的相关技术原理和操作技能融入本书。

　　(3) 理实一体，图文并茂。采用理实一体化编写模式，将技术理论通过实践案例分析的形式进行讲解，并在版面编排上力求图文并茂，以使抽象复杂的技术理论简单化，通俗易懂。

本书由江苏电子信息职业学院和陕西国防工业职业技术学院教师团队共同编写，其中任务 1.1～任务 1.3、任务 4.1～任务 4.4、任务 5.1～任务 5.3 由徐彤编写，任务 2.1～任务 2.3 由于正永编写，任务 2.4 和任务 2.5 由李军编写，任务 3.1 和任务 3.2 由丁胜高、束美其、华山共同编写。华为大学南京培训分部屠海讲师给本书提出了许多宝贵的编写建议；此外，本书的编写还得到了南京嘉环科技有限公司和中国移动江苏分公司的大力支持，这里一并表示诚挚的感谢！

对于书中的疏漏和不妥之处，恳请读者提出宝贵建议，联系方式：haxt2000@163.com。

编　者

2022 年 1 月

# 目　　录

# 项目一　LTE 技术特点和网络架构认知

## 任务 1.1　LTE 相关技术

### 课前引导

LTE 无线网络中，20 MHz 带宽时的下行峰值速率可达到 100 Mb/s，上行峰值速率可达到 50 Mb/s，在一定程度上实现了数据、音频、视频的快速传输。LTE 能够提供快速传输能力，主要是因为采用了正交频分复用、MIMO 等关键技术。

### 学习任务

(1) 理解正交频分复用的实现过程。
(2) 了解 OFDM 技术的优势和缺点。
(3) 了解 LTE 中 MIMO 技术的主要使用场景。
(4) 理解 9 种 MIMO 传输模式。
(5) 能够通过网络优化软件查看 LTE 工作模式、工作带宽、CP 类型及 MIMO 的传输模式。

### 1.1.1　OFDM 技术

#### 1. OFDM 概述

FDMA(Frequency Division Multiple Access，频分多址)是指将通信系统的总频段划分成若干个等间隔的频道(也称信道)，然后分配给不同的用户使用。

传统的频分复用(FDM)多载波调制技术中各个载波的频谱是互不重叠的，如图 1-1(a) 所示，各载波之间需要保留足够的频率间隔。不同载波之间保留频率间隔，可以避免各载波之间的相互干扰，但是牺牲了频率利用效率。能否采用新的技术，既可以避免各载波之间的相互干扰，又可以提升频率利用效率呢？OFDM 就是解决此问题的有效技术。

OFDM(Orthogonal Frequency Division Multiplexing，正交频分复用)是指将信道分成若干正交子信道，然后将高速数据信号转换成并行的低速子数据流，调制到每个子信道上进行传输。

OFDM 多载波调制技术中各子载波的频谱是互相重叠的，并且在整个符号周期内满足正交性，如图 1-1(b)所示。OFDM 不但减小了子载波间的相互干扰，还大大减少了保护带宽，提高了频谱利用率。OFDM 是一种能够提高频谱资源效率的多载波传输方式。

(a) FDM示意图

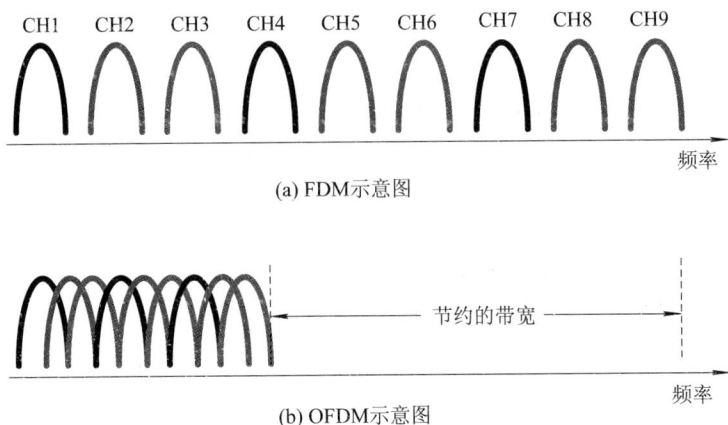

(b) OFDM示意图

图 1-1　FDM 与 OFDM 的对比

### 2. OFDM 系统实现

OFDM 系统实现的主要功能模块有三个：①串/并、并/串转换；②FFT、IFFT；③加入 CP(Cyclic Prefix，循环前缀)、去除 CP。OFDM 系统原理如图 1-2 所示。

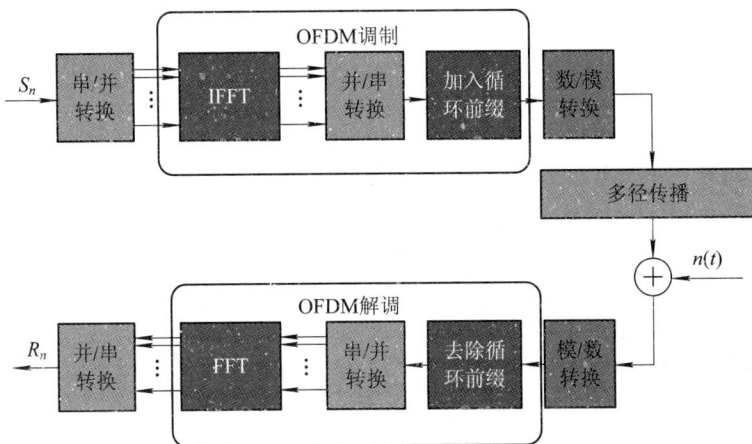

图 1-2　OFDM 系统原理

#### 1) 并行传输

在发射端，用户的高速数据流经过串/并转换后，成为多个低速率码流，每个码流可用一个子载波发送。

在移动通信系统中，由于信号的传输路径不同，因此到达接收端的信号强度会不同，这称为空间选择性衰落。另外，无线电波发射出去后，会经过直射、绕射、反射等多种路径到达接收端，且到达接收端的时间和信号强度是不同的，这称为多径效应。多径效应会产生多径时延或时间色散。多径时延容易引起符号间干扰(Inter Symbol Interference，ISI)，增大了系统的自干扰。

在宽带传输系统中，不同频率在相同空间的衰落特性是不一样的，这称为频率选择性衰落。频率选择性衰落易引起较大的信号失真，需要信道均衡操作，以便纠正信道对不同频率的响应差异，尽量恢复信号发送前的样子。带宽越大，信道均衡操作越难。

使用并行传输技术，可使每个码元的传输周期大幅增加，降低系统的自干扰。同时，使用并行传输技术将宽带单载波转换为多个窄带子载波操作，每个子载波的信道响应近似没有失真，即频率选择性衰落不明显，这样，接收端的信道均衡操作非常简单，极大地降低了信号失真。

2) FFT

OFDM 要求各子载波之间相互正交，在理论上已证明，使用快速傅里叶变换(Fast Fourier Transform，FFT)和逆快速傅里叶变换(Inverse Fast Fourier Transform，IFFT)可以较好地实现正交变换。

在发射端，OFDM 系统使用逆快速傅里叶变换(IFFT)模块来实现多载波映射叠加过程，经过 IFFT 模块可将大量窄带子载波频域信号变换成时域信号。

在接收端，用快速傅里叶变换(FFT)模块把重叠在一起的波形分隔出来。

3) 加入 CP

多径时延会导致 OFDM 符号到达接收端可能带来符号间干扰(ISI)；同样，多径时延使得不同子载波到达接收端后不能再保持绝对的正交性，从而引入载波间干扰(Inter Carrier Interference，ICI)。

如果在 OFDM 符号(数据比特经过 IFFT、并/串转换和加入 CP 之后均称为符号)发送前，在码元内插入保护间隔，则当保护间隔足够大的时候，多径时延造成的影响就不会延伸到下一个符号周期内，从而大大减少了符号间干扰(ISI)。

在 OFDM 中，使用的保护间隔是循环前缀(CP)。所谓循环前缀，就是将每个 OFDM 符号的尾部一段复制到符号之前，如图 1-3 所示。

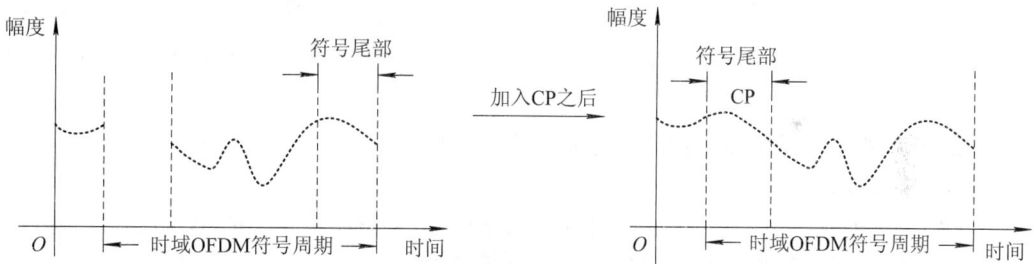

图 1-3　加入 CP 示意图

比起纯粹的加空闲保护时段来说，加入 CP 增加了冗余符号信息，更有利于克服符号间干扰(ISI)；同时，OFDM 加入 CP 可以保证信道间的正交性，大大减少载波间干扰(ICI)。

### 3. OFDM 的特点

OFDM 是 LTE 系统关键技术，相比于 3G 系统中的 CDMA，其具有以下优势：

(1) 频谱效率高。

传统的 FDM 系统的载波之间必须有保护带宽，频率利用效率不高。OFDM 的多个正交的子载波可以相互重叠，无需保护频带来分离子信道，从而提高了频率利用效率，提升了系统的容量。

(2) 带宽可灵活配置且可扩展性强。

带宽可灵活配置表现在带宽大小可灵活分配、使用的频率可离散分配。

① 带宽大小可灵活分配。相对于以往固定带宽的系统，如在 WCDMA 系统中，上行 5 MHz 带宽、下行 5 MHz 带宽是固定好的，不能变化；但在 LTE 系统中，上、下行的带宽可以根据需要灵活分配。

② 使用的频率可离散分配。相对于以往固定带宽的系统，如在 WCDMA 系统中，所需的 5 MHz 带宽必须是连续的；而在 LTE 系统中，若需要 5 MHz 带宽，则可以将 5 MHz 带宽分在不连续的频率上。

目前 LTE 支持的带宽有 6 个等级：1.4 MHz、3 MHz、5 MHz、10 MHz、15 MHz、20 MHz，可扩展性强。

(3) OFDM 系统的自适应能力强。

OFDM 技术持续不断地监控无线环境特性随时随地的变化，通过接通、切断相应的子载波，使 OFDM 系统动态地适应环境，极大地提高了抗频率选择性衰落的能力，确保了无线链路的传输质量。

OFDM 的各个子载波可以根据信道状况的不同选择不同的调制方式，如 BPSK、QPSK、8PSK、16QAM、64QAM 等。当信道条件好的时候，采用高阶的调制方式；而当信道条件差的时候，则采用抗干扰能力强的低阶调制方式。

(4) 抗衰落能力和抗干扰能力强。

由于 OFDM 将宽带传输转化为多个窄带子载波的并行传输，符号周期长，因此能抵抗多径效应引起的信道快衰落。

OFDM 系统加入循环前缀(CP)技术之后，大大降低了 ISI 和 ICI 的影响。

(5) 便于实现 MIMO 技术。

OFDM 技术使得每个子载波上的信道可以看成是平坦衰落信道，从而使子载波上 MIMO 的检测仅需考虑单径信道而不需考虑多径信道的影响，所以大大简化了 MIMO 接收端的设计与实现。

尽管 OFDM 有诸多优点，但该技术也有不可忽略的几个缺点，具体如下：

(1) 峰均比高。

OFDM 符号由多个子载波信号组成，各个子载波信号是由不同的调制方式分别完成的。OFDM 符号在时域上表现为 $N$ 个正交子载波信号的叠加，当这 $N$ 个信号恰好同相，功率以峰值相叠加时，OFDM 符号将产生最大峰值功率，该峰值功率最大可以是平均功率的 $N$ 倍。尽管峰值功率出现的概率较低，但峰均比(即峰值功率与系统总平均功率的比值)越大，对放大器的线性范围要求就越高。过高的峰均比会降低放大器的效率，增加模/数(A/D)转换和数/模(D/A)转换的复杂性，也增加了传送信号失真的可能性。

OFDM 系统的峰均比比 CDMA 系统的峰均比高很多，这样会影响射频功率放大器的效率，增加硬件的成本。

(2) 多普勒频偏对 OFDM 系统影响大。

OFDM 系统严格要求各个子载波之间的正交性，频偏和相位噪声会使各个子信道之间的正交特性恶化。任何微小的频偏都会破坏子载波之间的正交性，仅 1%的频偏就会造成信噪比下降 30 dB，引起载波间干扰(ICI)。

当移动速度较高的时候，会产生多普勒效应，这时，载波的中心频率会发生偏移，偏移的大小称为多普勒频偏。对于宽带载波(数量级为 MHz)来说，多普勒频偏相对整个带宽比例较小，影响不大；而多普勒频偏相对于 OFDM 子载波(子载波带宽为 15 kHz)来说，比例就比较大了。对抗多普勒频移性能较差是 OFDM 技术一个非常致命的缺点。

同样，频偏会产生相位噪声，易导致高阶调制符号星座点的错位、扭曲，从而形成 ICI。而对宽带单载波系统来说，只有降低接收到的信噪比(SNR)，才不会引起载波间相互干扰。

(3) OFDM 对时间和频率同步要求严格。

时间偏移误差会导致 OFDM 子载波的相位偏移及符号间干扰(ISI)；而频率偏移误差则会导致子载波间失去正交性，带来子载波间的干扰，影响接收性能。因此，OFDM 系统对时间和频率的同步误差比较敏感。

OFDM 系统通过设计同步信道、导频和信令交互，以及加入 CP，目前已经能够满足系统对同步的要求。

(4) 存在小区间下行干扰。

OFDM 系统保证了小区内用户的正交性，在抑制小区内的用户干扰方面，优势比较明显。但是，OFDM 系统本身无法提供小区间的多址能力，无法实现自然的小区间多址，对于小区间的干扰抑制问题，需要依赖小区间干扰抑制技术来进行辅助抑制。

## 1.1.2　MIMO 技术

MIMO(Multiple-Input Multiple-Output，多输入多输出)技术是指在发射端和接收端分别使用多个发射天线和接收天线，使信号通过发射端与接收端的多个天线发送和接收，从而改善通信质量。

LTE 系统的下行 MIMO 技术支持 2×2 的基本天线配置。下行 MIMO 技术主要应用于空间分集、空间复用及波束成形这三大场景。与下行 MIMO 技术相同，LTE 系统上行 MIMO 技术也包括空间分集和空间复用。在 LTE 系统中，应用 MIMO 技术的上行基本天线配置为 1×2，即一根发送天线和两根接收天线。考虑到终端实现复杂度的问题，目前对于上行并不支持一个终端同时使用两根天线进行信号发送，即只考虑存在单一上行传输链路的情况。

### 1. 空间分集

空间分集分为发射分集、接收分集两种。

1) 发射分集

发射分集就是在发射端使用多副发射天线发射信息，通过对不同的天线发射的信息进行编码达到空间分集的目的，接收端可以获得比单天线高的信噪比。空间发射分集常用的技术包括空时发射分集(STTD)、空频发射分集(SFTD)、时间切换发射分集(TSTD)、频率切换发射分集(FSTD)和循环延时分集(CDD)。LTE 系统中，为了确保控制信道可靠传输，控制信道普遍采用发射分集方式进行传输。

(1) 空时发射分集。

空时发射分集(STTD)是将空间分集与空时编码(STC)相结合的方案，也是目前最受关注的分集方案。STBC(空时块码)的主要思想是在空间和时间两个维度上安排数据流的不同版本，可以有空间分集和时间分集的效果，从而降低信道误码率，提高信道可靠性。如图 1-4 所示为 STTD 编码方式。空时发射分集方法对信道衰落的抑制能力，使它能够使用高阶的调制方式减少复用因子，从而提高系统容量。

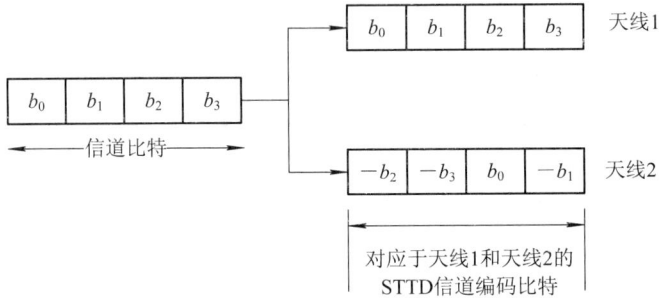

图 1-4　STTD 编码方式

(2) 空频发射分集。

空频发射分集(SFTD)将同一组数据承载在不同的子载波上面获得频率分集增益。SFBC(Space Frequency Block Code，空频块码)的主要思想是在空间和频率两个维度上安排数据流的不同版本，可以有空间分集和频率分集的效果，其原理图如图 1-5 所示。SFBC 发射分集方式通常要求发射天线尽可能独立，以最大限度地获取分集增益。

(3) 时间切换发射分集。

时间切换发射分集(Time Switched Transmit Diversity，TSTD)是根据时隙号的奇、偶，在两个天线上交替发送基本同步码和辅助同步码。例如，奇时隙时用第 1 个天线发送，偶时隙时用第 2 个天线发送。

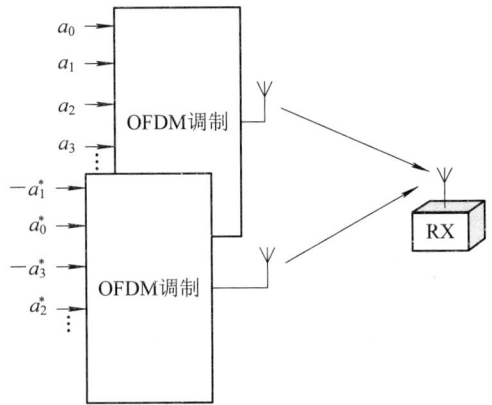

图 1-5　SFBC 原理图

(4) 频率切换发射分集。

频率切换发射分集(Frequency Switched Transmit Diversity，FSTD)可使用在 LTE 中 PBCH 和 PDCCH 上，它是一种多幅天线发射分集技术。不同的天线支路使用不同的子载波集合进行发送，减少了子载波之间的相关性，使等效信道产生了频率选择性，因而可以利用纠错编码降低差错概率。

(5) 循环延时分集。

传统延时分集是指在不同天线上传输同一个信号的不同延时版本，从而人为地增加信号所经历信道的时延扩展值。而循环延时分集(CDD)技术是针对 OFDM 系统的，在插入循环前缀(CP)之前，将同一个 OFDM 符号分别循环移位 $D_m$ 个样点(下标 $m$ 表示天线序号)，然后每个天线根据各自对应的循环移位之后的版本，分别加入各自的 CP。

根据傅里叶变换特性，信号在时域的周期循环移位(即延时)相当于频域的线性相位偏移，因此 LTE 的 CDD 是在频域上进行相位偏移操作的。图 1-6 和图 1-7 分别给出了时域循环延时分集与频域循环延时分集的原理图。

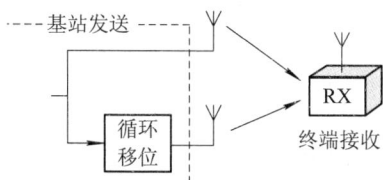

图 1-6　时域循环延时分集原理图

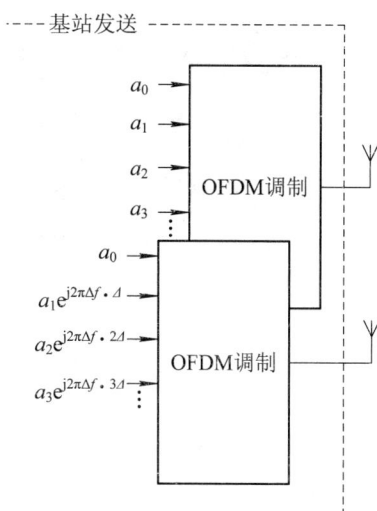

图 1-7　频域循环延时分集原理图

### 2) 接收分集

接收分集是指多个天线接收来自多个信道(时间、频率或者空间)承载同一信息的多个独立的信号副本。由于多个信道的传输特性不同，故信号多个副本的衰落就不会相同，不可能同时处于深衰落情况。分集接收就是利用信号和信道的性质，将接收到的多径信号分离成互不相关(独立的)的多径信号，然后将多径衰落信道分散的能量更有效地接收处理之后进行判决，从而达到抗衰落的目的。

如果不采用分集技术，则在噪声受限的条件下，发射机必须要发送较高的功率，才能保证信道情况较差时链路正常连接，因此采用分集方法可以降低发射机的发射功率。在移动无线环境中，由于手持终端的电池容量非常有限，因此反向链路中所能获得的功率也非常有限，而采用分集方法可以降低手机的发射功率。

## 2. 空间复用

空间复用的主要原理是利用空间信道的弱相关性，通过在多个相互独立的空间信道上传输不同的数据流，从而提高数据传输的峰值速率。空间复用适用于信道质量高且空间独立性强的工作场景。LTE 系统中空间复用技术包括开环空间复用和闭环空间复用，且空间复用只应用于下行业务信道。

### 1) 开环空间复用

开环空间复用时，接收端和发射端无信息交互，终端不反馈信道信息，发射端根据预定义的信道信息来确定发射信号。LTE 系统支持基于多码字开环的空间复用传输。一个码字就是在一个 TTI(Transmission Time Interval，传输时间间隔，是指在无线链路中的一个独立解码传输的长度)上发送的包含了 CRC 位，并经过了编码(Encoding)和速率适配(Rate Matching)之后的独立传输块(Transport Block)。所谓多码字，即用于空间复用传输的多层数据来自于多个不同的独立进行信道编码的数据流(Stream)，每个码字可以独立地进行速率控制。如图 1-8 所示为开环空间复用原理图。

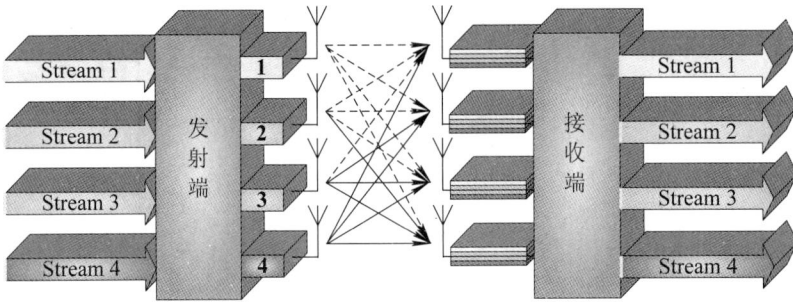

图 1-8　开环空间复用原理图

**2) 闭环空间复用**

闭环空间复用需要终端反馈信道信息，发射端利用该信息进行信号预处理以产生空间独立性，如图 1-9 所示。LTE 系统中，闭环空间复用包括两种方式：一种是基于非码本的预编码方式，该方式基于终端提供的 SRS(探测参考信号)或 DMRS(解调参考信号)获得的 CSI，由基站自行计算出预编码矩阵；另一种是基于码本的预编码方式，该方式基于终端直接反馈的 PMI(预编码矩阵索引号)从码本中选择预编码矩阵。

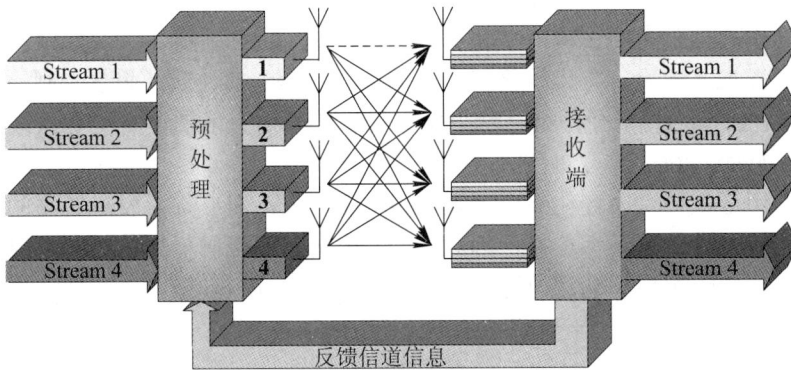

图 1-9　闭环空间复用原理图

空间复用利用了天线间空间信道的弱相关性，在相互独立的信道上传送不同的数据流，提高数据传输的峰值速率。

**3. 波束成形**

MIMO 中的波束成形方式与智能天线系统中的波束成形类似，在发射端将待发射数据矢量加权，形成某种方向图后到达接收端，接收端再对收到的信号进行上行波束成形，以抑制噪声和干扰。

常规智能天线的下行波束成形只针对一个天线，与常规智能天线不同的是，MIMO 针对多个天线实现波束成形。MIMO 通过下行波束成形，使得信号在用户方向上得到加强，通过上行波束成形，使得用户具有更强的抗干扰能力和抗噪能力，如图 1-10 所示。波束成形和发射分集类似，可以利用额外的波束成形增益提高通信链路的可靠性，也可以在同样的可靠性下利用高阶调制提高数据率和频谱利用率。

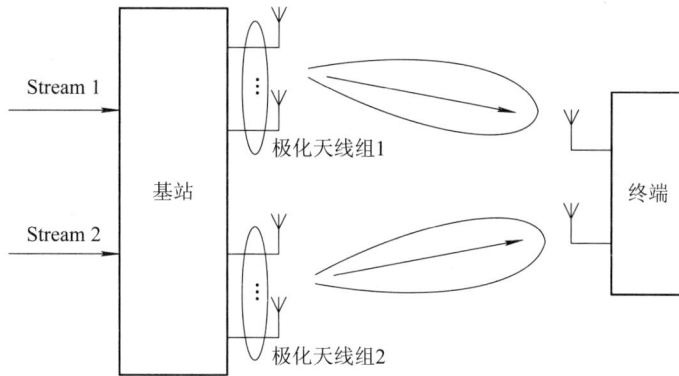

图 1-10 MIMO 波束成形原理图

### 4. 传输模式

在 eNodeB 侧，每个小区可以选择配置 1/2/4/8 根发射天线。不同的多幅天线传输方案对应不同的传输模式(TM 模式)。到 Rel-10 为止，LTE 针对不同的 RF 环境支持 9 种 TM 模式，它们的区别在于天线映射的不同特殊结构，解调时所使用的不同参考信号(小区特定参考信号或 UE 特定参考信号)，以及所依赖的不同 CSI 反馈类型，如表 1-1 所示。

**表 1-1 LTE 多幅天线传输模式特点及应用场景**

| 传输模式 | 名称 | 技术描述 | 特点 | 应用场景 | MIMO 类型 |
|---|---|---|---|---|---|
| TM1 | 单天线 | 信息通过单天线发送 | 产生的 CRS 开销少 | 无法布放双通道室分系统的室内站 | 无 |
| TM2 | 发射分集 | 同一信息的多个信号副本分别通过多个衰落特性相互独立的信道进行发送 | 不需反馈 PMI(提高链路传输质量，提高小区覆盖半径) | 信道质量不好时，如小区边缘(作为其他 MIMO 模式的回退模式) | 分集 |
| TM3 | 开环空间复用/发射分集 | 终端不反馈信道信息，发射端预定义的信道信息确定发射信号 | 不需反馈 PMI(提升小区平均频谱效率和峰值速率) | 信道质量高且空间独立性强，终端静止时性能好(低速) | 复用 |
| TM4 | 闭环空间复用 | 需要终端反馈信道信息，发射端根据该信息进行信号预处理以产生信道空间独立性 | 需反馈 PMI(提升小区平均频谱效率和峰值速率) | 信道质量高且空间独立性强(高速移动) | 复用 |

| 传输模式 | 名称 | 技术描述 | 特 点 | 应用场景 | MIMO 类型 |
|---|---|---|---|---|---|
| TM5 | 多用户MIMO | 基站使用相同时频资源将多个数据流发送给不同用户，接收端利用多根天线对干扰数据流进行取消和零陷 | 提升小区平均频谱效率和峰值速率 | 密集城区 | 闭环MU-MIMO |
| TM6 | 单层闭环空间复用 | 终端反馈 RI=1 时，发射端采用单层预编码，使其适应当前的信道 | 需反馈 PMI(提升小区覆盖) | 仅支持 rank=1 的传输 | 闭环单流 |
| TM7 | 单流波束赋形/发射分集 | 发射端利用上行信号来估计下行信道的特征，在下行信号发送时，每根天线上，乘以相应的特征权值，使其天线阵发射信号具有波束赋形的效果 | 提高链路传输质量，提高小区覆盖半径 | 信道质量不好时，如小区边缘 | 波束赋形 |
| TM8 | 双流波束赋形 | 结合复用和智能天线技术，进行多路波束赋形发送，既提高用户信号强度，又提高用户的峰值和均值速率 | 提升小区覆盖，提升小区中心用户吞吐量 | 小区中心吞吐量大的场景 | 波束赋形 |
| TM9 | 多流波束赋形 | LTE-A 中新增加的一种模式，可以支持到最大 8 层的传输，主要是为了提升数据的传输速率 | 可以支持最大到 8 层的传输，主要是为了提升数据传输速率 | 小区中心吞吐量大的场景 | 波束赋形 |

LTE 针对 PDSCH 定义了 9 种传输模式，每种传输模式内又同时定义了多种 MIMO 方式，因此多幅天线传输模式切换就存在两种切换过程：模式内切换和模式间切换。

所谓模式内切换，是指在同一种传输模式内的不同 MIMO 方式之间的切换，此时 MIMO 方式的变化是通过 PDCCH 的下行控制信息 DCI(Downlink Control Information)指示的，切换周期较短，能被 UE 快速响应。TM3 模式内包含开环空间复用(SDM)和发射分集(SFBC)。TM7 模式内包含基于用户的波束赋形(Port5)和发射分集(SFBC)，可进行模式内切换。

模式间切换是指不同传输模式之间的切换，其中传输模式的变化是由基站的 RRC 信令通知用户进行切换的，属于高层信令进行切换调度，因此切换周期较长。

　　eNodeB 自行决定某一时刻对某一终端采用什么传输模式,并通过 RRC 信令通知终端。传输模式是针对单个终端的,同小区的不同终端可以有不同的传输模式。

　　LTE 网络中一般使用 TM2、TM3 和 TM4 模式,TD-LTE 制式还会采用 TM7 和 TM8 模式。厂家默认值一般都配置成 TM3 模式,且支持传输模式的自适应功能,即当信号不佳的时候,会从开环空间复用 TM3 模式自适应调整到发射分集 TM2 模式。

## 知识点/技能点小结

知识点/技能点梳理见图 1-11。

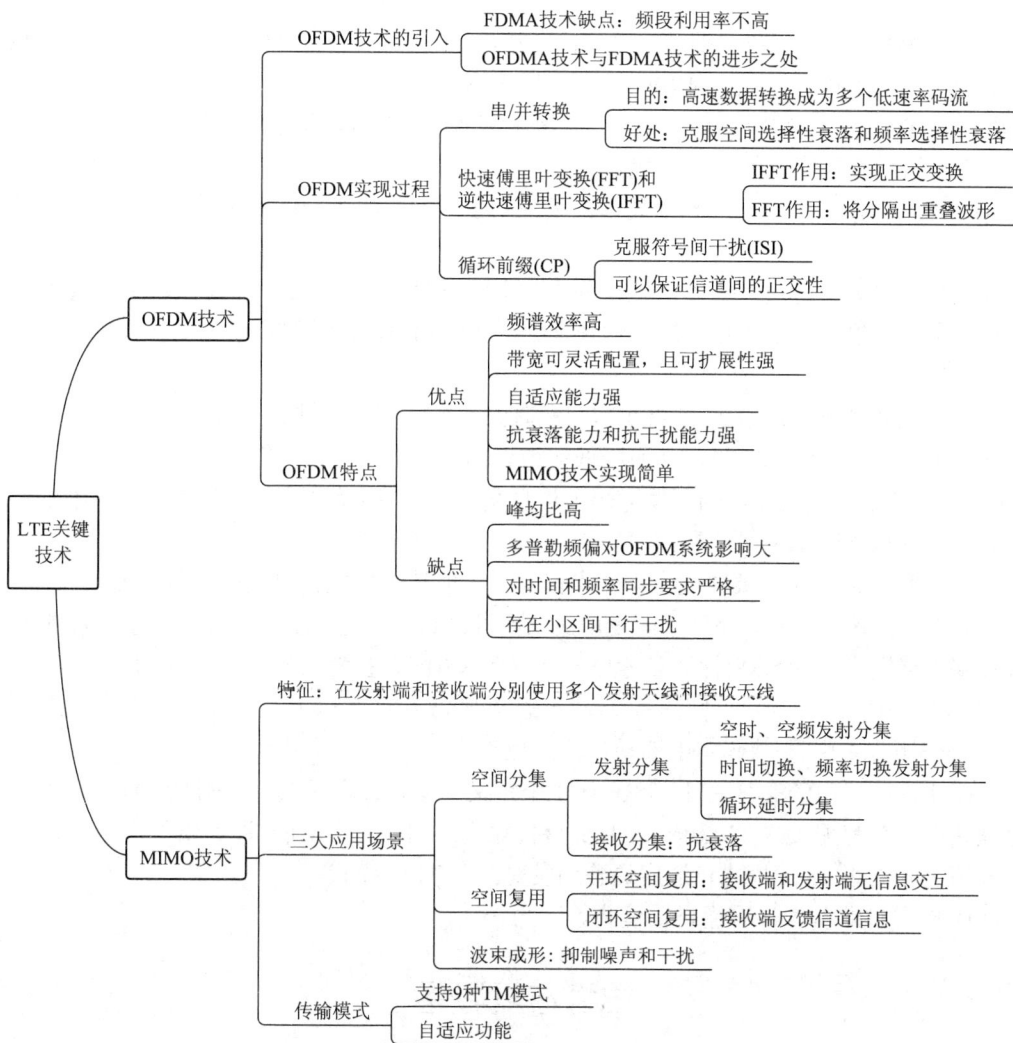

图 1-11　知识点/技能点梳理

知识/技能要点:

(1) OFDM 是指将信道分成若干正交子信道,然后将高速数据信号转换成并行的低速子数据流，调制到每个子信道上进行传输。

(2) OFDM 系统实现的主要功能模块有三个：① 串/并、并/串转换；② FFT、IFFT；③ 加入 CP、去除 CP。

(3) 使用并行传输技术，可使每个码元的传输周期大幅增加，从而降低了空闲选择性衰落和频率选择性衰落。

(4) OFDM 要求各子载波之间相互正交，使用逆快速傅里叶变换(IFFT)实现多载波映射叠加过程，经过 IFFT 模块可将大量窄带子载波频域信号变换成时域信号。在接收端，用快速傅里叶变换 FFT 把重叠在一起的波形分隔出来。

(5) 在 OFDM 中，使用循环前缀 CP 可以保证信道间的正交性，大大减少载波间干扰(ICI)。

(6) OFDM 具有的优势：频谱效率高；带宽可灵活配置且可扩展性强；自适应能力强；抗衰落能力和抗干扰能力强；MIMO 技术实现简单。

(7) OFDM 技术的缺点：峰均比高；多普勒频偏对 OFDM 系统影响大；对时间和频率同步要求严格；存在小区间下行干扰。

(8) LTE 系统中，下行 MIMO 技术主要应用于空间分集、空间复用及波束成形这三大场景。

(9) 空间分集分为发射分集、接收分集。空间发射分集常用的技术包括空时发射分集(STTD)、空频发射分集(SFTD)、时间切换发射分集(TSTD)、频率切换发射分集(FSTD)和循环延时分集(CDD)。

(10) 空时块码(STBC)主要是指在空间和时间两个维度上安排数据流的不同版本，可以有空间分集和时间分集的效果，从而降低信道误码率，提高信道可靠性。

(11) 开环空间复用接收端和发射端无信息交互，终端不反馈信道信息，发射端根据预定义的信道信息来确定发射信号。

(12) 闭环空间复用需要终端反馈信道信息，发射端采用该信息进行信号预处理以产生空间独立性。LTE 系统中，闭环空间复用包括两种方式：一种是基于非码本的预编码方式，该方式基于终端提供的 SRS(探测参考信号)或 DMRS(解调参考信号)获得的 CSI，由基站自行计算出预编码矩阵；另一种是基于码本的预编码方式，该方式基于终端直接反馈的 PMI(预编码矩阵索引号)从码本中选择预编码矩阵。

(13) LTE 针对 PDSCH 在不同 RF 环境中定义了 9 种传送模式，分别是 TM1~TM9。厂家默认值一般都配置成 TM3 模式，且支持传输模式的自适应功能，即当信号不佳的时候，会从开环空间复用 TM3 模式自适应调整到发射分集 TM2 模式。

(14) 能通过路测软件看懂传输模式。

# 思考与复习题

一、填空题

1. OFDM 将信道分成若干正交子信道，然后将高速数据信号转换成_____的低速子数据流。

2. 在移动通信系统中，由于信号的传输路径不同，造成到达接收端的信号强度也会不同，这称为空间选择性衰落，_____应容易产生空间选择性衰落。

3. OFDM 系统多径时延容易引起_____和_____。

4. LTE 中加入_____增加了冗余符号信息，影响了系统的容量，但是有利于克服符号间干扰(ISI)、载波间干扰(ICI)。

5. LTE 采用多个窄带子载波并行传输技术，每个子载波的信道响应近似没有失真，即_____衰落不明显。

6. _____技术是指在发射端和接收端分别使用多个发射天线和接收天线，使信号通过发射端与接收端的多个天线传送和接收，从而改善通信质量。

7. 下行 MIMO 技术主要包括_____、_____及_____这三大类。

8. LTE 系统中，为了确保控制信道的可靠传输，控制信道普遍采用_____方式传输。

9. 空间发射分集常用的技术包括空时发射分集(STTD)、_____分集、时间切换发射分集(TSTD)、频率切换发射分集(FSTD)和循环延时分集(CDD)。

10. LTE 中一个 TTI 的时长为_____。

11. PDSCH 的 TM3 模式在信道质量好的时候为_____，在信道质量差的时候回落到_____。

二、判断题

1. LTE 的物理层上行采用 OFDMA 技术。(　　)

2. LTE 上下行均采用 OFDMA 多址方式。(　　)

3. 空间复用适用于信道质量高且空间独立性强的工作场景。(　　)

4. LTE 系统中空间复用只应用于下行业务信道。(　　)

5. 发射分集就是在发射端使用多幅发射天线发射信息，通过对不同的天线发射的信号进行编码达到空间分集的目的，接收端可以获得比单天线高的信噪比。(　　)

6. 目前 LTE 支持的带宽有 6 个等级：1.6 MHz、3 MHz、5 MHz、10 MHz、15 MHz、20 MHz。(　　)

三、单项选择题

1. 下列选项中，属于 OFDM 技术缺点的是(　　)。

A. 抗多径能力力差　　　　　　　　　　B. 峰均比高

C. 需要复杂的双工器　　　　　　　　　D. 与 MIMO 技术结合复杂度高

2. LTE 上行采用 SC-FDMA 是为了(　　)。

A. 降低峰均比　　　B. 增大峰均比　　　C. 降低峰值　　　D. 增大均值

3. 扩展 CP 的时长为(　　)。

A. 4.7 μs　　　　　B. 5.2 μs　　　　　C. 33.3 μs　　　D. 16.7 μs

4. 下述关于 4×2 MIMO 的说法，正确的是(　　)。

A. 4 发是指 eNodeB 端，2 收也是指 eNodeB 端

B. 4 发是指 eNodeB 端，2 收是指 UE 端

C. 4 发是指 UE 端，2 收也是指 UE 端

D. 4 发是指 UE 端，2 收是指 eNodeB 端

5. (　　)模式为其他 MIMO 模式的回退模式。

A. TM1　　　　　　B. TM2　　　　　　C. TM3　　　　　　D. TM4

6. TM3 模式在信道条件好的情况下为(　　)。

A. 发送分集　　　　　　　　　　　　B. 开环空分复用

C. 闭环空分复用　　　　　　　　　　D. 单流波束赋形

**四、多项选择题**

1. MIMO 技术可以起到(　　)作用。

A. 收发分集　　　　B. 空间复用　　　　C. 赋形抗干扰　　　　D. MU-MIMO

2. 下列选项中，属于 OFDM 技术缺点的是(　　)。

A. 抗多径能力差　　　　　　　　　　B. 峰均比高

C. 时频同步要求高　　　　　　　　　D. 同频干扰大

**五、问答题**

1. LTE 中 CP 有何作用？

2. OFDM 技术的优点有哪些？

3. OFDM 技术的缺点有哪些？

# 任务 1.2　LTE 空中接口

## 课前引导

接口是指不同网元之间的信息通信规则。无线通信制式的接口根据所处的物理位置不同，分为空中接口和地面接口。相应地，接口协议也分为空中接口协议和地面接口协议。空中接口是无线制式最具个性的地方。不同的无线制式，空中接口最底层(物理层)的技术实现有很大的不同。

## 学习任务

(1) 了解中国移动 LTE 使用的频段。

(2) 掌握 LTE 帧结构的组成。

(3) 掌握 LTE 中的物理资源。

(4) 了解 LTE 空中接口协议栈的结构。

(5) 掌握 LTE 各种物理信道、物理信号的作用。

(6) 能通过网络优化软件查看频段号、频点号、特殊子帧工作模式、PDCCH 格式、PDCCH CCE 数目、RI 信息。

### 1.2.1　频段

LTE 是由 3GPP(The 3rd Generation Partnership Project,第三代移动通信标准化伙伴项目)组织制定的 UMTS(Universal Mobile Telecommunications System,通用移动通信系统)技术标准的长期演进。LTE 系统引入了 OFDM 及 MIMO 等关键传输技术，显著增加了频谱效率和数据传输速率，并支持多种带宽分配：1.4 MHz、3 MHz、5 MHz、10 MHz、15 MHz、

20 MHz 等，频谱分配更加灵活，系统容量和覆盖也显著提升。

LTE 支持多种频段，其范围可从 700 MHz 到 2.6 GHz。其中，FDD 模式支持 1～14 和 17～28 共 26 个频段，上下行在不同的频段上，并且上下行频带中间有频率间隔。TDD 模式支持 11 个频段 Band 33～43，上下行在相同的频段上。LTE 协议规定频段代号与频率范围之间的关系如表 1-2 所示。

表 1-2　LTE 频段代号与频率范围之间的关系

| 频率范围/MHz | 频段编号 | 频段代号 |
| --- | --- | --- |
| 1900～1920，2010～2025 | 33，34 | A |
| 1850～1910，1930～1990 | 35，36 | B |
| 1910～1930 | 37 | C |
| 2570～2620 | 38 | D |
| 2300～2400 | 40 | E |
| 1880～1920 | 39 | F |

国家工业与信息化部分配给中国移动的 LTE 主要有 3 个频段，分别是 D 频段(2570～2620 MHz)、E 频段(2320～2370 MHz)、F 频段(1880～1920 MHz)。F 频段无线传播特性相对较好，可供全国范围室内外覆盖使用。E 频段规划为室内覆盖的扩展频段，只允许用于室内。D 频段可供全国范围室内外覆盖使用。

下面介绍 LTE 协议规定的每个频段的频点号。频段是频率的一段，是有范围的。频点是频带上的一个频率点。例如：LTE 中的 Band1 的频率范围是从 2110 MHz 到 2170 MHz，共占 60 MHz 的带宽。对于 LTE 而言，以 100 kHz 为一个栅，也就是说以 100 kHz(0.1 MHz) 作为频带的最小单位。Band1 占 60 MHz 带宽，以 0.1 MHz 区分，则有 60/0.1 = 600 个频点。显然，LTE 系统占用的带宽不同，每个频段有多少个频点也不相同。

E-UTRA 的上行和下行中心频点由 EARFCN(E-UTRA 绝对无线频率信道号)唯一指定。EARFCN 的取值范围为 0～65 535，射频之间的间隔为 100 kHz 的整数倍。

上行频点计算公式如下：

$$F_{UL} = F_{UL\_LOW} + 0.1(N_{UL} - N_{OFFS\_UL})$$

其中：$F_{UL}$ 为该载频上行频点；$F_{UL\_LOW}$ 为对应频段的最低上行频点；$N_{UL}$ 为该载频上行频点号；$N_{OFFS\_UL}$ 为对应频段的最低上行频点号。

下行频点计算公式如下：

$$F_{DL} = F_{DL\_LOW} + 0.1(N_{DL} - N_{OFFS\_DL})$$

其中：$F_{DL}$ 为该载频下行频点；$F_{DL\_LOW}$ 为对应频段的最低下行频点；$N_{DL}$ 为该载频下行频点号；$N_{OFFS\_DL}$ 为对应频段的最低下行频点号。

目前国内使用的 38 频段，其频率的起始值为 2570 MHz，EARFCN 的起始值为 37 750；39 频段的频率起始值为 1880 MHz，EARFCN 的起始值为 38 250；40 频段的频率起始值为 2300 MHz，EARFCN 的起始值为 38 650。

比如计算 F 频段 1890 MHz 的中心频点：

由 $F_{DL} = F_{DL\_LOW} + 0.1(N_{DL} - N_{OFFS\_DL})$ 得出，$N_{DL} = N_{OFFS\_DL} + 10(F_{DL} - F_{DL\_LOW}) = 38\ 250 + 10 \times (1890 - 1880) = 38\ 350$。

## 1.2.2 子载波

LTE 协议规定，通常情况下子载波间隔 15 kHz，系统带宽为 1.4 MHz、3 MHz、5 MHz、10 MHz、15 MHz 和 20 MHz，对应的子载波数分别为 72、180、300、600、900 和 1200，实际传输带宽(也叫测量带宽)分别为 1.08 MHz、2.7 MHz、4.5 MHz、9 MHz、13.5 MHz 和 18 MHz，如表 1-3 所示。在表 1-3 中，当小区带宽配置为 20 MHz 时，子载波数为 1200 个，传输带宽为 18 MHz(数据和信令也就是在 18 MHz 上传输的)，剩下的 2 MHz 带宽分布在频带的两边，起保护作用，称为保护带宽。

表 1-3　系统带宽对应子载波数量

| 系统带宽/MHz | 1.4 | 3 | 5 | 10 | 15 | 20 |
|---|---|---|---|---|---|---|
| 子载波数 | 72 | 180 | 300 | 600 | 900 | 1200 |
| 测量带宽/MHz | 1.08 | 2.7 | 4.5 | 9 | 13.5 | 18 |

常规 CP 情况下，每个子载波一个 slot 有 7 个符号；扩展 CP 情况下，每个子载波一个 slot 有 6 个符号。图 1-12 给出的是常规 CP 情况下的时频结构，从横向来看，每一个方格对应的就是频率上的一个子载波；从纵向来看，每一个方格对应时域上的一个符号。

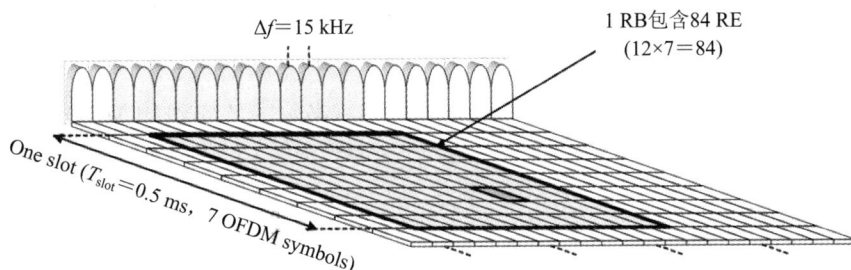

图 1-12　时频结构示意图

## 1.2.3 帧结构

LTE 支持两种类型的无线帧结构：类型 1 和类型 2，分别适用于 FDD 模式和 TDD 模式。在 LTE 系统中，每一个无线帧长度为 10 ms，分为 10 个等长度的子帧，每个子帧又由 2 个时隙构成，每个时隙长度均为 0.5 ms。为了提供一致且精确的时间定义，LTE 系统以 $T_s = 1/(15 \text{ k} \times 2048) = 1/(15\,000 \times 2048) = 1/30\,720\,000$ 秒作为基本时间单位(15 k 表示子载波，2048 表示每载波采样 2048 个采样点)，系统中所有的时隙都是这个基本单位的整数倍。1 个无线帧可表示为 $T_f = 10 \text{ ms} = 307\,200 T_s$，$T_{subf} = 30\,720 T_s$。帧结构类型 1 如图 1-13 所示。

对于 TDD 而言，LTE 中每个 10 ms 无线帧包括 2 个长度为 5 ms 的半帧，每个半帧由 4 个数据子帧和 1 个特殊子帧组成。特殊子帧包括 3 个特殊时隙：DwPTS、GP 和 UpPTS，总长度为 1 ms。

DwPTS 用来传输主同步信号(PSS)，还可以传送两个 PDCCH OFDM 符号，当 DwPTS 的符号数≥6 时，能传输用户数据。

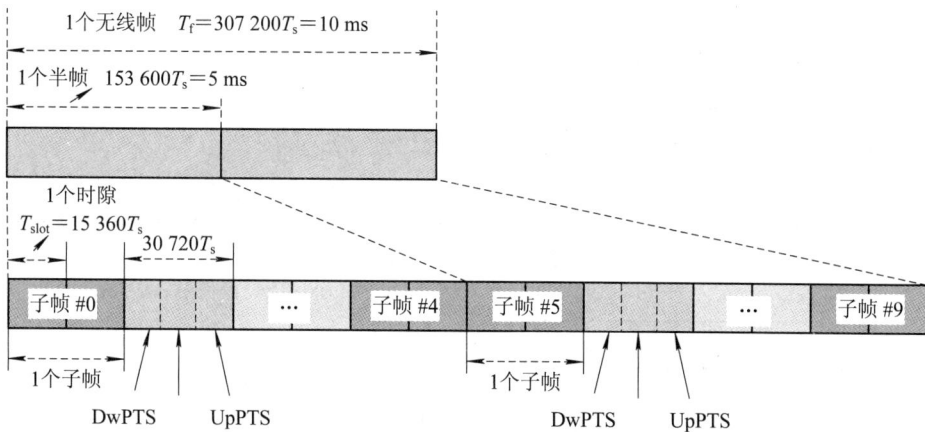

图 1-13  帧结构类型 1

GP 为保护间隔，用于 LTE 下行与上行的转换时间。在该保护间隔内，保证所有 UE 都接收到了下行信号，并对信号进行处理。然后，所有 UE 才能在即将到来的上行时隙同时发送上行信号，即小区内 UE 同步。

UpPTS 最多仅占两个 OFDM 符号，因资源有限，UpPTS 不能传输上行信令或数据。UpPTS 主要承载 Sounding RS 和短 RACH，SRS 必然存在，占 1 个 OFDM 符号，当 UpPTS 占两个 OFDM 符号时，可以配置 1 个 OFDM 符号用于传送短 RACH。

对于 FDD，在每一个 10 ms 中，有 10 个子帧可以用于下行传输，并且有 10 个子帧可以用于上行传输。上下行传输在频域上分开进行。

## 1.2.4  物理资源

### 1. RE

LTE 上下行传输使用的最小资源单位叫作资源粒子(Resource Element，RE)。RE 是二维结构，由时域符号(Symbol)和频域子载波(Subcarrier)组成，一个 RE 在时域上占用 1 个符号，在频域上占用 1 个子载波。

LTE 下行支持 BPSK、QPSK、16QAM 和 64QAM，每个符号分别代表 1 bit、2 bit、4 bit、6 bit 的信息，其中数据信道采用 QPSK、16QAM、64QAM，控制信道采用 BPSK、QPSK。控制信道的调制方式是固定的，如 PBCH 支持的调制方式是 BPSK。数据信道采用何种调制是根据反馈的信道质量指示(Channel Quality Indicator，CQI)来确定的。

### 2. RB

LTE 在进行数据传输时，将上下行时频域物理资源组成资源块(Resource Block，RB)，作为物理资源单位进行调度与分配。一个 RB 由若干个 RE 组成，在频域上包含 12 个连续的子载波，在时域上包含 7 个连续的 OFDM 符号(在扩展 CP 情况下，一个 RB 包含 6 个连续的 OFDM 符号)，即频域宽度为 180 kHz，时间长度为 0.5 ms。下行时隙的物理资源结构图如图 1-14 所示。

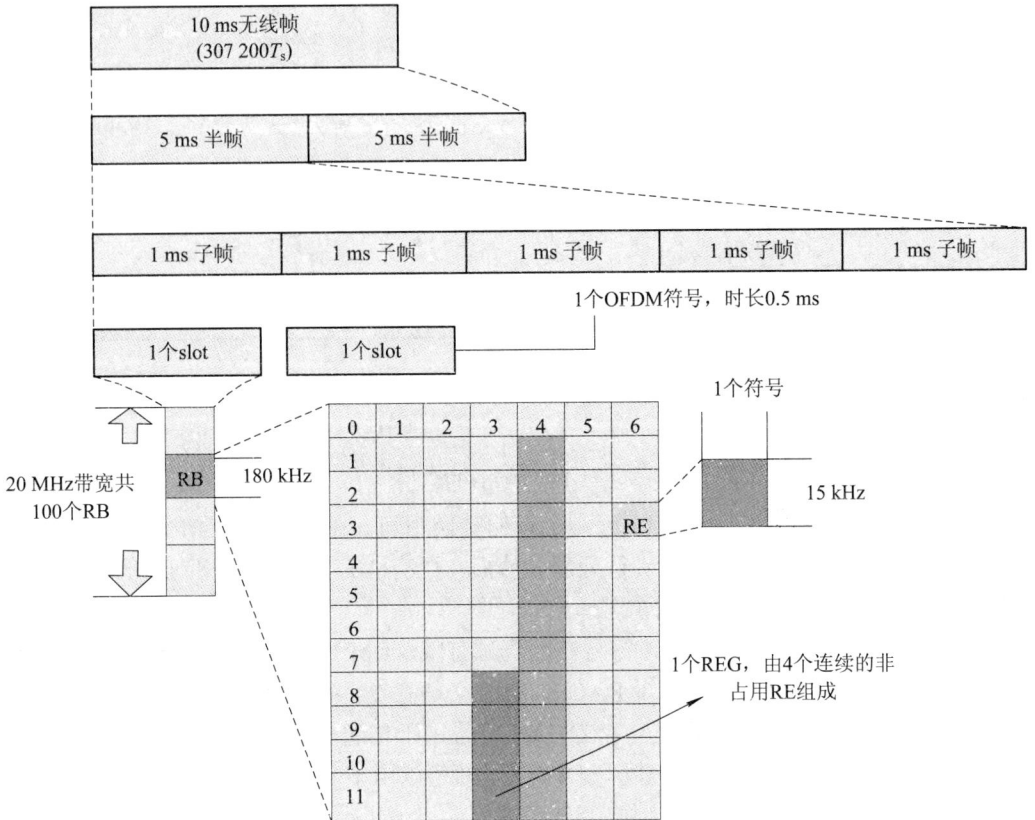

图 1-14 下行时隙的物理资源结构图

### 3. REG

REG(Resource Element Group)是资源粒子组的缩写。一个 REG 包括 4 个连续未被占用的 RE。REG 主要针对 PCFICH 和 PHICH 速率很小的控制信道进行资源分配，用来提高资源的利用效率和分配灵活性。

### 4. CCE

CCE(Control Channel Element)是控制信道单元的缩写。每个 CCE 由 9 个 REG 组成。之所以定义相对于 REG 较大的 CCE，是为了用于数据量相对较大的 PDCCH 的资源分配。每个用户的 PDCCH 只能占用 1、2、4、8 个 CCE，称为聚合级别。

## 1.2.5  空中接口

空中接口是指终端与接入网之间的接口,简称 Uu 口,通常也称为无线接口。在 TD-LTE 中，空中接口是终端和 eNodeB 之间的接口。空中接口协议主要是用来建立、重配置和释放各种无线承载业务的。空中接口是一个完全开放的接口，只要遵守接口规范，不同制造商生产的设备就能够互相通信。

### 1. 空中接口协议栈结构

空中接口协议栈主要分为三层两面。三层是指层 1、层 2 和层 3，分别对应物理层、数据链路层和网络层；两面是指控制面和用户面。从用户面看，空中接口协议栈主要包括物理层、MAC 层、RLC 层、PDCP 层；从控制面看，除了以上几层外，还包括 RRC 层和 NAS 信令。LTE 空中接口协议栈具体结构如图 1-15 所示。

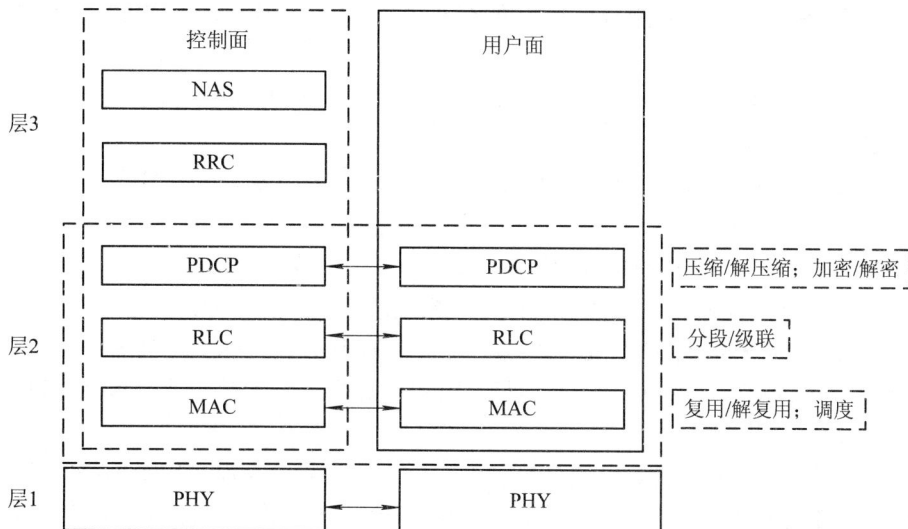

图 1-15　LTE 空中接口协议栈结构图

### 2. 空中接口各层功能

1) 层 1 功能

层 1 的主要功能是提供两个物理实体间的可靠比特流的传送，适配传输媒介。在无线的空中接口中，适配的是无线环境；在地面接口中，适配的则是 E1、网线、光纤等传输媒介。

2) 层 2 功能

层 2 的主要功能是信道复用和解复用、数据格式的封装、数据包调度等，完成的主要功能是具有个性的业务数据向没有个性的通用数据帧的转换。

用户面主要负责业务数据的传送和处理。在发射端，将承载高层业务应用的 IP 数据流，经过头压缩(PDCP)、加密(PDCP)、分段(RLC)、复用(MAC)、调度(MAC)等过程，变成物理层可处理的传输块；在接收端，将物理层接收到的比特数据流，按调度要求解复用(MAC)、级联(RLC)、解密(PDCP)、解压缩(PDCP)，成为高层应用可以识别的数据流。

控制面负责协调和控制信令的传送和处理。控制面层 2 的功能模块与用户面的类似，也包括 MAC、RLC、PDCP 三个主要模块。控制面 PDCP 层的功能与用户面的有一些区别，即除了对控制信令进行加密和解密的操作之外，还要对控制信令数据进行完整性保护和完整性验证。

3) 层 3 的功能

LTE 空中接口控制面层 3 包括 RRC(Radio Resource Control，无线资源控制)和 NAS(Non Access Stratum，非接入层)。层 3 的主要功能是寻址、路由选择、连接的建立和控制、资源的配置策略等。

(1) RRC 层。

UE 和 eNodeB 之间的控制信令主要是无线资源控制(RRC)消息。

RRC 层的主要功能有：系统信息的广播、寻呼、RRC 状态管理、无线资源管理及移动性管理(包括 UE 测量控制和测量报告的准备和上报，LTE 系统内与 LTE 和其他无线系统间的切换)。

LTE 的 RRC 状态管理比较简单，只有两种状态：空闲状态(RRC_IDLE)和连接状态(RRC_CONNECTED)。

UE 处于空闲状态时，接收到的系统信息包括小区选择或重选的配置参数、邻小区信息；在 UE 处于连接状态时，接收到的是公共信道配置信息。

寻呼(Paging)消息是 E-UTRAN 用来寻找或通知一个或多个 UE，主要携带的内容包括拟寻呼 UE 的标识、发起寻呼的核心网标识、系统消息是否有改变的指示。UE 划分成多个寻呼组，在空闲状态时并不是始终检测是否有呼叫进入，而是采用非连续接收DRX(Discontinuous Reception)的方式，只在特定的时刻接收寻呼信息，这样可以避免寻呼消息过多，减少手机功率消耗。

RRC 连接建立的初始阶段，安全机制没有启用，交互信令没有加密和完整性保护。在RRC 建立连接过程中，一旦安全机制(加密和完整性保护)被激活，RRC 信令 SRB(Signal Radio Bearer，信令无线承载)就被完整性保护；与此同时，RRC 信令 SRB 和用户数据 DRB都被加密。

无线资源管理包括 RRC 信令 SRB 连接的增加和释放、用户数据承载 DRB 的增加和释放、MAC 调度机制的配置、物理信道的重配置等内容。

移动性管理包括小区间的切换和重选、跨系统(Inter-RAT)的切换和重选、UE 的测量及对测量报告的控制。RRC 将依据测量结果判断是否启动切换和重选，是启动小区间的切换和重选，还是启动系统间的切换和重选。

(2) NAS 信令。

NAS 信令是指 UE 和 MME 之间交互的信令，eNodeB 只是负责 NAS 信令透明传输，不做解释、不做分析。NAS 信令主要承载的是 SAE 控制信息、移动性管理信息、安全机制配置及控制等内容。

## 1.2.6　物理信道

协议的层与层之间有许多业务接入点，以便接收不同类别的信息，简单地讲，不同协议层之间的业务接入点(SAP)就是信道。

与 UMTS 网络类似，LTE 采用三种信道：逻辑信道、传输信道和物理信道。从协议栈的角度来看，逻辑信道是 MAC 层和 RLC 层之间的 SAP，传送 RLC 层和 MAC 层之间的数据；传输信道是物理层和 MAC 层之间的 SAP，传送 MAC 层和物理层之间的数据；物理信道属于物理层，是将数据在空中接口进行信号传送的通道，用于实现空中接口协议栈物理层功能。

### 1. 逻辑信道

MAC 子层使用逻辑信道与高层进行通信。

逻辑信道通常分为两类：控制信道和业务信道。控制信道只用于控制面信息的传送，如协调、管理、控制类信息；业务信道只用于用户面信息的传送，如高层交给底层传送的语言类、数据类的数据包。根据传输信息的不同逻辑信道又可划分为多种类型，不同类型的逻辑信道提供不同的传输服务。

TD-LTE 定义的控制信道主要有如下五种类型：

(1) 广播控制信道(BCCH)。该信道属于下行信道，用于传输广播系统控制信息。

(2) 寻呼控制信道(PCCH)。该信道属于下行信道，用于传输寻呼信息和改变通知消息的系统信息。当网络侧没有用户终端所在小区信息的时候，使用该信道寻呼终端。

(3) 公共控制信道(CCCH)。该信道包括上行和下行，当终端和网络间没有 RRC 连接时，终端级别控制信息的传输使用该信道。

(4) 专用控制信道(DCCH)。该信道为点到点的双向信道，用于传输终端侧和网络侧存在 RRC 连接时的专用控制信息。

(5) 多播控制信道(MCCH)。该信道为点到多点的下行信道，用于 UE 接收 MBMS 业务。

TD-LTE 定义的业务信道主要有如下两种类型：

(1) 专用业务信道(DTCH)。该信道可以是单向的也可以是双向的，针对单个用户提供点到点的业务传输。

(2) 多播业务信道(MTCH)。该信道为点到多点的下行信道，用户只需使用该信道来接收 MBMS 业务。

**2. 传输信道**

传输信道规定数据在无线接口上如何进行传输，以及所传输的数据特征，如如何保护数据以防止传输错误、信道编码类型、CRC 保护或者交织、数据包的大小等。所有的这些规定构成了我们所熟知的"传输格式"。

传输信道分为上行传输信道和下行传输信道。

TD-LTE 定义的下行传输信道主要有如下四种类型：

(1) 广播信道(BCH)。该信道用于广播系统信息和小区的特定信息，使用固定的预先定义好的固定格式、固定发送周期、固定调制编码方式，在整个小区覆盖区域内广播。

(2) 寻呼信道(PCH)。当网络不知道 UE 所处的小区位置时，该信道用于发送给 UE 的控制信息。其能够支持终端非连续接收以达到节电目的；能在整个小区覆盖区域发送。

(3) 下行共享信道(DL-SCH)。该信道用于传输下行用户控制信息或业务数据。其能够使用混合自动重传请求(HARQ)；支持自适应调制编码(AMC)；支持动态调整传输功率实现链路自适应；能够在整个小区内发送；能够使用波束赋形；支持动态或半静态资源分配；支持终端非连续接收以达到节电目的；支持 MBMS 业务传输。

(4) 多播信道(MCH)。该信道用于 MBMS 用户控制信息的传输。其能够在整个小区覆盖区域发送；对于单频点网络支持多小区 MBMS 传输的合并；支持半静态资源分配。

TD-LTE 定义的上行传输信道主要有如下两种类型：

(1) 随机接入信道(RACH)。该信道在终端接入网络开始业务之前使用。由于终端和网络还没有正式建立连接，因此 RACH 使用开环功率控制。

(2) 上行共享信道(UL-SCH)。该信道用于传输下行用户控制信息或业务数据。其能够使用波束赋形；有通过调整发射功率、编码和潜在的调制模式适应链路条件变化的能力；能够使用 HARQ；支持动态或半静态资源分配。

### 3. 物理信道

物理信道是空中接口的承载媒体，它对应实际的射频资源，如时隙(时间)、子载波(频率)、天线口(空间)。物理信道就是在特定的时域、频域、空域上，传送已经确定编码方式、交织方式、调制方式的信号的无线信道。

1) 物理信道处理过程

物理信道一般要进行两大处理过程：比特级处理和符号级处理。

从发射端的角度看，比特级的处理是物理信道数据处理的前端，主要是在二进制比特数字流上添加 CRC；进行信道编码、交织、速率适配以及加扰。

加扰之后进行的是符号级处理，包括调制、层映射、预编码、资源块映射、天线发送等过程。

在接收端，先进行的是符号级处理，再进行比特级处理，这与发射端处理的先后顺序不同。上、下行物理信道采用的多址接入方式不同，MIMO 实现方式也可能不同，所以上、下行物理信道处理过程有所区别。下行物理信道一般处理过程如图 1-16 所示。

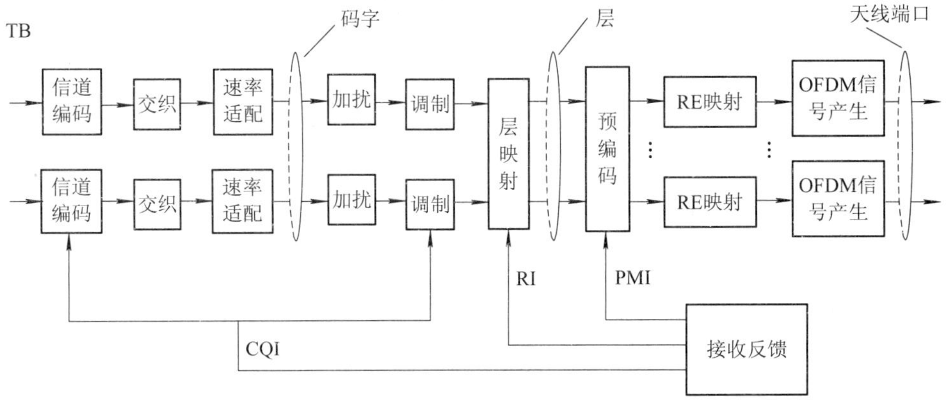

图 1-16  下行物理信道处理过程

(1) 信道编码的目的是使数据流具有纠错能力和抗干扰能力，提高无线通信的可靠性。

(2) 交织的过程是打乱原来的比特流顺序。这样连续的深衰落对信息的影响实际是作用在打乱顺序的比特数据流上；在恢复原来的顺序后，这个影响就不是连续的，而变成离散的了，这样就可以方便地根据冗余比特恢复原始数据了。

(3) 速率适配是指将不同的已编码的用户比特率与系统要求的基带传输速率相匹配的过程。

(4) 加扰是指对编码后的数据比特与扰码序列进行运算。扰码序列是一种 PN 序列(Pseudo-Noise Sequence，伪噪声序列)。PN 扰码可以将数据间的干扰随机化，用于对抗干扰；使用 PN 序列加扰还起到了保密的作用，可以对抗数据窃听。

(5) 调制是指将比特数据流映射到复平面上的过程，也称作复数调制。QAM(Quadrature Amplitude Modulation)是幅度、相位联合调制的技术，它同时利用了载波的幅度和相位来传递信息比特。

(6) 传输块(TB)经过一路信道编码、交织、速率适配等处理后，形成一个码字。一个码字是从传输信道到物理信道的一个独立的编码数据流。同一码字的编码、调制方式是相同的，不同的码字对应不同的编码、调制方式。

码字的数量受限于信道矩阵的秩。信道矩阵的秩是由无线环境条件制约的，是相互独立、彼此正交的空间信道个数。信道矩阵的秩取决于 UE 的天线数目、信道质量。码字的数目是由信道矩阵秩的自适应过程来控制的。目前由于 LTE 系统接收端最多支持 2 天线，能够发送的相互独立的编码、调制数据流的数量最多为 2，因此码字的数目最大值为 2。

(7) 层映射用于重排码字数据，即按照一定的规则将编码调制好的数据流(码字流)重新映射到多个层(新的数据流)。层是码字和天线的中间过渡。

不同的层可以传输相同或者不同的比特信息。不同的层传输相同的比特信息是一种分集效果；不同的层传输不同的比特信息是一种复用的效果。

层数目一定小于或等于天线端口数量，一定小于或等于信道矩阵秩的大小，一定大于或等于码字数目。在多数情况下，层数目等于信道矩阵秩的大小。

(8) 预编码过程是将层数据按照一定规则映射到不同的天线端口(或称天线口)上。

预编码过程同样有分集和复用的区别，也有开环和闭环的差别。这里开环和闭环的差别在于是否使用接收端反馈的信道状态信息(Channel State Information，CSI)。CSI 是对无线环境瞬时衰落的估计。预编码过程使用接收端反馈的 CSI 选择预编码的方式，以便消除数据流之间的干扰，这就是闭环预编码；如果不使用 CSI，而是自行确定预编码方式，则这就是开环预编码。

CSI 是 UE 上传给 eNodeB 的信道状态信息，主要由信道质量指示(CQI)、预编码矩阵指示(Precoding Matrix Indicator，PMI)和秩指示(Rank Indicator，RI)组成。

闭环空分复用一般采用基于码本的预编码矩阵选择机制，码本的集合就是预编码矩阵的选择资源池，在这个资源池中，每一个码本都有自己的序号。

(9) 接收反馈。对于 MIMO 系统，可以调整的行为有编码方式、调制方式、层数目、预编码矩阵。MIMO 系统要想做出与适应无线环境的变化相适应的动作，需要用户端做一些反馈，如图 1-16 所示，包括 CQI 反馈、RI 反馈、PMI 反馈，这些反馈都是和信道状态信息相关的内容。

① CQI。CQI 反馈决定了编码和调制的方式，通过判断 CQI 的大小实现自适应调制编码(AMC)。CQI 值可以由信道条件、噪声和干扰估计计算得到。

反馈的 CQI 值大了，则选取高阶的调制方式(如 64QAM)，采用冗余度较小的编码方式(3/4 编码)，这样系统的吞吐量就大了；相反，反馈的 CQI 值小了，则选取低阶的调制方式(如 QPSK)，采用冗余度较大的编码方式(1/4 编码)，这样系统的吞吐量就小了。

只有一个码字的时候，只需要反馈一个 CQI 值。但采用两个码字的 MIMO 系统，则需要反馈两个 CQI 值。

② RI。空间信道秩的大小描述了发射端和接收端空间信道的最大不相关的数据传送通道数目。空间信道的秩是不断变化的，秩的大小决定了层映射方式的选择空间，秩的自适应也就是层映射的自适应。用户的秩指示(RI)是通过上、下行链路的控制信息来反馈的。

③ PMI。预编码矩阵指示(PMI)决定了从层数据流到天线端口的对应关系。在基于码本的闭环空分复用和闭环发射分集模式下，层数目和天线端口数确定了，预编码的可选码本的集合就确定了。根据用户反馈的 PMI，选择性能最优的预编码矩阵。

(10) 天线端口。天线端口指用于传输的逻辑端口，与物理天线不存在定义上的一一对应关系。

在下行链路中，天线端口与下行参考信号是一一对应的。如果通过多个物理天线来传输同一个参考信号，那么这些物理天线就对应同一个天线端口；而如果有两个不同的参考信号是从同一个物理天线中传输的，那么这个物理天线就对应两个独立的天线端口。

R9 协议定义了四种下行参考信号，天线端口与这些参考信号的对应关系如下：

① 小区特定参考信号 CRS(Cell-specific Reference Signals)或称为小区专用参考信号。LTE 定义了最多 4 个小区级天线端口，因此 UE 能得到 4 个独立的信道估计，每个天线端口分别对应特定的参考信号模式。

CRS 支持 1 个、2 个、4 个这三种天线端口配置，对应的端口号分别是 $p=0$、$p=\{0, 1\}$、$p=\{0, 1, 2, 3\}$。

设计小区特定参考信号的目的并不是为了承载用户数据，而是在于提供一种技术手段，可以让终端进行下行信道的估计。终端可以通过对小区特定参考信号的测量，得到下行 CQI、PMI、RI 等信息。

② MBSFN 参考信号(MBSFN Reference Signals)只在分配给 MBSFN 传输的子帧中传输，且只在天线端口 $p=4$ 中传输。这种信号用得不多。

③ UE 特定参考信号(UE-specific Reference Signals)又称为 UE 专用参考信号，或解调参考信号。

UE 专用参考信号一般用于波束赋形(Beamforming)，此时，基站一般使用一个物理天线阵列来产生定向到一个终端的波束，这个波束代表一个不同的信道，因此需要根据终端专用参考信号进行信道估计和数据解调。

单流波束赋行时，在天线端口 $p=4$ 中传输；双流波束赋行时，在天线端口 $p=7$ 和 $p=8$ 中传输。

④ 定位参考信号(Positioning Reference Signals)只在天线端口 $p=6$ 中传输。这种信号用得不多。

总之，一个天线端口就是一个信道，终端需要根据这个天线端口对应的参考信号进行信道估计和数据解调。

(11) 码字个数、阶和天线端口数之间的关系：

$$传输块(TB)个数 = 码字(C)个数 \leqslant 阶(R) \leqslant 天线端口数(p)$$

2) 物理信道分类和主要功能

根据所承载的上层信息的不同，定义了不同类型的物理信道。

物理信道可分为上行物理信道和下行物理信道。

TD-LTE 定义的下行物理信道主要有如下六种类型：

(1) 物理下行共享信道(PDSCH)。该信道用于承载下行用户信息和高层信令。

(2) 物理广播信道(PBCH)。该信道用于承载主系统信息块信息，传输用于初始接入的参数。

(3) 物理多播信道(PMCH)。该信道用于承载多媒体/多播信息。

(4) 物理控制格式指示信道(PCFICH)。该信道用于承载该子帧上控制区域大小的信息。

(5) 物理下行控制信道(PDCCH)。该信道用于承载下行控制的信息，如上行调度指令、下行数据传输、公共控制信息等。

(6) 物理 HARQ 指示信道(PHICH)。该信道用于承载对于终端上行数据的 ACK/NACK 反馈信息，它和 HARQ 机制有关。

TD-LTE 定义的上行物理信道主要有如下三种类型：

(1) 物理上行共享信道(PUSCH)。该信道用于承载上行用户信息和高层信令。

(2) 物理上行控制信道(PUCCH)。该信道用于承载上行控制信息。

(3) 物理随机接入信道(PRACH)。该信道用于承载随机接入前道序列的发送，基站通过对序列的检测以及后续的信令交流，建立起上行同步。

3) 下行物理信道

(1) 物理下行共享信道(PDSCH)。

PDSCH 是 LTE 承载用户数据的主要下行链路通道，所有的用户数据都可以使用。除此之外，PDSCH 还包括没有在 PBCH 中传输的系统广播消息和寻呼消息。

UE 需要先收听 PCFICH，PCFICH 用于描述 PDCCH 的控制信息的放置位置和数，然后 UE 去接收 PDCCH 的信息，进而接收 PDSCH 的信息。

(2) 物理广播信道(PBCH)。

通常移动通信系统物理广播信道传送的是最基本的系统信息，通过这些信息告诉终端其他信道的配置情况，因此，获得 PBCH 是接入到系统的关键步骤。广播信息分成 MIB(Master Information Block，主信息块)和 SIB(System Information Block，系统信息块)两块。MIB 中包含的系统参数较少，发送的频率非常频繁。MIB 包含非常少的系统参数，并且发送的频率非常频繁，它承载在物理广播信道上 PBCH、SIBs 这些信息复用到一块，在物理层使用 PDSCH(物理下行共享信道)发送。

① 传送内容。PBCH 传送的系统广播信息包括 LTE 下行系统带宽、SFN 子帧号、PHICH 指示信息、天线配置信息等。

② 盲检测。不论 LTE 系统带宽，PBCH 在频域上总是映射到系统带宽的中心 72 个子载波上，在时域上总是映射到每 1 帧的第 1 个子帧的第 2 个时隙的前 4 个符号上，如图 1-17 所示。因此，UE 采用盲解获取 PBCH 承载的信息。

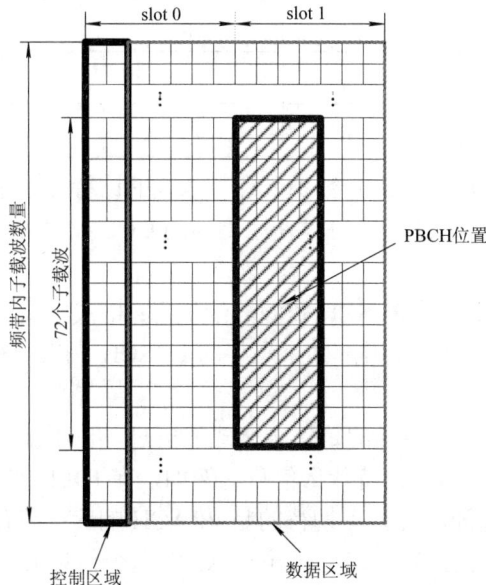

图 1-17　PBCH 位置示意图

③ 低系统负荷。PBCH 承载的内容限制在一个很小的范围，只传输一些关键的参数，而实际只使用 14 个比特，预留 10 个比特。

④ 可靠性接收。MIB 信息为 24 bit，加上 CRC(包括 CRC Mask)之后为 40 bit，再经过 1/3 卷积编码后为 120 bit，经过速率适配后为 1920 bit(普通 CP，扩展 CP 为 1728 bit)，这些比特加扰后通过 4 个无线帧发射出去。这样则 40 ms 相应的编码率只有 1/48。

MIB 主要通过 FEC(前向纠错)机制、时间分集与天线分集实现。时间分集是让 PBCH 在 40 ms 里面重复 4 次，每 10 ms 发送一个可以自解码的 PBCH，当然也可以合并解码，因此在 40 ms 里面都丢失的可能性非常低。

(3) 物理控制格式指示信道(PCFICH)。

PCFICH 专门用来指示 PDCCH 使用的资源情况。PCFICH 携带一个子帧中用于传输 PDCCH 的 OFDM 符号数的信息。在通常情况下，PDCCH 使用的 OFDM 符号有三种可能：1、2、3。当带宽小于 10 个 RB 时，则使用的 OFDM 符号数为 2、3、4，也就是最多可以使用 4 个符号。

为了获得频率分集，承载 PCFICH 的 16 个资源粒子分布到整个频带，分布方式与小区以及系统带宽预定义的模式相对应，因此 UE 可以很容易捕获到这些资源粒子，从而方便 UE 获得 PDCCH 资源的使用情况。

(4) 物理下行控制信道(PDCCH)。

① PDCCH 格式。通过 PCFICH 指示用多少个 OFDM 符号传输 PDCCH。PDCCH 携带了调度分配信息，一个物理控制信道由一个或者几个连续控制信道单元(CCE)集合组成。根据 PDCCH 中包含 CCE 的个数，可以将 PDCCH 分为四种格式，如表 1-4 所示。

表 1-4　PDCCH 分为四种格式

| PDCCH 格式 | CCE 个数 | REG 个数 | PDCCH 比特数目 |
|---|---|---|---|
| 0 | 1 | 9 | 72 |
| 1 | 2 | 18 | 144 |
| 2 | 4 | 36 | 288 |
| 3 | 8 | 72 | 576 |

不同的 PDCCH 格式使用的 CCE 数不一样，承载的比特数也不一样，这样就可以获得不同的编码率。在不同的信道质量下可以使用不同的 CCE 数，从而能够更好地利用控制信道资源。

表 1-4 中，格式 0 主要用于 PUSCH 资源分配信息；格式 1 及其变种主要用于 1 个码字的 PDSCH；格式 2 及其变种主要用于 2 个码字的 PDSCH；格式 3 及其变种主要用于上行功率控制信息。

UE 一般不知道当前 DCI 传送的是什么格式的信息，也不知道自己需要的信息在哪个位置，但是 UE 知道自己当前在期待什么信息。例如，在 IDLE 态，UE 期待的信息是寻呼消息、系统消息(SI)；发起随机接入后期待的是 PRACH 响应；在有上行数据等待发送的时候期待 UL Grant(授权 UE 在上行链路上传输信息，有这个信息 UE 才能进行下一步的 RRC 连接请求)等。对于不同的期望信息，UE 用相应的 X-RNTI 和 CCE 信息做 CRC，如果 CRC

成功，那么 UE 就知道这个信息是自己需要的，也知道相应的 DCI 格式、DCI 内容调制方式，从而进一步解出 DCI 内容。这就是所谓的"盲检"过程。

提示：DCI 包含了诸如 RB 分配信息、调制编码方式(MCS)、HARQ-ID 等若干相关内容。终端只有正确地解码到了 DCI，才能正确地处理 PDSCH。

DCI 由 PDCCH 承载，PDCCH 上传输的内容就是 DCI。

那么 UE 是不是从第一个 CCE 开始，一个接一个地盲检过去呢？这也未免太没效率了。所以协议首先划分了 CCE 公共搜索空间(Common Search Space)和 UE 特定搜索空间(UE-Specific Search Space)，对于不同的信息在不同的空间里进行搜索。

另外，对于某些 PDCCH 格式信息，一个 CCE 是不够承载的，可能需要多个 CCE，因此协议规定了所谓的 CCE Aggregation Level 取值为 1、2、4、8。例如，对于位于公共搜索空间里的信息 Aggregation Level，只有 4、8 两种取值，那么 UE 在公共搜索空间搜索 CCE 的时候，就会先按 4 CCE 为粒度搜索一遍，再按 8 CCE 为粒度搜索一遍。

对于某种 DCI 格式进行盲检时，可能的候选格式有 22 个，但是 UE 进行盲检的次数不是 22 而是 44，这是因为对于每种传输模式，UE 都需要检测两种不同尺寸的 DCI 格式，比如对于传输模式 1，UE 需要检测 DCI0、DCI1A 和 DCI1。DCI0、DCI1A 两者的尺寸是相同的，而 DCI1 与 DCI0、DCI1A 的尺寸是不一样的，所以 UE 对这两种不同尺寸的 DCI 格式都要检测一次，才能确定到底收到的是 DCI0、DCI1A，还是 DCI1。这里的 DCI0、DCI1A 可以通过一个 Flag 来区别。由于 UE 对每种传输模式都要检测两种不同尺寸的 DCI 格式，因此 UE 进行盲检的次数为 44。

② DCI 格式。不同的 DCI 格式可以用来承载不同的信息，用来携带上行或者下行调度相关的信息，这些格式就是通过 PDCCH 承载的。存在如下几种 DCI 格式，如表 1-5 所示。

表 1-5 DCI 格式及作用

| DCI 格式编号 | 作 用 |
| --- | --- |
| 0 | 用于传输 UL-SCH 调度分配信息 |
| 1 | 用于传输 DL-SCH 的 SIMO 操作调度分配信息 |
| 1A | 用于传输 DL-SCH 的 SIMO 操作的压缩调度分配信息，一般用于广播消息、随机接入响应(RAR)以及呼叫相关 |
| 1B | 用于闭环 MIMO rank=1 时的调度分配，它可以支持连续的资源分配或者基于分布式虚拟资源块的连续资源分配 |
| 1C | 主要用于下行调度呼叫、RAR 以及广播消息指示 |
| 1D | 用于多用户 MIMO 调度信息，它的资源分配表示跟 1B 类似 |
| 2 | 用于 DL-SCH MIMO 调度 |
| 3 | 用于传输 PUCCH 以及 PUSCH 的 TPC 信息，采用 2 bit 表示的功率调整 |
| 3A | 用于传输 PUCCH 以及 PUSCH 的 TPC 信息，采用单 bit 表示的功率调整 |

③ Aggregation Level。Aggregation Level 与信息传输的可靠性相关。采用哪个等级的 Aggregation Level，取决于对信息传输可靠性的要求。由于各种格式在要传的信息比特数量

上相差不大，而不同 Aggregation Level 的信息编码率随着 Level 等级的提高成倍递减，因此响应的传输信息的可靠性会成倍提高。一般来说，对于公共控制信息，例如 BCCH 的广播消息，应该采用更大的 Aggregation Level，这样用户更可能成功接收；而对于用户处于比较好的信道环境，则可以采用较小的 Aggregation Level。表 1-6 列出了 Aggregation Level 与 CCE 的关系。

表 1-6　Aggregation Level 与 CCE 的关系表

| 类型 | 搜索空间 $S_k^{(L)}$ | | 候选 PDCCH 数 |
| --- | --- | --- | --- |
| | Aggregation Level | 大小(CCE) | |
| UE 专属 | 1 | 6 | 6 |
| | 2 | 12 | 6 |
| | 4 | 8 | 2 |
| | 8 | 16 | 2 |
| 公共 | 4 | 16 | 4 |
| | 8 | 16 | 2 |

(5) 物理 HARQ 指示信道(PHICH)。

PHICH 用于 eNodeB 向 UE 反馈与 PUSCH 相关的 ACK/NACK 信息。

4) 上行物理信道

(1) 物理上行共享信道(PUSCH)。

PUSCH 承载的信息有三类：第一类是数据信息，第二类是控制信息，第三类是参考信号。

控制信息包括 HARQ ACK/NACK 信息，调度请求(Scheduling Request，SR)、信道质量指示、PMI 及 RI 等信息。

上行参考信号包括解调参考信号(DMRS)和探测参考信号(SRS)。参考信号用于让发射端或者接收端大致了解无线信道的一些特性。

PUSCH 可以根据无线环境的好坏，选择合适的调制方式。当信号质量好的时候，选择高阶的调制方式，如 64QAM；当信号质量不好的时候，选择低阶的调制方式，如 QPSK。

(2) 物理上行控制信道(PUCCH)。

PUCCH 承载着下行传输对应的 HARQ ACK/NACK 信息，还承载着调度请求、信道质量指示、PMI 及 RI 等信息。

PUCCH 处于上行带宽的边缘，不与 PUSCH 同时传输。

(3) 物理随机接入信道(PRACH)。

PRACH 用于承载随机接入前道序列的发送，基站通过对序列的检测以及后续的信令交流，建立起上行同步。

PRACH 采用 Zadoff-Chu 随机序列。Zadoff-Chu 序列(ZC 序列)是自相关特性较好的一种序列，在一点处自相关值最大，在其他处自相关值为 0。ZC 序列具有恒定幅值的互相关特性和较低的峰均比特性。

在 LTE 中，发射端和接收端的子载波频率容易出现偏差，接收端需要对这个频偏进行估计，使用 ZC 序列可以进行频偏的粗略估计。

## 1.2.7　物理信号

下行物理信号对应于一组资源粒子(RE)，这些 RE 不承载来自上层的信息。这些信号包括参考信号(Reference Signal，RS)和同步信号(Synchronization Signal)。

### 1. 下行参考信号

LTE Rel.8 版本中包括三种类型的下行参考信号，分别是小区专用参考信号(Cell-specific RS)、MBSFN 参考信号和 UE 专用参考信号。

1) 小区专用参考信号

小区专用的下行参考信号有以下作用：

(1) 下行信道质量测量。

(2) 下行信道估计，用于 UE 端的相干检测和解调。

下行参考信号在每一个非 MBSFN 的子帧上传输，LTE(Rel.8)中支持至多 4 个小区专用的参考信号，天线端口 0 和 1 的参考信号位于每个 0.5 ms 时隙的第 1 个 OFDM 符号和倒数第 3 个 OFDM 符号，天线端口 2 和 3 的参考信号位于每个 slot 的第 2 个 OFDM 符号上。在频域上，对于每个天线端口而言，每 6 个子载波插入一个参考信号，天线端口 0 和 1(天线端口 2 和 3)在频域上互相交错。正常 CP 情况下，1、2 和 4 个天线端口的 RS 分布如图 1-18 所示。

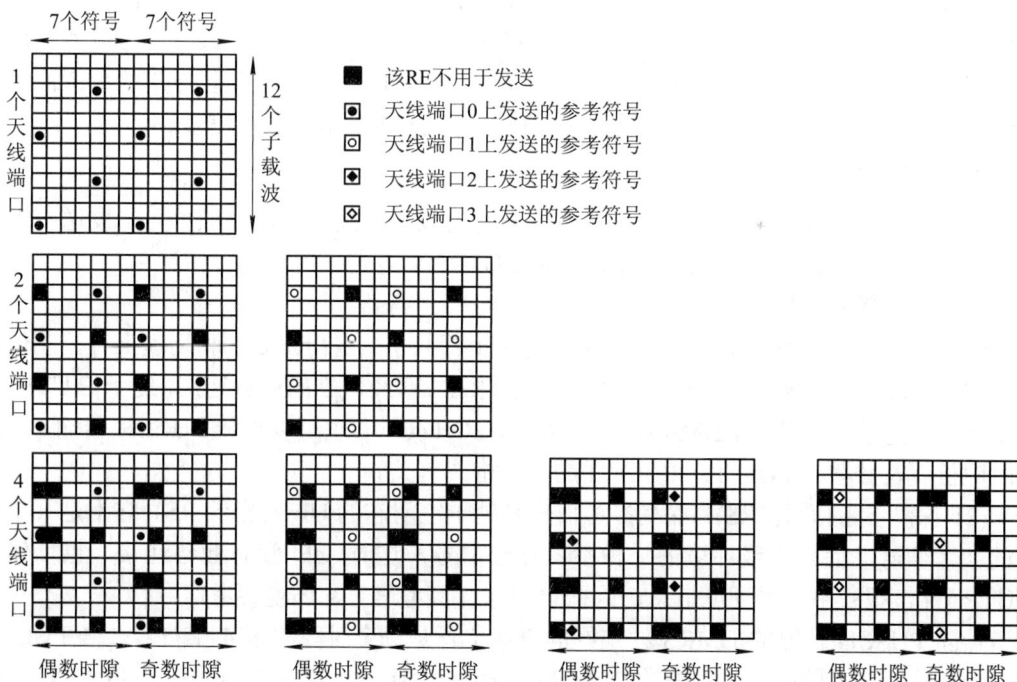

图 1-18　下行参考信号分布示意图

如果一个时隙中的某一资源粒子被某一天线端口用来传输参考信号，那么其他的天线端口上必须将此资源粒子设置为 0，以降低干扰。

在频域上，参考信号的密度是在信道估计性能和参考信号开销之间求取平衡的结果。

参考过疏则信道估计性能(频域的插值)无法接受；参考信号过密则会造成 RS 开销过大。参考信号的时域密度也是根据相同的原理确定的，既需要在典型的运动速度下获得满意的信道估计性能，RS 的开销又不是很大。

从图 1-18 还可以看到，参考信号 2 和 3 的密度是参考信号 0 和 1 的一半，这样的考虑主要是为了减少参考信号的系统开销。较密的参考信号有利于高速移动用户的信道估计，如果小区中存在较多的高速移动用户，则不太可能使用 4 个天线端口进行传输。

2) MBSFN 参考信号

MBSFN 参考信号在 MBSFN 子帧中传送，在多播业务情况下，用于下行测量、同步，以及解调 MBSFN 数据。

3) UE 专用参考信号

UE 专用参考信号只在分配给传输模式 7 的终端的资源块上传输，小区级参考信号也在这些资源块上传输，这种传输模式下，终端根据终端专用参考信号进行信道估计和数据解调。终端专用参考信号一般用于波束赋形，此时，基站一般使用一个物理天线阵列来产生定向到一个终端的波束，这个波束代表一个不同的信道，因此需要根据终端专用参考信号进行信道估计和数据解调。

每一个下行天线端口上都传输一个参考信号。天线端口是指用于传输的逻辑端口，它可以对应一个或多个实际的物理天线。天线端口的定义是从接收机的角度来定义的，即如果接收机需要区分资源在空间上的差别，就需要定义多个天线端口。对于 UE 来说，其接收到的某天线端口对应的参考信号就定义了相应的天线端口，尽管此参考信号可能是由多个物理天线传输的信号复合而成。在 LTE 中，天线端口 0～3 对应小区专用的参考信号，天线端口 4 对应 MBSFN 参考信号，天线端口 5 对应 UE 专用的参考信号。

**2. 上行参考信号**

上行参考信号的实现机理与下行参考信号的类似，也是在特定时频单元中发送一串伪随机码，用于 E-UTRAN 与 UE 的同步以及 E-UTRAN 对上行信道进行估计。

上行参考信号包括以下两种：

(1) 解调参考信号(DMRS)。DMRS 是物理上行共享信道(PUSCH)和物理上行控制信道(PUCCH)传输时的导频信号，此时，UE 与 E-UTRAN 已经建立的业务连接，便于 E-UTRAN 解调上行信息的参考信号。DMRS 可以伴随 PUSCH 传输，也可以伴随 PUCCH 传输，占用的时隙位置及数量和 PUSCH、PUCCH 的不同格式有关。

(2) 探测参考信号(SRS)。探测参考信号是处于空闲态的 UE 发出的 RS，它不是某个信道的参考信号，而是无线环境的一种参考导频信号，这时 UE 没有业务连接，也仍然给 E-UTRAN 汇报一下信道环境信息，因此也叫探针参考信号、环境参考信号。

伴随 PUSCH 传输的 DMRS 约定好的出现位置是每个时隙的第 4 个符号。当 PUCCH 携带上行确认信息的时候，伴随的 DMRS 占用每个时隙的连续 3 个符号；当 PUCCH 携带上行信道质量指示信息的时候，伴随的 DMRS 占用每个时隙的 2 个符号。

环境参考信息 SRS 由多少个 UE 发送，发送的周期、发送的带宽是多大，可由系统调度配置。SRS 一般在每个子帧的最后一个符号发送。

# 知识点/技能点小结

知识点/技能点梳理见图 1-19。

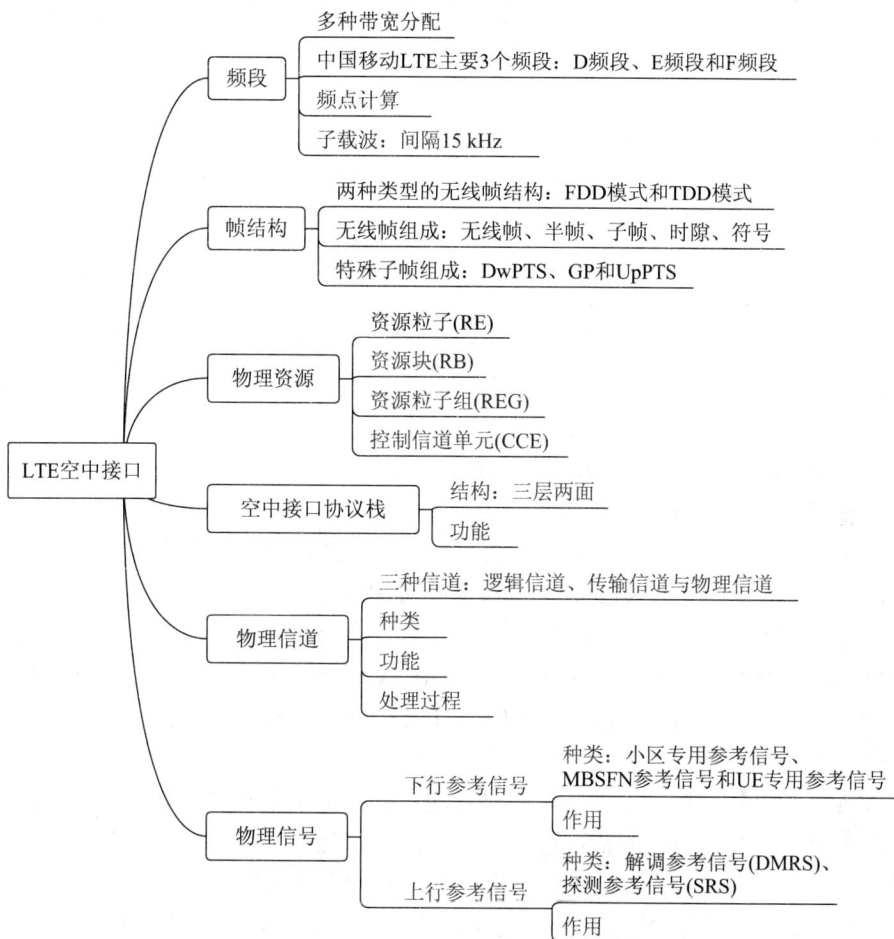

图 1-19  知识点/技能点梳理

知识/技能要点：

(1) LTE 支持多种带宽分配：1.4 MHz、3 MHz、5 MHz、10 MHz、15 MHz 和 20 MHz。

(2) 中国移动的 LTE 主要 3 个频段分别是 D 频段(2570～2620 MHz)、E 频段(2320～2370 MHz)、F 频段(1880～1920 MHz)。F 频段无线传播特性相对较好，可供全国范围室内外覆盖使用；E 频段规划为室内覆盖的扩展频段，只允许用于室内；D 频段可供全国范围室内外覆盖使用。

(3) 下行频点计算公式如下：

$$F_{DL} = F_{DL\_LOW} + 0.1(N_{DL} - N_{OFFS\_DL})$$

(4) LTE 协议规定，通常情况下子载波间隔 15 kHz，系统带宽为 1.4 MHz、3 MHz、5 MHz、10 MHz、15 MHz 和 20 MHz，对应的子载波数分别为 72、180、300、600、900

和 1200。

(5) 在 LTE 系统中，每一个无线帧长度为 10 ms，分为 10 个等长度的子帧，每个子帧又由 2 个时隙构成，每个时隙长度均为 0.5 ms。

(6) 对于 TDD 而言，LTE 中每个 10 ms 无线帧包括 2 个长度为 5 ms 的半帧，每个半帧由 4 个数据子帧和 1 个特殊子帧组成。特殊子帧包括 3 个特殊时隙：DwPTS、GP 和 UpPTS，总长度为 1 ms。

(7) DwPTS 用来传输主同步信号(PSS)，还可以传送两个 PDCCH OFDM 符号，当 DwPTS 的符号数≥6 时，能传输用户数据。GP 为保护间隔，用于 LTE 下行与上行的转换时间。UpPTS 占用 1 个或者 2 个 OFDM 符号，当 UpPTS 占用 1 个 OFDM 符号时，主要承载 Sounding RS；当 UpPTS 占用 2 个 OFDM 符号时，既承载 Sounding RS 又承载短 RACH。

(8) LTE 上下行传输使用的最小资源单位叫作资源粒子(RE)。RE 是二维结构，由时域符号和频域子载波组成，在时域上占用 1 个符号，在频域上占用 1 个子载波。

(9) 一个 RB 由若干个 RE 组成，在频域上包含 12 个连续的子载波，在时域上包含 7 个连续的 OFDM 符号(在扩展 CP 情况下，一个 RB 包含 6 个连续的 OFDM 符号)，即频域宽度为 180 kHz，时间长度为 0.5 ms。

(10) 一个 REG 包括 4 个连续未被占用的 RE。

(11) 每个 CCE 由 9 个 REG 组成。

(12) 层 2 的主要功能是信道复用和解复用、数据格式的封装、数据包调度等。在发射端，将承载高层业务应用的 IP 数据流，经过头压缩(PDCP)、加密(PDCP)、分段(RLC)、复用(MAC)、调度(MAC)等过程，变成物理层可处理的传输块；在接收端，将物理层接收到的比特数据流，按调度要求解复用(MAC)、级联(RLC)、解密(PDCP)、解压缩(PDCP)。

(13) LTE 的 RRC 状态包括空闲状态(RRC_IDLE)和连接状态(RRC_CONNECTED)。

(14) NAS 信令是指 UE 和 MME 之间交互的信令。

(15) MAC 子层使用逻辑信道与高层进行通信。传输信道描述了数据在无线接口上是如何进行传输的，以及所传输的数据特征。物理信道就是在特定的时域、频域、空域上，传送已经确定编码方式、交织方式、调制方式的信号的无线信道。

(16) CSI 是 UE 上传给 eNodeB 的信道状态信息，主要由 CQI、PMI 和 RI 组成。

(17) TD-LTE 定义的下行物理信道主要有：物理下行共享信道(PDSCH)、物理广播信道(PBCH)、物理多播信道(PMCH)、物理控制格式指示信道(PCFICH)、物理下行控制信道(PDCCH)、物理 HARQ 指示信道(PHICH)。

(18) TD-LTE 定义的上行物理信道主要有：物理上行共享信道(PUSCH)、物理上行控制信道(PUCCH)、物理随机接入信道(PRACH)。

(19) LTE 包括三种类型的下行参考信号，分别是小区专用参考信号、MBSFN 参考信号和 UE 专用参考信号。小区专用下行参考信号的作用是：①下行信道质量测量；②下行信道估计，用于 UE 端的相干检测和解调。

(20) LTE 中上行参考信号包括解调参考信号(DMRS)和探测参考信号(SRS)。DMRS 是物理上行共享信道(PUSCH)和物理上行控制信道(PUCCH)传输时的导频信号。SRS 是无线环境的一种参考导频信号。

# 思考与复习题

一、填空题

1. LTE 中，常规 CP 的时间长度为_____μs。

2. LTE 中，子载波的带宽为_____kHz。

3. 协议规定，一个子帧的时长为_____ms，一个无线帧的时长为_____ms。

4. LTE 的随机接入采用 preamble 码，一共有_____个。

5. LTE 下行有_____参考信号、_____参考信号、_____参考信号。

二、判断题

1. PDSCH 只用来承载业务数据，不能用于承载控制信息。（　　）

2. LTE 系统采用常规 CP 长度时，每时隙含 7 个 OFDM 符号。（　　）

3. CRS 在各天线端口时频资源上均匀规则的布置是为了评估无线信道实时动态的变化。（　　）

4. LTE 上下行传输使用的最小资源单位是 RE。（　　）

5. 1 个无线帧包含 10 个时隙。（　　）

6. LTE 下行信道有功率控制。（　　）

7. LTE 上行信道有功率控制。（　　）

三、单项选择题

1. 下行公共控制信道 PDCCH 资源映射的单位是（　　）。

A. RE　　　　　B. REG　　　　　C. CCE　　　　　D. RB

2. 一个 CCE 对应（　　）个 REG。

A. 1　　　　　B. 3　　　　　C. 9　　　　　D. 12

3. 20 MHz 小区支持的子载波个数为（　　）。

A. 300　　　　　B. 600　　　　　C. 900　　　　　D. 1200

4. 使用常规 CP 时，一个 RB 包含了（　　）个 RE。

A. 12　　　　　B. 60　　　　　C. 72　　　　　D. 84

5. LTE 系统承载 HARQ 信息的物理信道是（　　）。

A. PBCH　　　　　B. PCFICH　　　　　C. PHICH　　　　　D. PDCCH

6. LTE 系统承载 DCI 指示信息的物理信道是（　　）。

A. PDCCH　　　　　B. PUCCH　　　　　C. PUSCH　　　　　D. PDSCH

7. LTE 中的业务最小调度单位为（　　）。

A. RE　　　　　B. PRB　　　　　C. REG　　　　　D. CCE

8. LTE 中 DwPTS 最大可占用（　　）个 OFDM 符号。

A. 9　　　　　B. 10　　　　　C. 11　　　　　D. 12

9. LTE 物理层的功能不包括（　　）。

A. 编码的传输信道向物理信道映射　　B. 传输信道的纠错编码/译码

C. 物理信道调制与解调　　　　　　　D. HARQ 重传调度

四、多项选择题

1. LTE 上行物理信道主要有(　　)。

A. 物理上行共享信道(PUSCH)　　　B. 物理随机接入信道(PRACH)

C. 物理上行控制信道(PUCCH)　　　D. 物理广播信道(PBCH)

2. 下列(　　)属于 LTE 上行的参考信号。

A. CRS　　　　　B. DMRS　　　　C. DRS　　　　D. SRS

3. LTE 系统承载系统信息的物理信道是(　　)。

A. PBCH　　　B. PCFICH　　　C. PHICH　　　D. PDSCH

4. 下列(　　)属于 LTE 系统的物理资源。

A. 时隙　　　　B. 子载波　　　C. 天线端口　　　D. 码道

五、问答题

1. 写出 LTE 物理资源 RE、RB、REG、CCE 对应的时频资源数目。

2. LTE 物理层数据域的一个 RE 最多可承载多少比特？一个 RB(常规 CP)最多可承载(不考虑 RS 开销)多少比特？

# 任务 1.3　LTE 无线网络结构

## 课前引导

为了提高峰值速率、降低系统时延、简化运营维护、降低系统成本，4G 对无线接入网和核心网架构都进行了演进。LTE/SAE(System Architecture Evolution，系统架构的演进)的组网架构演进主要包括扁平化、分组域化、IP 化、多制式融合化、用户面和控制面相分离等。LTE/SAE 的组网架构的变迁不仅只是层级关系的变化，各个网元的功能也发生了相应的变化。

## 学习任务

(1) 了解 LTE 系统架构。

(2) 掌握 eNodeB 的功能。

(3) 掌握核心网各个网元的功能。

(4) 能通过网络优化软件查看基站的 eNodeB ID、MME Code、MME Group ID 信息。

### 1.3.1　LTE 系统架构

LTE 系统由演进型分组核心网(Evolved Packet Core，EPC)、演进型基站(eNodeB)和用户设备(UE)三部分组成。其中，EPC 负责核心网，其控制处理部分称为 MME，数据承载部分称为 Serving-Gateway(S-GW)；eNodeB 负责接入网部分，也称为 E-UTRAN；UE 指用户终端设备。LTE 系统总体架构如图 1-20 所示。

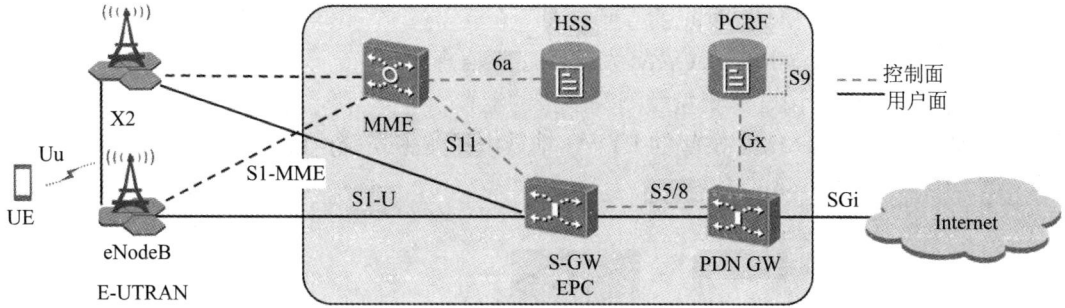

图 1-20 LTE 系统总体架构

eNodeB 之间由 X2 接口互连，每个 eNodeB 又和演进型分组核心网(EPC)通过 S1 接口相连。由于用户面和控制面的分离，S1 接口可以分为两种：用户面接口和控制面接口。与 MME 的接口 S1-MME 是控制面接口；与 S-GW 实体的接口为 S1-U 是用户面 S1 接口。S1 接口的用户面终止在服务网关 S-GW 上，S1 接口的控制面终止在移动性管理实体 MME 上。控制面和用户面的另一端终止在 eNodeB 上。

LTE 采用扁平化、IP 化的网络架构，E-UTRAN 用 eNodeB 替代 3G 的 RNC-NodeB 结构，各网络节点之间的接口使用 IP 传输，通过 IMS 承载综合业务，原 UTRAN 的 CS 域业务均可由 LTE 无线网络的 PS 域承载。简化的网络架构具有以下优点：

(1) 网络扁平化使得系统延时减少，从而改善用户体验，并可开展更多业务。

(2) 网元数目减少，使得网络部署更为简单，网络的维护更加容易。

(3) 取消了 RNC 的集中控制，避免单点故障，有利于提高网络稳定性。

## 1.3.2 eNodeB

### 1. eNodeB 功能

eNodeB 为 Evolved NodeB，即演进型 NodeB 的简称。它是 LTE 中基站的名称，相比现有 3G 中的 NodeB，其集成了部分 RNC 的功能，减少了通信时协议的层次。

eNodcB 基站采用分布式架构，包括基本功能模块基带控制单元(BaseBand control Unit，BBU)、射频拉远单元(Remote Radio Unit，RRU)和天馈线系统。BBU 与 RRU 均提供 CPRI(Common Public Radio Interface，通用公共无线接口)，两者通过光纤实现互连。如图 1-21 所示为基站典型安装场景。

LTE 的 eNodeB 除了具有 3G 中 NodeB 的功能之外，还承担了 3G 中 RNC 的大部分功能，包括物理层(PHY)功能、MAC 层功能(包括 HARQ)、RLC 层功能(包括 ARQ)、PDCP 功能、RRC 功能(包括无线资源控制)、调度、无线接入许可控制、接入移动性管理，以及小区间的无线资源管理功能等，具体内容包括：

(1) 无线资源管理：无线承载控制、无线接纳控制、连接移动性控制、上下行链路的动态资源分配(即调度)等功能。

(2) IP 头压缩和用户数据流的加密。

(3) 当从提供给 UE 的信息无法获知到 MME 的路由信息时，选择 UE 附着的 MME。

(4) 路由用户面数据到 S-GW。

(5) 调度和传输从 MME 发起的寻呼消息。

(6) 调度和传输从 MME 或 O&M 发起的广播信息。

(7) 用于移动性和调度的测量及测量上报的配置。

(8) 调度和传输从 MME 发起的 ETWS(地震海啸预警系统)消息。

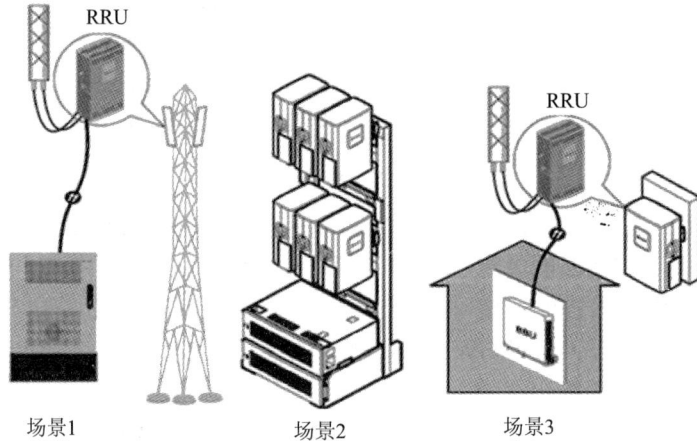

图 1-21    基站典型安装场景

### 2. eNodeB 逻辑结构

eNodB 物理硬件主要由 BBU、RRU 和天馈线组成,从逻辑上其功能系统包括控制系统、传输系统、基带系统、时钟系统、电源和环境监控系统、射频系统和天馈系统。eNodeB 逻辑结构如图 1-22 所示。

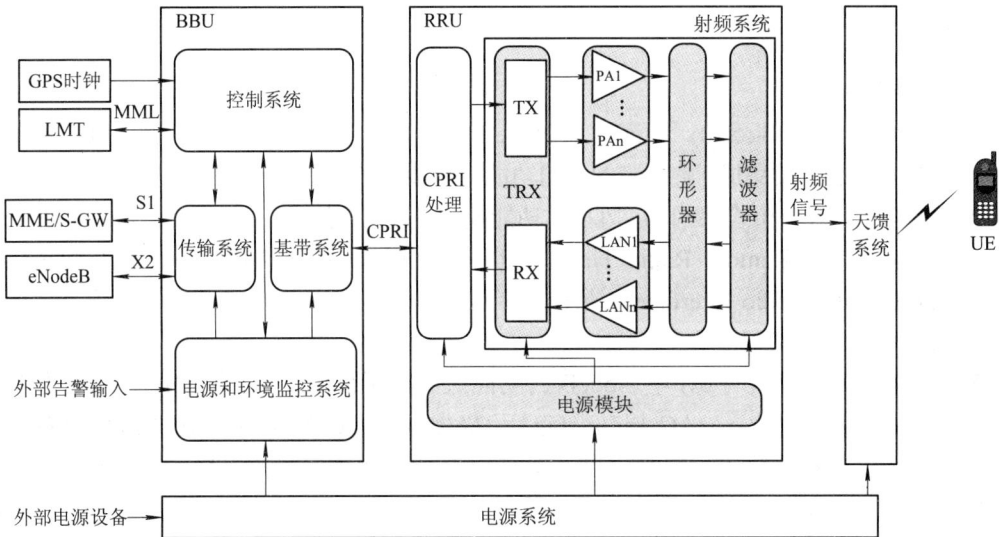

图 1-22    eNodeB 逻辑结构

eNodeB 逻辑结构各系统介绍如下:

(1) 控制系统:完成基站内部资源的控制和管理功能,提供基站与 OMC 的管理面接口、基站与其他网元的控制面接口、多模基站内公共设备控制协商接口。

(2) 传输系统：完成传输网络和基站内部数据的转发功能，提供基站与传输网络的物理接口、基站与其他网元的用户面接口。

(3) 基带系统：完成上下行基带数据处理功能。

(4) 时钟系统：完成基站时钟同步功能，提供基站与外部时钟源的接口。

(5) 电源和环境监控系统：完成基站供电、散热、环境监控功能。

(6) 射频系统：完成射频信号和基带信号的调制解调、数据处理、合分路，以及无线信号的收发处理功能，提供基站与天馈系统的接口。基带系统和射频系统之间通过 CPRI 连接。CPRI 支持星型、链型、环型、双星型等多种灵活的组网方式。

(7) 天馈系统：包括天线、馈线、跳线和 RCU(Remote Control Unit，远端控制单元)等设备，用于接收和发射射频信号。

BBU 采用模块化设计，包括五个系统：控制系统、传输系统、基带系统、时钟系统、电源和环境监控系统。BBU 的主要功能如下：

(1) 提供了传输设备、射频模块、USB 设备、外部时钟源、LMT 外部接口，实现信号传输、基站软件自动升级、接收时钟以及 BBU 在 LMT 上维护的功能。

(2) 集中管理整个基站系统，完成上下行数据的处理、信令处理、资源管理和操作维护的功能。

RRU 主要功能包括：

(1) 接收 BBU 发送的下行基带数据，并向 BBU 发送上行基带数据，实现与 BBU 的通信。

(2) 天馈接收射频信号，经过滤波器滤波、环形器对收发信号的隔离后，通过 LNA(Low Noise Amplifier，低噪声放大器)进行放大处理，并将各个接收信号下变频至中频信号，再到 TRX(收发信机单元，简称载频)的 RX(接收)模块中进行数字下变频、I/Q 解调、抽取、滤波，然后送往基带系统处理。

(3) 基带信号先通过 CPRI 接口处理，然后在 TRX 中进行内插、滤波、I/Q 调制、D/A 变换，变成中频模拟信号，再变换为射频模拟信号发送到 PA(Power Amplifier，功率放大器)对功率进行放大，最后通过环形器对收发信号隔离和滤波器滤波之后，通过天线将信号发射出去。

(4) 提供射频通道接收信号和发射信号复用功能，可使接收信号与发射信号共用一个天线通道，并给接收信号和发射信号提供滤波功能。

## 1.3.3　EPC

E-UTRAN 接口的通用协议模型如图 1-23 所示，其适用于 E-UTRAN 相关的所有接口，即 S1 和 X2 接口。E-UTRAN 接口的通用协议模型继承了 UTRAN 接口的定义原则，即控制面和用户面相分离，无线网络层与传输网络层相分离，既保持了控制面与用户面、无线网络层与传输网络层技术的独立演进，同时减少了 LTE 系统接口标准化工作的代价。

2G 与 3G 系统相比，S1 接口和 X2 接口是两个新增的接口。S1 接口是 eNodeB 和 MME 之间的接口，包括控制面和用户面。X2 接口是 eNodeB 间相互通信的接口，也包括控制面和用户面两个部分。

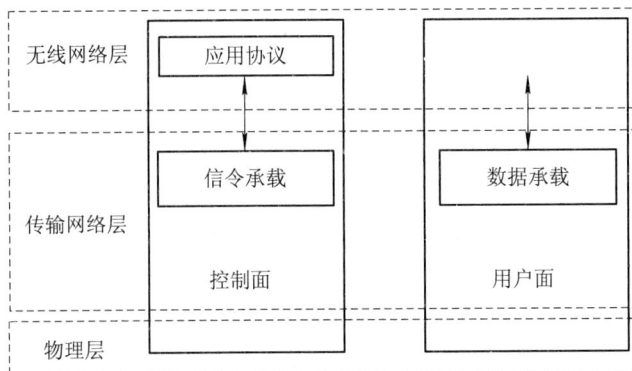

图 1-23  E-UTRAN 通用协议模型

控制面传输的是为了承载用户数据而进行的交互信令,主要承载一些重要的信令消息。控制面传输的数据其实就是信令的消息内容。用户面传输的是用户数据,也就是真正的业务内容。

S1 控制平面接口位于 eNodeB 和 MME 之间,其中传输网络层是利用 IP 进行传输的,这点类似于用户平面;为了可靠地传输信令消息,在 IP 层之上添加了 SCTP;应用层的信令协议为 S1-AP。S1 接口控制面协议栈如图 1-24 所示。

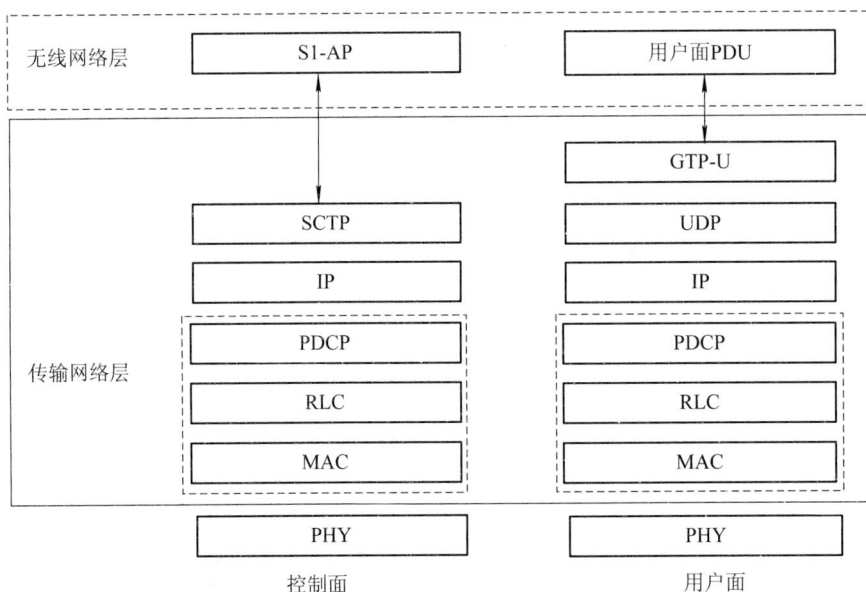

图 1-24  S1 接口控制面协议栈

用户面接口位于 eNodeB 和 S-GW 之间,S1 接口用户面(即 S1-UP)的协议栈如图 1-24 所示。S1-UP 的传输网络层基于 IP 传输,UDP/IP 层之上的 GTP-U 用来传输 S-GW 与 eNodeB 之间的用户面 PDU(Protocol Data Unit,协议数据单元)。

## 1. MME

LTE 系统分为用户面和控制面,用户面用于传输用户数据,控制面用于传输控制信令,用户数据承载与控制信令相分离。

MME 为控制面关键节点，它提供了 LTE 接入网络时的接入控制、安全控制、核心网的承载控制，以及终端移动性控制等，具体功能如下：

(1) 接入控制：对 NAS 信令进行加密保护和完整性保护，对初始接入的 UE 进行鉴权与认证，为 UE 分配 GUTI。

(2) 会话管理：EPC 承载的建立、修改、释放等。

(3) 移动性管理：附着/去附着、切换及漫游、跟踪区更新、UE 可达性管理等。

(4) 负载均衡：与 eNodeB 合作，为 UE 选择负载合适的 MME 进行附着，增加资源利用率，减少信令拥堵。

(5) 其他功能：S-GW、P-GW 选择，合法侦听等。

## 2. S-GW

S-GW(Serving Gateway，服务网关)主要负责 UE 用户面数据的传送、转发及路由切换等，同时也作为 eNodeB 之间互相传递期间用户面的移动锚，以及作为 LTE 和其他 3GPP 技术的移动锚。另一方面 S-GW 提供面向 E-UTRAN 的接口，连接 NO.7 信令网与 IP 网的设备，主要完成传统 PSTN/ISDN/PLMN 网络侧的七号信令与 3GPP R4 网络侧 IP 信令的传输层信令转换。

S-GW 其他功能还包括：切换过程中，进行数据的前转；上下行传输层数据包的分类标识；在网络触发建立初始承载过程中，缓存下行数据包；在漫游时，实现基于 UE、PDN 和 QCI 粒度的上下行计费；数据包的路由(S-GW 可以连接多个 PDN)和转发；合法性监听。

## 3. P-GW

P-GW(Packet Data Networks Gateway，分组数据网网关)管理用户设备(UE)和外部分组数据网络之间的连接。一个 UE 可以与访问多个 PDN 的多个 P-GW 同步连接。P-GW 的主要功能包括 UE IP 地址分配、基于每个用户的数据包过滤、深度包检测(DPI)和合法拦截。P-GW 执行基于业务的计费、业务的 QoS 控制。

P-GW 其他功能还有：上下行传输层数据包的分类标识；上下行服务级增强，对每个 SDF(Service Data Flow，业务数据流)进行策略和整形；上下行服务级的门控；基于聚合最大比特速率(AMBR)的下行速率控制；基于最大比特速率(MBR)的下行速率控制；合法性监听。

## 4. HSS

HSS(Home Subscriber Server，归属用户服务器)是 EPS 中用于存储用户签约信息的服务器，是 2G/3G 网元 HLR 的演进和升级，主要负责管理用户的签约数据及移动用户的位置信息。HSS 与 HLR(Home Location Register，归属位置寄存器)的区别在于：

(1) 所存储数据不同。HSS 用于 4G 网络，保存用户 4G 相关签约数据及 4G 位置信息，而 HLR 用于 2G/3G 网络，保存用户 2G/3G 相关数据及 2G/3G 位置信息。

(2) 对外接口、协议及承载方式不同。HSS 通过 S6a 接口与 MME 相连，通过 S6d 接口与 S4 SGSN 相连，采用 Diameter 协议，基于 IP 承载，而 HLR 通过 C/D/Gr 接口与 MSC/VLR/SGSN 相连，采用 MAP 协议，基于 TDM 承载。

(3) 用户鉴权方式不同。HSS 支持用户 4 元组、5 元组鉴权，而 HLR 支持 3 元组和 5 元组鉴权。

## 5. PCRF

PCRF(Policy and Charging Rule Function)即策略与计费规则功能，它是业务数据流和 IP 承载资源的策略与计费控制策略决策点，为 PCEF(策略与计费执行功能)选择及提供可用的策略和计费控制决策。

## 知识点/技能点小结

知识点/技能点梳理见图 1-25。

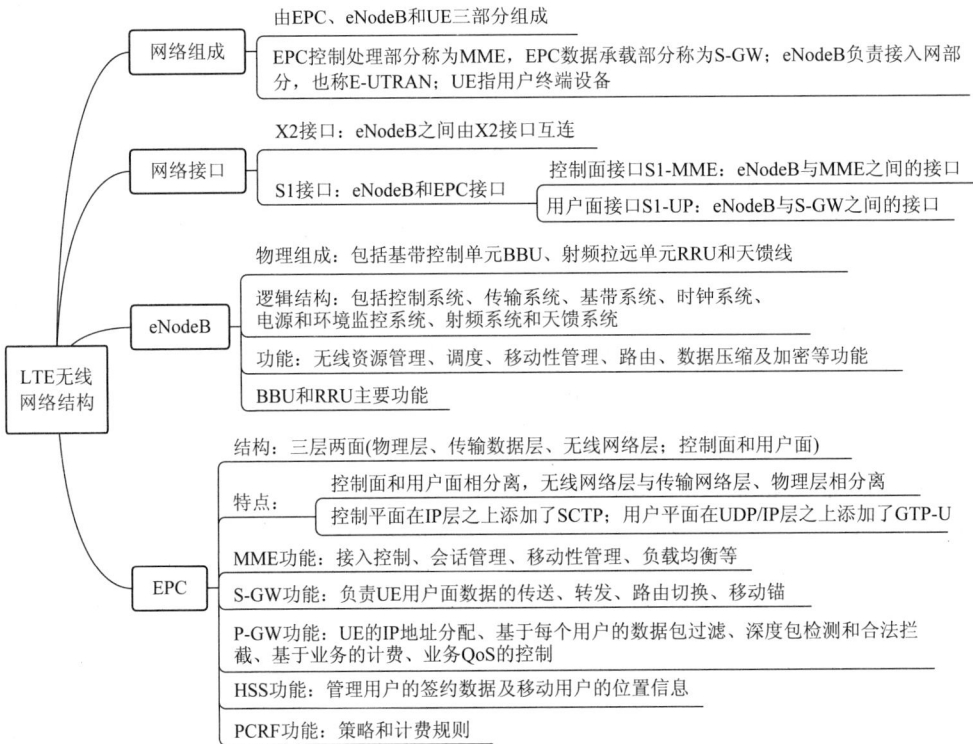

图 1-25　知识点/技能点梳理

知识/技能要点：

(1) LTE 系统由演进型分组核心网(EPC)、演进型基站(eNodeB)和用户设备(UE)三部分组成。其中，EPC 负责核心网部分，EPC 控制处理部分称为 MME，EPC 数据承载部分称为 S-GW。

(2) eNodeB 之间由 X2 接口互连，每个 eNodeB 又和演进型分组核心网(EPC)通过 S1 接口相连。S1 接口可以分为两种：用户面接口和控制面接口。eNodeB 与 MME 的接口 S1-MME 是控制面接口；eNodeB 与 S-GW 实体的接口为 S1-UP，它是用户面 S1 接口。

(3) LTE 采用扁平化、IP 化的网络架构，使得系统延时减少，从而改善用户体验。

(4) LTE 的 eNodeB 除了具有 3G 中 NodeB 的功能之外，还承担了 3G 中 RNC 的大部分功能，包括物理层功能、MAC 层功能(包括 HARQ)、RLC 层功能(包括 ARQ)、PDCP 功能、RRC 功能(包括无线资源控制)、调度、无线接入许可控制、接入移动性管理，以及小区间的无线资源管理功能。

(5) eNodB 物理硬件主要由 BBU、RRU 和天馈线组成，从逻辑上其功能系统包括控制系统、传输系统、基带系统、时钟系统、电源和环境监控系统、射频系统和天馈系统。

(6) BBU 集中管理整个基站系统，包括五个系统：控制系统、传输系统、基带系统、时钟系统、电源和环境监控系统。

(7) RRU 主要功能包括：①接收 BBU 发送的下行基带数据，并向 BBU 发送上行基带数据。②通过天馈接收射频信号，将接收信号下变频至中频信号，并进行放大处理、A/D 转换；发射通道完成下行信号滤波、D/A 转换、射频信号上变频至发射频段。③提供射频通道接收信号和发射信号复用功能。

(8) S1 接口和 X2 接口是两个新增的接口，包括控制面和用户面。控制面传输的是为了承载用户数据而进行的交互信令；用户面传输的是用户数据。

(9) E-UTRAN 接口的通用协议模型采用三层两面，即物理层、传输数据层、无线网络层，控制面和用户面。控制面和用户面相分离，无线网络层与传输网络层、物理层相分离。

(10) S1 控制面接口位于 eNodeB 和 MME 之间。为了可靠地传输信令消息，在 IP 层之上添加了 SCTP；应用层的信令协议为 S1-AP。用户面接口位于 eNodeB 和 S-GW 之间，S1 接口用户面 S1-UP 的传输网络层基于 IP 传输，UDP/IP 层之上的 GTP-U 用来传输 S-GW 与 eNodeB 之间的用户面 PDU。

(11) MME 为控制面关键节点，它提供了用于 LTE 接入网络的主要控制，并在核心网络的移动性管理，包括寻呼、安全控制、核心网的承载控制以及终端在空闲状态的移动性控制。

(12) S-GW 要负责 UE 用户面数据的传送、转发及路由切换等，同时也作为 eNodeB 之间互相传递期间用户面的移动锚，以及作为 LTE 和其他 3GPP 技术的移动锚。

(13) P-GW 管理用户设备(UE)和外部分组数据网络之间的连接。P-GW 的主要功能是 UE 的 IP 地址分配、基于每个用户的数据包过滤、深度包检测和合法拦截。P-GW 执行基于业务的计费、业务的 QoS 控制。

(14) HSS 是 EPS 中用于存储用户签约信息的服务器，主要负责管理用户的签约数据及移动用户的位置信息。

(15) PCRF 具有策略与计费规则功能。

# 思考与复习题

一、填空题

1. LTE 系统由 EPC、eNodeB 和_____三部分组成。

2. 每个 eNodeB 通过 S1 接口与 EPC 相连。S1 接口的用户面终止在_____上，S1 接口的控制面终止在_____上。

3. eNodeB 基站采用分布式架构，包括基本功能模块_____和_____。

4. LTE 系统中逻辑信道、传输信道和物理信道都是在_____中完成的。

5. 在 SAE 架构中，与 eNodeB 连接的控制面实体叫_____，用户面实体叫_____。

6. 核心网在业务面的作用就是交换和_____。

7. TD-LTE 系统 EPC 中，完成 NAS 信令处理的网元是_____。

8. TD-LTE 系统 EPC 中，负责数据业务承载并提供接入锚点的网元是_____。

二、判断题

1. TD-LTE 系统中，eNodeB 的功能包括连接态移动性管理。(　　)

2. UE 的 IP 地址由 S-GW 统一分配。(　　)

3. TD-LTE 系统中，S1 接口控制面采用 TCP 协议。(　　)

4. EPS 承载控制是在 MME 上实现的。(　　)

5. PCRF 的主要功能是计费。(　　)

6. IP 头压缩和用户数据流的加密在 MME 中完成。(　　)

7. S1 接口是 eNodeB 和 MME 之间的接口，只包含控制面数据。(　　)

三、单项选择题

1. 下列协议中，(　　)不归 LTE 的基站处理。

A. RRC　　　　　B. PDCP　　　　　C. RLC　　　　　D. RANAP

2. LTE 系统无线接口层 3 是(　　)层。

A. MAC　　　　B. RLC　　　　C. RRC　　　　D. BMC　　　　E. PDCP

3. SAE 网络架构中，MME 和 HSS 之间的接口是(　　)。

A. S1　　　　B. S11　　　　C. S5　　　　D. S6a

4. TD-LTE 系统中，S1 接口控制面传输网络层适配协议是(　　)。

A. SCTP　　　　B. TCP　　　　C. UDP　　　　D. RTSP

5. TD-LTE 系统中，完成无线承载控制的网元是(　　)。

A. MME　　　　B. P-GW　　　　C. PCRF　　　　D. eNodeB

四、多项选择题

1. 与 eNodeB 之间的 RRC 连接要通过(　　)。

A. PDCP 层　　　B. RLC 层　　　C. MAC 层　　　D. PHY 层

2. MME 的功能包括(　　)。

A. 鉴权　　　　　　　　　B. 寻呼管理

C. EPS 承载控制　　　　　D. UE IP 地址的分配

3. TD-LTE 系统中，S1 接口 S1-AP 的功能包括(　　)。

A. E-RAB 承载管理　　　　B. 寻呼功能

C. NAS 信令传输　　　　　D. 节能管理

4. TD-LTE 系统中，S1 接口协议栈用户面包括(　　)。

A. S1-AP　　　　B. SCTP　　　　C. GTP-U　　　　D. UDP

5. TD-LTE 系统中，MME 的功能包括(　　)。

A. 移动锚点　　　　　　　B. NAS 信令安全

C. EPS 承载控制　　　　　D. 无线承载控制

五、问答题

1. eNodeB 有什么功能？

2. 简述 EPC 的主要网元和功能。

# 项目二　LTE 无线网络信号测试

## 任务 2.1　测试软件的安装和驱动程序安装

### 课前引导

无线网络信号测试为无线网络优化提供多种数据与信息，从而在对数据的分析与研究中找到网络服务所存在的问题，针对具体问题提出相应的解决方案，最终实现网络优化。无线网络信号测试需要依靠路测软件和相关的硬件。在使用测试软件进行测试之前，首先要掌握测试软件的安装和驱动程序的安装。

### 学习任务

(1) 掌握 Pilot Pioneer 软件(简称 Pioneer 软件)的安装。

(2) 掌握测试手机驱动程序和 GPS 接收机驱动程序的安装。

(3) 了解 Pilot Pioneer 软件菜单和工具栏的使用。

### 2.1.1　软件安装

Pilot Pioneer 是一款由珠海世纪鼎利通信科技发展公司(简称鼎利公司)自主研发，集成了多个网络进行同步测试的新一代无线网络测试及分析软件。Pilot Pioneer 基于 PC 和 Windows XP/7/8/10 平台，结合了鼎利公司长期无线网络优化的经验和最新的研究成果，除了具备完善的 GSM、CDMA、EVDO、WCDMA、TD-SCDMA、LTE 无线网络测试以及 Scanner 测试功能外，还支持数据后分析功能，如报表汇总、覆盖分析、干扰分析等。

#### 1. 计算机推荐配置

(1) 硬件配置：

① CPU：Intel(R) Core(TM) i5；

② 内存：2.00 GB；

③ 显卡：SVGA，16 位彩色以上显示模式；

④ 显示分辨率：1366 × 768；

⑤ 硬盘空间：100 GB 或以上；

⑥ USB 口数量：4 个。

(2) 操作系统：Windows 10(64 位)、Windows 8(64/32 位)、Windows 7(64/32 位)、Windows XP(要求 SP2 或以上)。

## 2. 安装步骤

(1) 安装驱动程序及运行环境。

运行 PioneerDriversSetup.exe 驱动程序，该程序为 Pilot Pioneer 创建软件运行环境以及测试前的准备。在安装驱动程序时会出现如图 2-1 所示的组件选择界面。

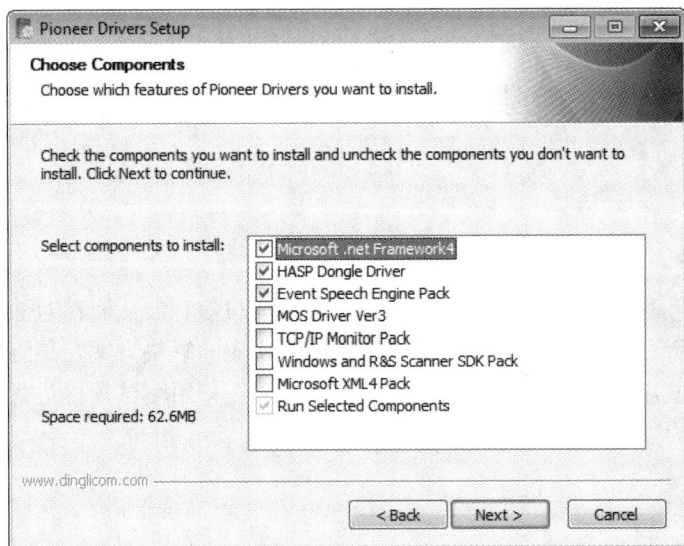

图 2-1　基础包组件选择

各个模块的说明如表 2-1 所示，用户可以根据实际需要选择安装。

表 2-1　基础包组件说明

| 组件名称 | 组件说明 |
| --- | --- |
| Microsoft.net Framework4 | 微软.net 框架基础组件，初次使用必须安装 |
| HASP Dongle Driver | Pioneer 硬件加密锁驱动程序，初次使用必须安装 |
| Event Speech Engine Pack | 事件语音播报程序，安装后，Pioneer 中的事件才可进行语音提醒，推荐安装 |
| MOS Driver Ver3 | 语音质量测试驱动，可以按需求进行安装 |
| TCP/IP Monitor Pack | TCP/IP 抓包功能库，可以按需求进行安装 |
| Windows and R&S Scanner SDK Pack | 使用 R&S 扫频仪时，需要的组件库可以按需求进行安装 |
| Microsoft XML4 Pack | 微软 XML 组件包，初次使用必须安装 |
| Run Selected Components | 系统默认组件，必须安装 |

**注意**：计算机安装的杀毒软件有可能导致 Pilot Pioneer 软件无法安装成功或者软件在运行过程中出现异常，因此需关闭杀毒软件重新安装或者把该软件添加到杀毒软件的"信任列表"中。

(2) 安装测试软件。

运行 PioneerSetup.exe，按照提示安装 Pilot Pioneer 软件。

(3) 安装软件加密狗驱动程序。

　　先将加密狗插入到计算机的 USB 接口，然后点击加密狗驱动程序的驱动安装文件，在弹出的安装界面中更改驱动程序的安装路径，将驱动程序安装路径与主程序安装路径设置成相同的。

　　安装成功后，把加密狗插到计算机的 USB 上，运行软件就能正常测试；而若未插入加密狗，则软件只支持对数据回放等简单的功能，其他大部分功能将不能使用。

　　(4) 安装 M35t 手机驱动程序。

　　M35t 是索尼于 2013 年 9 月发布的一款 TD-LTE 制式的智能手机。其安装步骤如下：

　　① 通过手机数据线，将手机与计算机连接起来。

　　② 打开手机设定图标，选择开发人员选项，再打开开发人员选项开关并勾选上 USB 调试模式。

　　③ 打开计算机的设备管理器，找到未识别的设备。

　　④ 点击更新驱动程序软件，浏览驱动程序所在的文件夹，然后选择安装即可，如图 2-2 所示。

　　⑤ 打开计算机的设备管理器，查看端口安装情况。如图 2-3 所示，上面的框表示 LTE Trace 接口，下面的框表示 GSM Trace 接口。

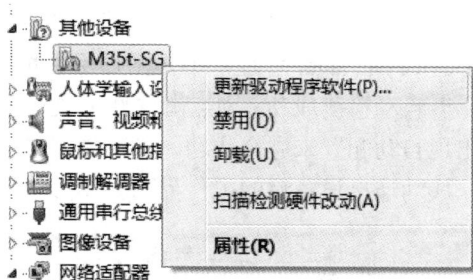

图 2-2　M35t 驱动程序安装

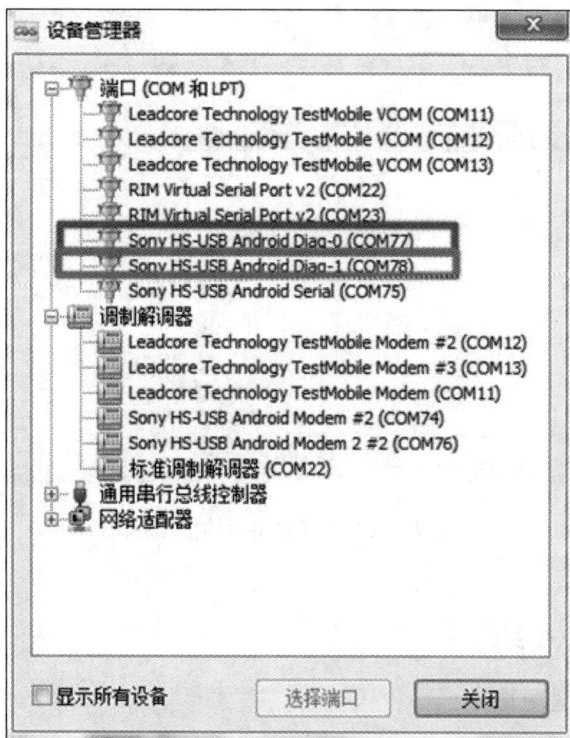

图 2-3　【设备管理器】窗口

(5) 环天 BU353 GPS 接收机驱动程序的安装。

双击环天 BU353 GPS 接收机驱动程序的安装文件，直接进行 GPS 接收机驱动程序的安装，待安装完毕后，将 GPS 接收机的 USB 端口连接到计算机的 USB 接口上。安装成功后可以在【设备管理器】的【端口】处查看，如图 2-3 所示。

## 2.1.2　设备连接

先将 GPS、M35t 测试手机及加密狗插入计算机，然后打开 Pilot Pioneer 测试软件，再打开软件主菜单栏【记录】下面的子菜单【自动检测】功能，验证设备和软件是否能正常工作。

自动检测是计算机连接上设备后，软件根据计算机硬件扫描信息自动识别端口和配置的设备连接方法。对于常用的测试设备进行自动检测，配置成功的设备会自动出现在导航栏 Device Manager 管理框中，用户不必再手动配置设备信息，因此更加快捷方便。

若自动检测成功，则点击软件主菜单栏【记录】下面的子菜单【连接】，直接连接设备。若出现自动配置未完全成功，则可选择进入手动配置，进行手动配置完成。

成功连接设备后的工作界面如图 2-4 所示。

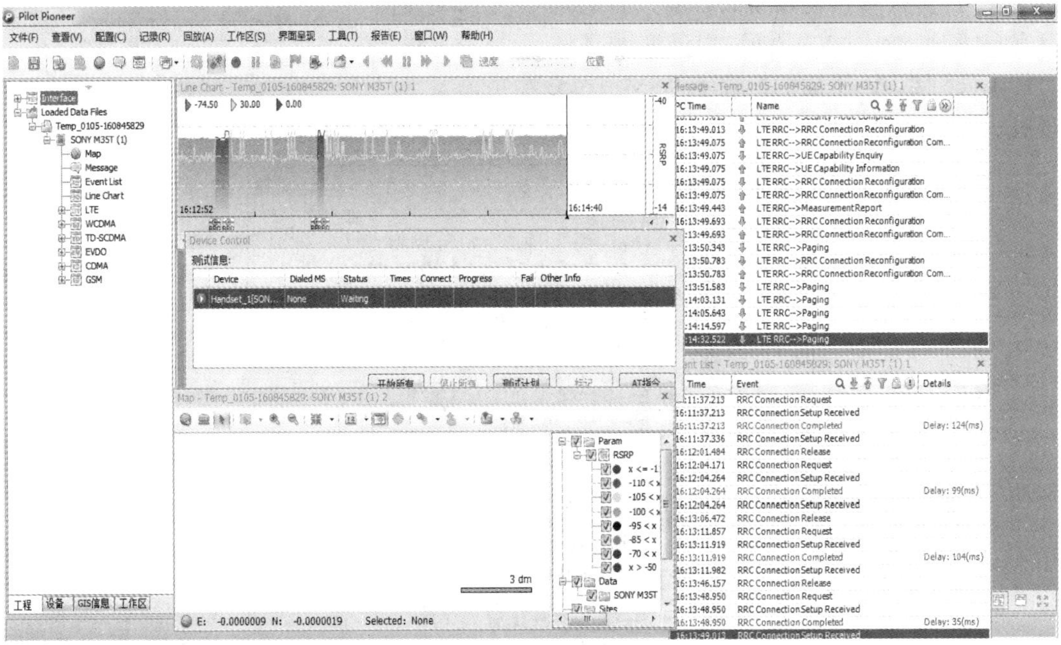

图 2-4　成功连接设备后的工作界面

## 知识点/技能点小结

知识点/技能点梳理见图 2-5。

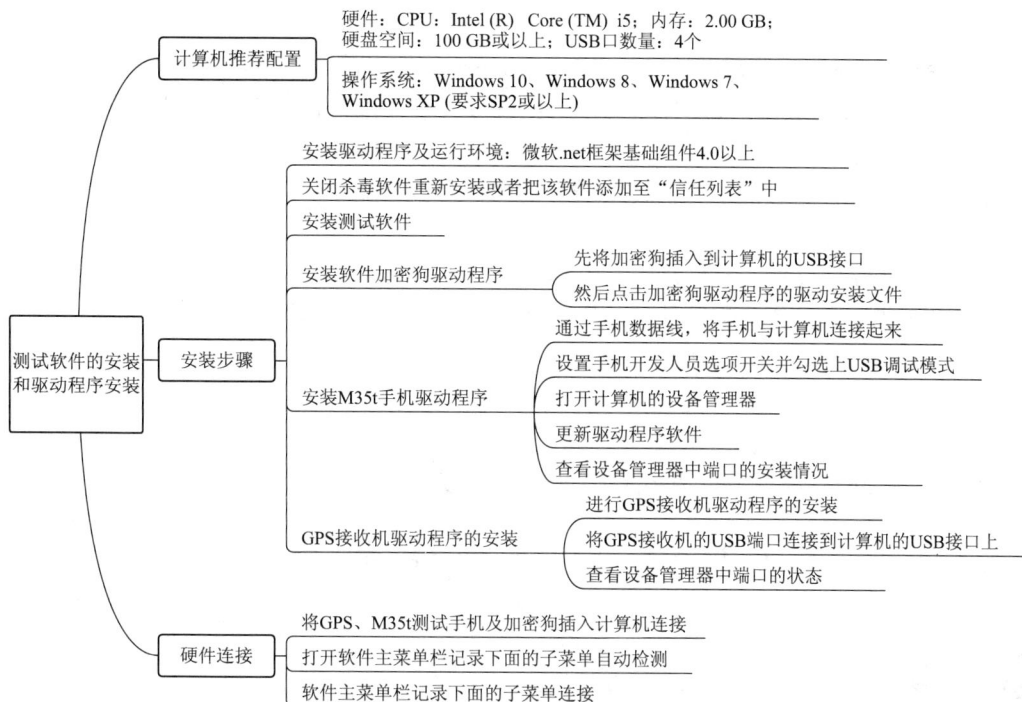

図 2-5　知识点/技能点梳理

知识/技能要点：

(1) 鼎利公司的 Pilot Pioneer 要求在微软 .net 框架基础组件 4.0 以上的环境中安装。

(2) 计算机安装的杀毒软件有可能导致 Pilot Pioneer 软件无法安装成功或者软件在运行过程中出现异常，因此需关闭杀毒软件重新安装或者把该软件添加到杀毒软件的"信任列表"中。

(3) 先将加密狗插入到计算机的 USB 接口，然后点击加密狗驱动程序的驱动安装文件，在弹出的安装界面中更改驱动程序的安装路径，将驱动程序安装路径与主程序安装路径设置成相同的。

(4) 安装 M35t 手机驱动程序时，要通过手机数据线，将手机与计算机连接起来，然后在设备管理器中选中端口，进行驱动程序软件的更新。

(5) 硬件设备驱动程序安装完毕后，再将 GPS、M35t 测试手机及加密狗插入计算机，然后打开 Pilot Pioneer 测试软件，接着打开软件主菜单栏【记录】下面的子菜单【自动检测】功能，验证设备和软件是否能正常工作。

# 思考与复习题

一、填空题

M35t 测试手机、环天 BU353 GPS 接收机安装成功后可以在_____的"端口"处查看是否安装成功。

二、判断题

计算机安装的杀毒软件有可能导致 Pilot Pioneer 软件无法安装成功或者软件在运行过程中出现异常，因此需关闭杀毒软件重新安装或者把该软件添加至"信任列表"中。(　　)

三、单项选择题

运行鼎利公司前台 Pioneer 软件需要进行的操作是(　　)。

A. 直接点击运行

B. 将权限文件拷贝到安装目录先点击运行

C. 将权限文件拷贝到安装目录下，插上硬件狗，点击运行软件

D. 以上说法均不对

四、问答题

1. 简述索尼 M35t 测试手机的安装步骤。

2. 如何检验 M35t 测试手机和环天 BU353 GPS 接收机驱动程序是否安装成功？

# 任务 2.2　LTE 主要性能指标

## 课前引导

在 LTE 无线网络进行问题区域测试或者对 LTE 无线网络进行网络评估时，往往要使用 LTE 无线网络的性能指标，因此，掌握 LTE 常见的性能指标含义对于分析网络、评估网络具有非常重要的意义。LTE 中主要的性能指标包括覆盖类指标、呼叫建立类指标、呼叫保持类指标、切换类指标、移动性管理类指标、时延类指标、吞吐率指标等。

## 学习任务

(1) 理解 LTE 无线网络覆盖类指标、呼叫保持类指标、切换类指标的含义。

(2) 能看懂常见的网络指标。

(3) 能使用 Pioneer 软件统计覆盖类指标、呼叫保持类指标、切换类指标。

### 2.2.1　网络信号质量参数分析

通过对 TD-LTE 路测常用参数 RSRP(参考信号接收功率)、RSRQ(参考信号接收质量)、RSSI(接收信号强度指示)、SINR(信干噪比)、CQI、MCS(调制编码方式)、吞吐量等进行详细介绍，定性分析这些参数的相互关系，以及这些参数反映了 TD-LTE 网络哪些方面的问题。

TD-LTE 网络信号质量是由很多方面的因素共同决定的，如发射功率、无线环境、RB(资源块)配置、发射接收机质量等。在路测中通常关注的参数有 RSRP、RSRQ、RSSI，这些参数用来反映 TD-LTE 网络信号质量及网络覆盖情况。

#### 1. RSRP

在 3GPP 协议中，RSRP 即参考信号接收功率，定义为在考虑测量频带上，承载小区专

属参考信号的资源粒子的功率贡献(以 W 为单位)的线性平均值。通俗地理解,可以认为 RSRP 的功率值就是代表了每个子载波的功率值。RSRP 是衡量系统无线网络覆盖率的重要指标。

对于 LTE,一个 OFDM 子载波是 15 kHz,这样只要知道载波带宽,就知道有多少个子载波,也就能计算出 RSRP 功率了。

举个例子,对于单载波 20 MHz 带宽的配置而言,里面共有 1200 个子载波,即共有 1200 个 RE,那么一个 RE 上的功率就是 RSRP。RSRP 计算公式如下:

$$RSRP = RRU 输出总功率(dBm) - 10lg(RE 个数)$$

假设 RRU 单端口的输出功率是 20 W,也就是 43 dBm,那么可以计算出:

$$RSRP = 43 - 10lg1200 = 12.2 \ dBm$$

RSRP 是一个表示接收信号强度的绝对值,一定程度上可以反映移动台与基站的距离。LTE 系统广播小区特定参考信号的发送功率,终端根据 RSRP 可以计算出传播损耗,从而判断与基站的距离,因此这个值可以用来度量小区覆盖范围的大小。

3GPP 协议规定,终端上报测量 RSRP 的范围是 -140~-44 dBm。路测时,在密集城区、一般城区和重点交通干线上,一般要求 RSRP 值必须大于 -100 dBm,否则容易出现掉话、弱覆盖等问题。

### 2. RSSI

在 3GPP 协议中,RSSI(Received Signal Strength Indicator)即接收信号强度指示,定义为接收宽带功率,包括参考信号、数据信号、邻区干扰信号,还包括来自外部其他的干扰信号、噪声信号。因此,通常测量的 RSSI 平均值要比带内真正有用信号的平均值高。

RSSI 是无线发送层的可选部分,用来判定链路质量以及是否要增大广播发送强度。3GPP 协议规定,终端上报测量 RSSI 的正常范围是 -90~-25 dBm,超过这个范围,则可视为 RSSI 异常。RSSI 是否正常,对通话质量、掉话、切换、拥塞以及网络的覆盖、容量等均有显著影响。RSSI 过低(RSSI < -90 dBm)说明手机收到的信号太弱,可能导致解调失败;RSSI 过高(RSSI > -25 dBm)说明手机接收到的信号太强,相互之间的干扰太大,也影响信号解调。

### 3. RSRQ

RSRQ 决定系统的实际覆盖情况,RSRQ 定义为 RSRP 和 RSSI 的比值。当然,因为两者测量所基于的带宽可能不同,所以会用一个系数来调整,计算公式如下:

$$RSRQ = N \times \frac{RSRP}{RSSI}$$

其中,$N$ 是 RSSI 测量带宽上承载的 RB 数。

3GPP 协议规定,终端上报测量 RSRQ 的范围是 -19.5~-3 dBm。RSRQ 值随着网络负荷和干扰发生变化,网络负荷越大,干扰越大,RSRQ 测量值越小。

RSRP 是在某个符号内承载参考信号的所有 RE(资源粒子)上接收到的信号功率的平均值,而 RSSI 则是在这个符号内接收到的所有信号(包括参考信号、数据信号、邻区干扰信号、噪音信号等)功率的平均值,这就是为什么测试中观测到的 RSRP 值要远小于 RSSI 值的原因,分子总是分母的一部分,因此 RSRQ 总是负值。

### 2.2.2 吞吐量性能参数分析

小区吞吐量是单位时间小区可以传输的数据量，它与终端性能、在线用户数、调度算法、功率控制、载波带宽、天线模式、时隙配置、CQI、SINR、MCS 等都密切相关。吞吐量的单位都是 b/s。

吞吐量是用户使用网络过程中直接感知的参数(如网页刷新速率、数据下载速率等)，因此，提高吞吐量一直是移动通信系统追求的目标之一。

LTE 系统采用 OFDM(正交频分复用)和 MIMO(多输入多输出)技术后，系统吞吐量有了很大提高，在 20 MHz 的载波带宽下，当终端采用 2 天线接收 1 天线发送时，理论上要求下行峰值速率可达到 100 Mb/s，上行峰值速率可达到 50 Mb/s。

在 LTE 系统中，eNodeB 配置载波带宽、天线模式、时隙配比等，调度算法和功率控制也是在基站侧实现的。通常在吞吐量性能测试过程中，常关注的变量参数主要是 CQI、SINR、MCS。

#### 1. CQI

CQI 是无线信道通信质量的测量标准，反映基站与终端间信道质量的信息。下行信道信息通过终端测量全带宽的 CRS(小区特定参考信号)获得，并通过上行信道反馈给基站，上行信道信息通过基站测量终端发送的 SRS(探测参考信号)获得。3GPP 协议里规定，CQI 取值范围是 0~15，不同的 CQI 取值对应不同的调制方式和编码效率，一般情况下，CQI 值越高说明信道质量越好。

在 TD-LTE 系统中，CQI 反馈提供两种信道质量信息：

(1) 宽带 CQI 反馈，对整个系统带宽的 CQI 进行反馈。

(2) 从多个子带 CQI 中选择一个或多个子带 CQI 进行反馈。

在实际应用中，针对不同的业务需求和传输模式选择不同的反馈方式。

#### 2. SINR

SINR(Signal to Interference plus Noise Ratio，信干噪比)是接收到的有用信号的强度与接收到的干扰信号(噪声加干扰)强度的比值。与 RSRQ 相比，SINR 分母中只包含干扰和噪声，在反映信号质量的同时，也能更准确地知道信道环境的好坏。通常 SINR 越高，信号越能正确解调，信道环境越好，传输速率越高。在 3GPP 提案中，很多技术需要 CQI 将信道特征反馈给发射机，用于调整天线的数据速率，实现自适应调制。但在实际系统中，尤其是 MIMO 系统中，准确及时估计信道矩阵 $H$ 是不现实的，并且受反馈信道的限制，反馈信息也不可能太多，因此，在 3GPP 提案中大多采用 SINR 作为反馈信息，用于自适应调制的控制参数，然后对应相应的 CQI 信息。

#### 3. MCS

调制编码方式(Modulation and Coding Scheme，MCS)定义了单个符号上可以携带多少个比特数，也就是一个 RE 上可以承载多少个比特。

LTE 中速率的配置通过 MCS 索引值实现，每一个 MCS 索引其实对应了一组参数下的物理传输速率。3GPP 协议里规定，MCS 的取值范围是 0~31，其中对于初传数据比特只有 0~28 可用，MCS 等级越高，依赖的信道条件需要越好。不同的 MCS 值对应于各种调制阶数和编码速率,当信道条件变化时,系统需要根据信道条件选择不同的 MCS 方案,以适应信道变化带来的影响。从理论角度考虑,对每个并行数据流进行独立的自适应调制编码,可以提高频谱效率,但是实际应用中会造成大量的控制开销和反馈信令开销,所以在系统选择 MCS 方案时需综合考虑,争取在无线信道容量、信道质量反馈误差及信令开销三者之间取得折中。

一般情况下,SINR 越高,CQI 越高,信道质量越好,应采用较少冗余的编码方式和较高阶的调制编码(较高的 MCS 等级),这样则对应的就是相对较高的吞吐量。反之,SINR越低,CQI 越低,表明信道条件较差,应采用冗余度较高的编码方式和较低阶的调制方式(较低的 MCS 等级),这样则对应的就是相对较低的吞吐量。其实这也是 TD-LTE 系统的一种链路自适应技术,根据当前获取的信道信息,自适应地调整系统传输参数,使传输速率与信道变化的趋势一致,最大化利用无线信道的传输能力,提高吞吐量。

通过对 LTE 路测中常见指标的分析,可以看出各参数是层层相扣、紧密联系的,连贯总体才能客观真实地反映 LTE 无线网络的质量和性能。在无线移动通信中,空中接口无线网络是最核心的部分,其性能的好坏直接影响用户的感知,所以不管是在建网初期还是后期维护,对空口无线网络的分析和优化都是不可缺少的。准确理解 LTE 无线路测常用指标的定义及其相互关系,对 LTE 理论学习、外场测试、网络评估、网络优化等工作都是极其重要的。

### 4. 吞吐率

移动通信中的吞吐率一般是指测试终端或者网元,比如小区在单位时间内下载或者上传的数据量。

吞吐率主要通过如下指标衡量,不同指标的观测方法一致,测试场景选择和限制条件有所不同。

(1) 单用户峰值吞吐率。

单用户峰值吞吐率以近点静止测试,UE 信道条件满足达到 MCS 最高阶以及IBLER(Initial BLock Error Rate,初始误块率)为 0,进行 UDP/TCP 灌包,使用 RLC 层平均吞吐率进行评价。

(2) 单用户平均吞吐率。

单用户平均吞吐率移动测试(DT)时,进行 UDP/TCP 灌包,使用 RLC 层平均吞吐率进行评价。移动区域包含近点、中点、远点区域,移动速度最好在 30 km/h 以内。

(3) 单用户边缘吞吐率。

单用户边缘吞吐率移动测试时,进行 UDP/TCP 灌包,对 RLC 吞吐率进行地理平均,以两种定义分别记录边缘吞吐率。

① 以 CDF 曲线(Throughput vs. SINR)5%的点为边缘吞吐率,其一般使用在连续覆盖下路测场景。

② 以 PL 为 120 定义为小区边缘,此时的吞吐率为边缘吞吐率。这里只定义 RSRP 边缘覆盖的场景,假定此时的干扰接近白噪声,这种场景类似于单小区测试。

(4) 小区峰值吞吐率。

小区峰值吞吐率测试时,用户均在近点,信道质量满足达到最高阶 MCS,IBLER 为 0,采用 UDP/TCP 灌包;通过小区级 RLC 平均吞吐率观测。

(5) 小区平均吞吐率。

小区平均吞吐率测试时，用户分布一般类似 1∶2∶1 分布(备注：用户分布根据运营商要求而不同)，即近点 1UE、中点 2UE、远点 1UE，其中近点、中点、远点的信号大小规定为 RSRP = −85 dBm、−95 dBm、−105 dBm。采用 UDP/TCP 灌包，通过华为 M2000 跟踪的小区 RLC 吞吐率观测得到。

从协议栈的不同层上进行定义，相应就体现了不同层的吞吐率，从高层到底层主要有：应用层速率、IP 层速率、PDCP 层速率、RLC 层速率、MAC 层速率、物理层速率。高层速率和底层速率之间，主要差别在于头开销，以及重传的差异。比如说 TCP 层的重传数据不会体现在应用层吞吐率上，但是会体现在底层(如物理层)的吞吐率上。

上层的数据到了下一层之后都会进行一次封装，从而增加了头开销，而在本层增加的头开销到了更底层的时候就又体现成了数据量，应该计算入该层的吞吐量中，其各层吞吐率中包含的开销可以参考图 2-6。

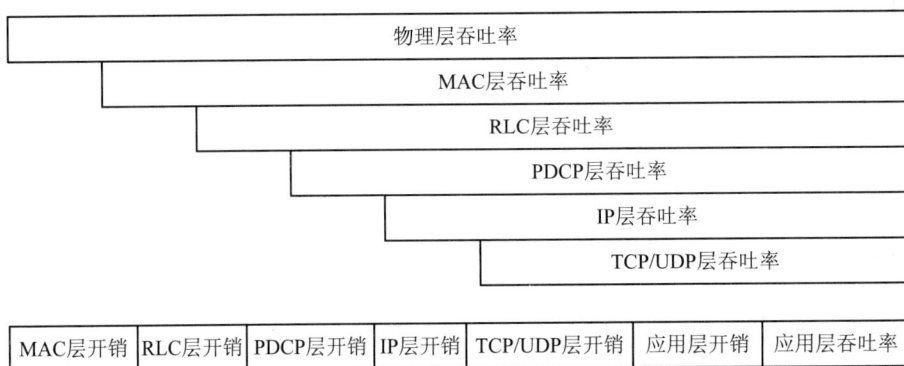

| 物理层吞吐率 | | | | | | |
| MAC层吞吐率 | | | | | | |
| RLC层吞吐率 | | | | | | |
| PDCP层吞吐率 | | | | | | |
| IP层吞吐率 | | | | | | |
| TCP/UDP层吞吐率 | | | | | | |

| MAC层开销 | RLC层开销 | PDCP层开销 | IP层开销 | TCP/UDP层开销 | 应用层开销 | 应用层吞吐率 |

图 2-6  各层吞吐率示意图

## 2.2.3  无线指标

### 1. 无线覆盖类指标

无线网络的覆盖率反映了网络的可用性。RSRP 是衡量系统无线网络覆盖率的重要指标。RSRP 是一个表示接收信号强度的绝对值，一定程度上可反映移动台距离基站的远近，因此这个 KPI 值可以用来度量小区覆盖范围大小。

中国移动 TD-LTE 无线子系统工程验收规范中，假设在 eNodeB 单射频模块 43 dBm 功率发射的前提下，根据信道条件的不同分为五类测试点：极好点、好点、中点、差点和极差点。这五类点参考 RSRP 区分如表 2-2 所示。

表 2-2  中国移动五类测试点

| 测试点 | RSRP 取值范围/dBm | SINR 取值范围/dB |
| --- | --- | --- |
| 极好点 | >−85 | >25 |
| 好点 | −85～−95 | 16～25 |
| 中点 | −95～−105 | 11～15 |
| 差点 | −105～−115 | 3～10 |
| 极差点 | <−115 | <3 |

当覆盖点的 RSRP≥$R$ 且 RSRQ≥$S$ 时，测试点 $F$ 取值 1；当覆盖点的 RSRP≥$R$ 与 RSRQ≥$S$ 至少有一个不等式不满足时，则测试点 $F$ 取值 0。上述 $R$ 和 $S$ 是 RSRP 和 RSRQ 在计算中的阈值。

区域覆盖率定义为 $F$ 取值 1 的测试点在测试区所有测试点中的百分比，如果某一区域接收信号功率超过某一门限同时信号质量超过某一门限则表示该区域被覆盖。这里的覆盖率指的是区域覆盖率，不是边缘覆盖率。

## 2. 呼叫建立类指标

呼叫成功率是反映 LTE 系统性能最重要的指标之一，也是运营商十分关注的指标。一个完整的呼叫接通有多个层次：寻呼成功率、RRC 连接建立成功率和 E-RAB 建立成功率。

### 1) RRC 连接建立成功率

RRC 连接建立成功率反映 eNodeB 或者小区的 UE 接纳能力，RRC 连接建立成功意味着 UE 与网络建立了信令连接。RRC 连接建立可以分两种情况：一种是与业务相关的 RRC 连接建立；另一种是与业务无关(如紧急呼叫、系统间小区重选、注册等)的 RRC 连接建立。前者是衡量呼叫接通率的一个重要指标，后者可用于考察系统负荷情况。

RRC 连接建立成功率(业务相关)用 RRC 连接建立成功次数和 RRC 连接建立尝试次数的比来表示，对应的信令分别为：eNodeB 收到的 RRC CONNECTION SETUP COMPLETE 次数和 eNodeB 收到的 RRC CONNECTION REQ 次数。计算公式如下：

$$RRC \text{ 连接建立成功率} = \frac{RRC\text{连接建立成功次数}}{RRC\text{连接建立尝试次数（业务相关）}} \times 100\%$$

### 2) E-RAB 建立成功率

E-RAB 是指用户平面的承载，用于 UE 和 S-GW 之间传送语音、数据及多媒体业务。E-RAB 建立由 CN 发起，eNodeB 应通过 E-RAB SETUP RESPONSE 消息向 CN 报告所请求的 E-RAB 建立的结果。当 E-RAB 建立成功以后，一个基本业务即建立，UE 进入业务使用过程。

E-RAB 建立成功率用 E-RAB 指派建立尝试次数和 E-RAB 指派建立成功响应次数的比表示。

E-RAB 建立成功率统计要包含以下三个过程：

(1) 初始 Attach 过程。UE 附着网络过程 eNodeB 中收到的 UE 上下文可能会有 E-RAB 信息，eNodeB 要建立。

(2) Service Request 过程。UE 处于已附着到网络但 RRC 连接释放状态，这时 E-RAB 建立需要包含 RRC 连接建立过程。

(3) Bearer 建立过程，UE 处于已附着网络且 RRC 连接建立状态，这时 E-RAB 建立只包含 RRC 连接重配过程。

E-RAB 建立成功率 =

$$\frac{\begin{array}{c}Attach\text{过程E-RAB建立成功数目}+Service\ Request\text{过程E-RAB建立成功数目}+\\ \text{承载建立过程E-RAB建立成功数目}\end{array}}{\begin{array}{c}Attcach\text{过程E-RAB请求建立数目}+Service\ Request\text{过程E-RAB请求建立数目}+\\ \text{承载建立过程E-RAB请求建立数目}\end{array}} \times 100\%$$

### 3) 无线接通率

无线接通率反映小区对 UE 呼叫的接纳能力,其直接影响用户对网络使用的感受。

无线接通率 = E-RAB 建立成功率 × RRC 连接建立成功率(业务相关) × 100%

## 3. 呼叫保持类指标

### 1) RRC 连接异常掉话率

对处于 RRC 连接状态的用户,存在由于 eNodeB 异常释放 UE RRC 连接的情况,这种概率表示基站 RRC 连接保持性能,一定程度上反映用户对网络的感受。

$$RRC \ 连接异常掉话率 = \frac{异常原因导致的RRC连接释放次数}{RRC连接建立成功次数 + RRC连接重建立成功次数} \times 100\%$$

### 2) E-RAB 掉话率

eNodeB 由于某些异常原因会向 CN 发起 E-RAB 释放请求,请求释放一个或多个 E-RAB。当发生 UE 丢失、不激活或者 eNodeB 异常原因时,eNodeB 会向 CN 发起 UE 上下文释放请求,这也会导致释放 UE 已建立的所有 E-RAB。

$$E\text{-}RAB \ 掉话率 = \frac{因异常原因eNodeB请求释放的E\text{-}RAB数目 + 因异常原因eNodeB请求释放UE上下文中包含的E\text{-}RAB数目}{E\text{-}RAB建立成功数目} \times 100\%$$

## 4. 移动性管理类指标

切换成功率反映了小区间切换的成功情况,保证用户在移动过程中使用业务的连续性,它与系统切换处理能力和网络规划有关。

LTE 切换可分为系统内切换和系统间切换。系统内切换又可根据载频配置情况分为同频和异频;系统间切换包括与 3G 系统(如 CDMA、WCDMA)和 2G 系统(如 GSM)的切换。

$$切换成功率 = \frac{切换成功次数}{切换请求次数} \times 100\%$$

下面分别以 X2 口切换和 LTE 与 GSM 之间的切换,介绍切换类指标的计算。

### 1) X2 口切换

X2 口切换反映了 eNodeB 之间存在 X2 连接的情况下,UE 在基站间的切换成功情况。X2 口切换包含同频切换和异频切换两种情况,对于每种情况,需要统计切换出和切换入两个指标。

(1) X2 口同频切换。

$$X2 \ 口同频切换成功率(小区切换出) = \frac{X2口同频切换出成功次数}{X2口同频切换出尝试次数(本小区)} \times 100\%$$

$$X2 \ 口同频切换成功率(小区切换入) = \frac{X2口同频切换入成功次数(本小区)}{X2口同频切换入尝试次数} \times 100\%$$

(2) X2 口异频切换。

$$X2 \ 口异频切换成功率(小区切换出) = \frac{X2口异频切换出成功次数}{X2口异频切换出尝试次数(本小区)} \times 100\%$$

$$X2 口异频切换成功率(小区切换入) = \frac{X2口异频切换入成功次数(本小区)}{X2口异频切换入尝试次数} \times 100\%$$

2) 系统间切换成功率(LTE↔GSM)

系统间切换成功率(LTE↔GSM)反映了 LTE 系统与 GSM 系统之间切换的成功情况，表征了无线系统网络间切换(LTE↔GSM)的稳定性和可靠性，也一定程度反映出 LTE/GSM 组网的无线覆盖情况，对于网规网优有重要的参考价值。

系统间切换针对 LTE 无线网络来说分为切换出成功率和切换入成功率。

(1) 系统间小区切换出成功率 LTE→GSM。

$$系统间小区切换出成功率LTE{\to}GSM=1-\left(\frac{LTE \to GSM系统间小区切换出失败次数}{LTE \to GSM系统间小区切换出准备次数}\times100\%\right)$$

(2) 系统间小区切换入成功率 GSM→LTE。

$$系统间小区切换入成功率GSM{\to}LTE=1-\left(\frac{GSM \to LTE系统间小区切换入失败次数}{GSM \to LTE系统间小区切换入准备次数}\times100\%\right)$$

**5. 时延类指标**

1) UE 从 IDLE 态到 Connected 态转换时延

该指标表示 UE 从 IDLE 态转换到 Connected 态的时间，直接影响呼叫时 E-RAB 建立、TAU 等过程的时延，它是衡量用户网络接入时延感受的重要指标之一。

2) Attach 时延

Attach 时延表示 UE 完成网络注册需要的时间，它是衡量用户网络接入时延感受的重要指标之一。

3) 用户面时延

用户面时延包括空口时延、EPC 时延和 E2E 时延三部分，它是 RTD(Round Trip Delay，往返时延)。其中空口时延在良好的信道质量和系统空载下测试，时延测试可采用 ping 方法。

在预调度情况下，空口时延要小于 5 ms，E2E 时延要小于 10 ms。

## 知识点/技能点小结

知识点/技能点梳理见图 2-7。

知识/技能要点：

(1) RSRP 即参考信号接收功率，定义为在考虑测量频带上，承载小区专属参考信号的资源粒子的功率贡献(以 W 为单位)的线性平均值。可以认为 RSRP 的功率值就是代表了每个子载波的功率值。

(2) RSSI 定义为接收宽带功率，包括参考信号、数据信号、邻区干扰信号，还包括来自外部其他的干扰信号、噪声信号。

(3) RSRQ 决定系统的实际覆盖情况，RSRQ 定义为 RSRP 和 RSSI 的比值。当然，因为两者测量所基于的带宽可能不同，所以会用一个系数来调整，即 $RSRQ = N \times RSRP/RSSI$，其中，$N$ 是 RSSI 测量带宽上承载的 RB 数。

(4) CQI 是无线信道的通信质量的测量标准，反映基站与终端间信道质量的信息。一般情况下，CQI 值越高说明信道质量越好。

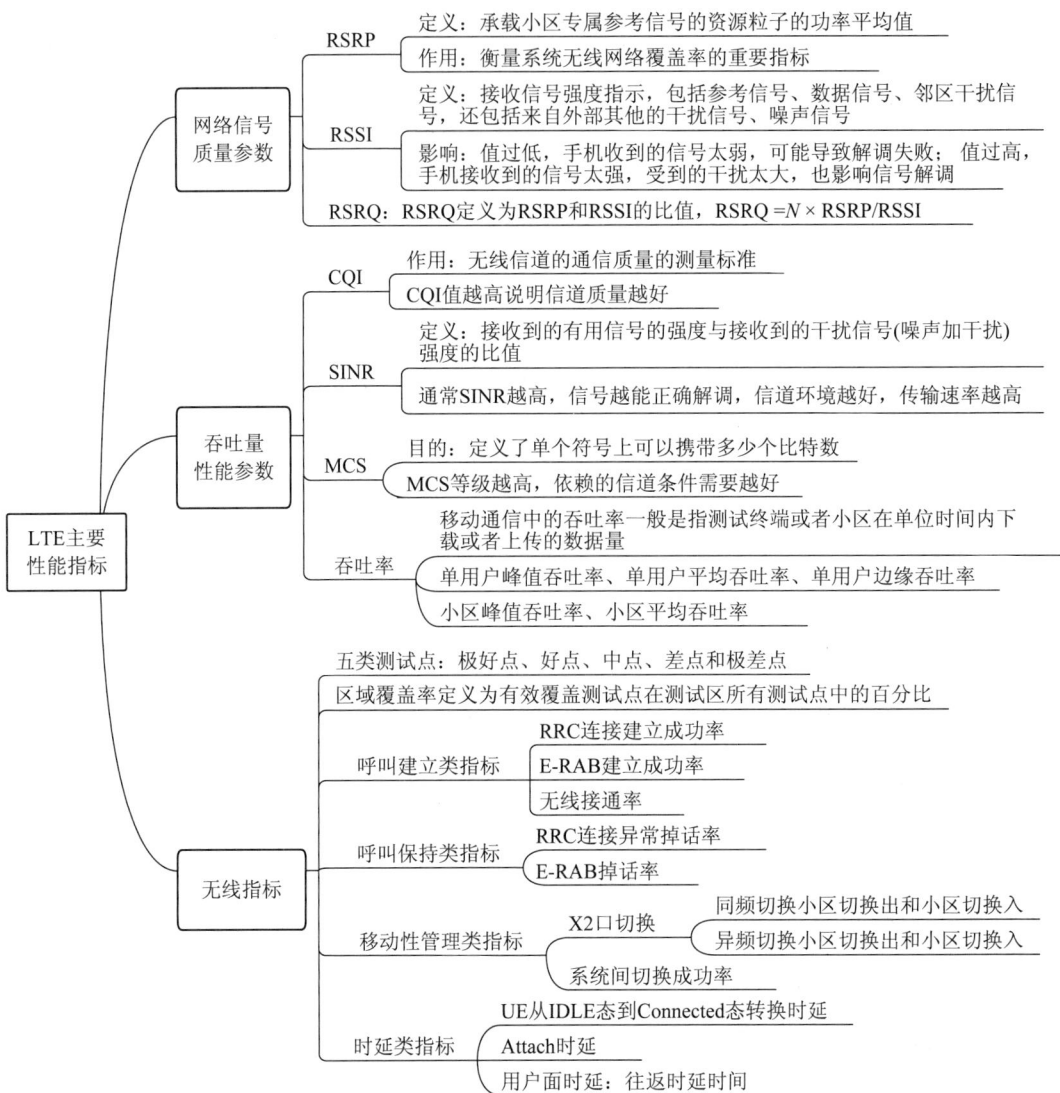

LTE主要性能指标

**网络信号质量参数**
- RSRP
  - 定义：承载小区专属参考信号的资源粒子的功率平均值
  - 作用：衡量系统无线网络覆盖率的重要指标
- RSSI
  - 定义：接收信号强度指示，包括参考信号、数据信号、邻区干扰信号，还包括来自外部其他的干扰信号、噪声信号
  - 影响：值过低，手机收到的信号太弱，可能导致解调失败；值过高，手机接收到的信号太强，受到的干扰太大，也影响信号解调
- RSRQ：RSRQ定义为RSRP和RSSI的比值，RSRQ = $N \times$ RSRP/RSSI

**吞吐量性能参数**
- CQI
  - 作用：无线信道的通信质量的测量标准
  - CQI值越高说明信道质量越好
- SINR
  - 定义：接收到的有用信号的强度与接收到的干扰信号(噪声加干扰)强度的比值
  - 通常SINR越高，信号越能正确解调，信道环境越好，传输速率越高
- MCS
  - 目的：定义了单个符号上可以携带多少个比特数
  - MCS等级越高，依赖的信道条件需要越好
- 吞吐率
  - 移动通信中的吞吐率一般是指测试终端或者小区在单位时间内下载或者上传的数据量
  - 单用户峰值吞吐率、单用户平均吞吐率、单用户边缘吞吐率
  - 小区峰值吞吐率、小区平均吞吐率

**无线指标**
- 五类测试点：极好点、好点、中点、差点和极差点
- 区域覆盖率定义为有效覆盖测试点在测试区所有测试点中的百分比
- 呼叫建立类指标
  - RRC连接建立成功率
  - E-RAB建立成功率
  - 无线接通率
- 呼叫保持类指标
  - RRC连接异常掉话率
  - E-RAB掉话率
- 移动性管理类指标
  - X2口切换
    - 同频切换小区切换出和小区切换入
    - 异频切换小区切换出和小区切换入
  - 系统间切换成功率
- 时延类指标
  - UE从IDLE态到Connected态转换时延
  - Attach时延
  - 用户面时延：往返时延时间

图 2-7 知识点/技能点梳理

(5) SINR 是接收到的有用信号的强度与接收到的干扰信号(噪声加干扰)强度的比值。通常 SINR 越高，信号越能正确解调，信道环境越好，传输速率越高。

(6) 调制编码方式(MCS)定义了单个符号上可以携带多少个比特数。MCS 等级越高，依赖的信道条件需要越好。

(7) 单用户峰值吞吐率以近点静止测试，UE 信道条件满足达到 MCS 最高阶以及初始误块率 IBLER 为 0，进行 UDP/TCP 灌包，使用 RLC 层平均吞吐率进行评价。

(8) 小区峰值吞吐率测试时，用户均在近点，信道质量满足达到最高阶 MCS，IBLER 为 0，采用 UDP/TCP 灌包，通过小区级 RLC 平均吞吐率观测。

(9) 中国移动 TD-LTE 无线子系统工程验收规范中,根据信道条件的不同分为五类测试点：极好点、好点、中点、差点和极差点。

(10) 区域覆盖率定义为 F 取值 1 的测试点在测试区所有测试点中的百分比。当覆盖点的 RSRP≥R 且 RSRQ≥S 时,测试点 F 取值 1；当覆盖点的 RSRP≥R 与 RSRQ≥S 至少有一个不等式不满足时,则测试点 F 取值 0。

(11) E-RAB 是指用户平面的承载,用于 UE 和 S-GW 之间传送语音、数据及多媒体业务。E-RAB 建立由 CN 发起,当 E-RAB 建立成功以后,一个基本业务即建立,UE 进入业务使用过程。

(12) E-RAB 建立成功率统计要包含三个过程：初始 Attach 过程、Service Request 过程和 Bearer 建立过程。

(13) 无线接通率 = E-RAB 建立成功率 × RRC 连接建立成功率(业务相关) × 100%。

(14) X2 口切换反映了 eNodeB 之间存在 X2 连接的情况下,UE 在基站间的切换成功情况。X2 口切换包含同频切换和异频切换两种情况,对于每种情况,需要统计切换出和切换入两个指标。

(15) 系统间切换成功率(LTE↔GSM)反映了 LTE 系统与 GSM 系统之间切换的成功情况,一定程度反映出 LTE/GSM 组网的无线覆盖情况。

# 思考与复习题

一、填空题

1. _____是指承载小区专属参考信号的资源粒子的功率贡献(以 W 为单位)的线性平均值。

2. 对于单载波 20 MHz 带宽、单端口 20 W 的 RRU,RSRP 为_____dBm。

3. _____定义为接收宽带功率,包括参考信号、数据信号、邻区干扰信号,还包括来自外部其他的干扰信号、噪声信号。

4. _____决定系统的实际覆盖情况,定义为 RSRP 和 RSSI 的比值。

5. _____是接收到的有用信号的强度与接收到的干扰信号(噪声加干扰)强度的比值。

6. LTE 要求下行速率达到_____,上行速率达到_____。

7. 中国移动 TD-LTE 无线子系统工程验收规范中,假设在 eNodeB 单射频模块 43 dBm 功率发射的前提下,极好点要求 RSRP > −85 dBm,SINR > _____dB。

8. 中国移动 TD-LTE 无线子系统工程验收规范中,假设在 eNodeB 单射频模块 43 dBm 功率发射的前提下,极差点要求 RSRP < _____dBm,SINR < _____dB。

9. RRC 连接建立可以分两种情况：一种是_____RRC 连接建立；另一种是_____(如紧急呼叫、系统间小区重选、注册等)的 RRC 连接建立。

10. LTE 切换可分为系统内切换和_____切换,系统内切换又可根据载频配置情况分为同频切换和_____切换。

二、判断题

1. UE 可以根据 RSRP 计算出传播损耗,从而判断与基站的距离,因此 RSRP 可以用来度量小区覆盖范围大小。(　　)

2. 通常测量的 RSSI 平均值要比带内真正有用信号的平均值高。(　　)

3. 不同的 CQI 取值对应不同的调制方式和编码效率，一般情况下，CQI 值越高说明信道质量越好。（　　）

4. 通常 SINR 越高，信号越能正确解调，信道环境越好，传输速率越高。（　　）

5. 不同的 MCS 值对应于各种调制阶数和编码速率，当信道条件变化时，系统需要根据信道条件选择不同的 MCS 方案，以适应信道变化带来的影响。（　　）

6. 无线接通率 = E-RAB 建立成功率 × RRC 连接建立成功率。（　　）

7. 切换成功率 = 切换成功次数/切换请求次数 × 100%。（　　）

三、单项选择题

1. 一个完整的呼叫接通率不包含(　　)。

A．寻呼成功率　　　　　　　　　　B．RRC 连接建立成功率

C．E-RAB 建立成功率　　　　　　　D．切换成功率

2. 中国移动 TD-LTE 无线子系统工程验收规范中，假设在 eNodeB 单射频模块 43 dBm 功率发射的前提下，差点 RSRP 取值定义为(　　)。

A．RSRP = −105∼−115 dBm　　　　B．RSRP < −105 dBm

C．RSRP < −110 dBm　　　　　　　D．RSRP < −115 dBm

四、多项选择题

1. E-RAB 建立成功率统计要包含的过程有(　　)。

A．初始 Attach 过程　　　　　　　B．Service Request 过程

C．Bearer 建立过程　　　　　　　D．Paging 建立过程

2. 下列行为中，(　　)需要建立与业务无关的 RRC 连接过程。

A．寻呼　　　　　　　　　　　　　B．注册

C．系统间小区重选　　　　　　　　D．切换

五、问答题

1. 简述覆盖率的含义。

2. E-RAB 建立成功率统计要包含哪三个过程？

# 任务 2.3　语音业务测试

## 课前引导

无线网络只有通过实际网络质量的检查测试才能获得真正意义上的网络运行质量信息，才能了解用户对网络质量的真实感受。通过 DT 和 CQT 在现场模拟用户行为，结合专业测试工具进行分析，是获取无线网络性能，发现无线网络是否存在拥塞、干扰、掉话等问题的主要方法。

DT 是指使用测试设备沿指定的路线移动，进行不同类型的呼叫，记录测试数据，统计网络测试指标。CQT 是指在特定的地点使用测试设备进行一定规模的拨测，记录测试数据，统计网络测试指标。

Call 业务是指对语音通话过程进行的测试，常用来验证网络语音业务的接入和保持性

能等，是传统网络最常用的测试。

# 学习任务

(1) 掌握 Pilot Pioneer 软件测试计划的设置。
(2) 能使用 Pilot Pioneer 软件进行测试设备的连接。
(3) 能使用 Pilot Pioneer 软件进行语音测试。
(4) 熟悉 Pilot Pioneer 软件菜单和工具栏的使用。

## 2.3.1　新建工程

软件是在工程的基础上运行的，Pilot Pioneer 软件全部操作都是在工程中实现的，所以使用软件前需要新建工程。

新建工程的方法：首次或在未保存过工程的情况下打开软件，则系统默认新建工程；在已保存过工程的情况下打开软件时会弹出对话框询问是否打开上次工程，若选择【是】，则系统打开上次使用的工程；若选择【否】，则系统自动打开新建工程。

若计算机连接 GPS、Handset、Scanner 等硬件设备，则通过自动检测或手动配置的方式进行相关的测试业务。

## 2.3.2　测试模板与测试计划

Pilot Pioneer 可调用不同的测试模板来制订不同的测试计划。进行设备配置前，首先需要选择一套用来生成该设备测试计划的测试模板，设备配置完成后，选择该设备测试计划中的单个测试业务或者测试业务的组合来测试。

### 1. 测试模板

Pilot Pioneer 软件中自带一套测试模板，支持编辑该模板测试业务的内容或者重新生成另一套测试模板。

1) 新建模板

选中【Template】节点，用鼠标右键点击【New Template】选项，输入名称，新建测试模板。

2) 编辑

选中测试业务，用鼠标右键点击【Edit】选项打开测试业务，设置测试内容。

### 2. 测试计划

测试计划是具体测试业务的一个组合，可以是一个或者多个测试业务，是针对具体设备而言的。选中【Test Plan】或测试业务，用鼠标右键点击【Test Plan Manager】选项，进入测试管理界面，如图 2-8 所示。

1) 新建业务

步骤一：点击【New】选项打开【Add Test Plan】窗口。

步骤二：双击业务名称添加该业务。

步骤三：设置业务内容点击【OK】按钮后添加至测试计划中。

2）编辑业务

在【Test Plan Manager】窗口选中测试业务，点击【Edit】按钮打开该业务修改测试内容。

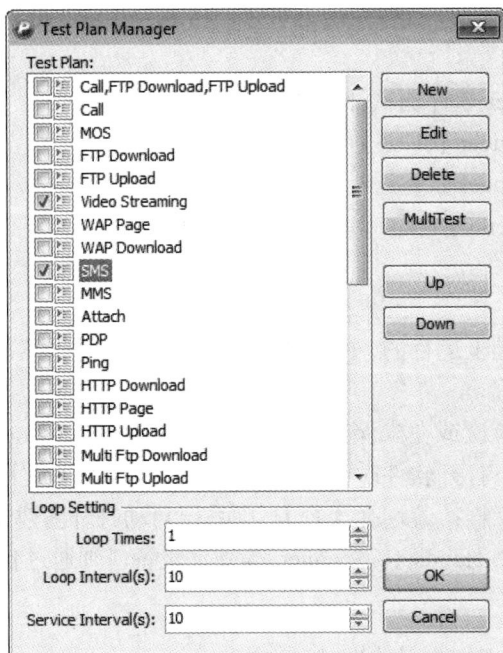

图 2-8  测试管理界面

3）删除业务

在【Test Plan Manager】窗口选中测试业务，点击【Delete】按钮将该业务删除后，再点击【OK】按钮关闭该窗口。

4）并发业务

点击【MultiTest】按钮打开并发业务窗口，勾选需要并发的业务点击【OK】按钮后生成一组并发业务。如图 2-8 所示为对 Video Streaming 和 SMS 做并发业务。

Pilot Pioneer 支持将测试计划导出到计算机中，保存为.tpl 格式文件，同时也支持将已保存的测试计划文件(.tpl 格式)导入到软件中。

测试计划修改后，可将该测试计划内容保存至测试模板。在默认状态下，对测试计划的修改都会保存到模板中。如果不需要保存到模板中，则可以取消对【Test Plan】节点下点击鼠标右键弹出的菜单中【Save to Template】条目下【Template】条目的勾选。

## 2.3.3  数据采集

数据采集是指从设备连接软件到断开设备连接的这段测试过程，主要用于收集测试信息，实时观测动态或将测试信息保存至测试文件中。

### 1. 连接设备

正常情况下，点击【Connect】按钮连接设备后，正常的设备都会顺利连接，并进入工作状态，但在某些情况下，比如：可能不连接某些配置的设备，或忽略未正常连接的设备时，可能会出现连接异常。在这里，Pioneer 也提供了忽略选项，提示设备连接异常的界面如图 2-9 所示。

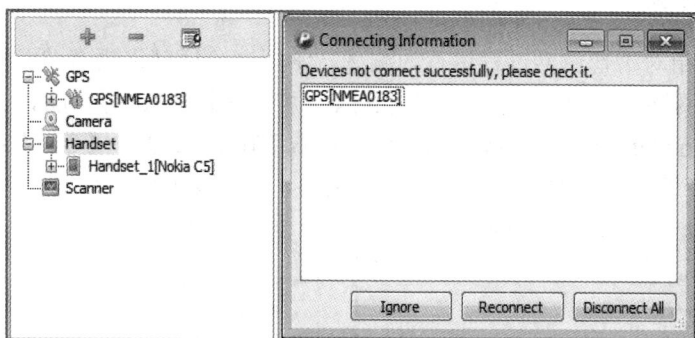

图 2-9　设备连接异常信息窗口

连接异常提示的界面中，三个选项含义解释如下：

(1) Ignore：忽略。点击该选项后，软件不再去连接失败的设备。

(2) Reconnect：重新连接。点击该选项后，软件会重新尝试连接失败的设备。

(3) Disconnect All：断开所有。点击该选项后，软件会断开所有设备的连接，回到未连接状态。

正常连接设备后，软件就会获取终端信息，并在相应窗口中显示，但此时只能称之为连接模式，因为此时保存的只是临时文件。如果要将测试记录文件保存在指定位置，就需要点击【Start Recording】按钮，进入记录模式。

## 2．记录测试

记录测试是指对终端的输入信息进行解码等处理并输出文件保存在指定目录下。点击菜单栏【Record】→【Start Recording】选项，可以进入记录测试。

记录特殊设置窗口保存测试数据时的相关信息，主要涉及日志默认存储路径、快速记录、按照大小或时间自动分割保存、保存文件的格式等方面，如图 2-10 所示。

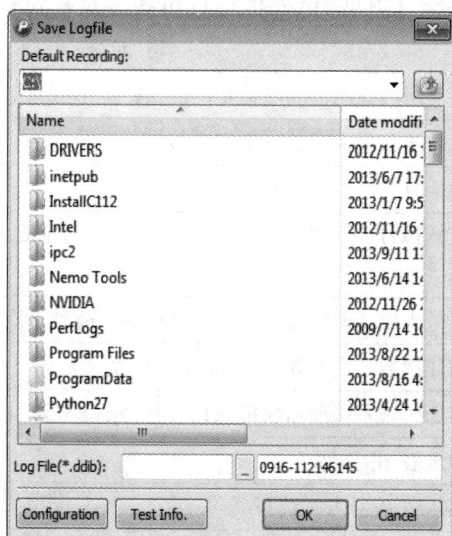

图 2-10　保存文件格式

## 2.3.4　语音测试

Call 业务是指对语音通话过程进行的测试，常用来验证网络语音业务的接入及保持性能等，它是传统网络最常用的测试，支持长呼、短呼、循环测试等功能。

在导航栏 Template & Test Plan 管理框中，双击【Test Plan】→【Call】或用鼠标右键点击【Edit】选项，即可打开 Call 测试模板配置窗口，如图 2-11 所示。

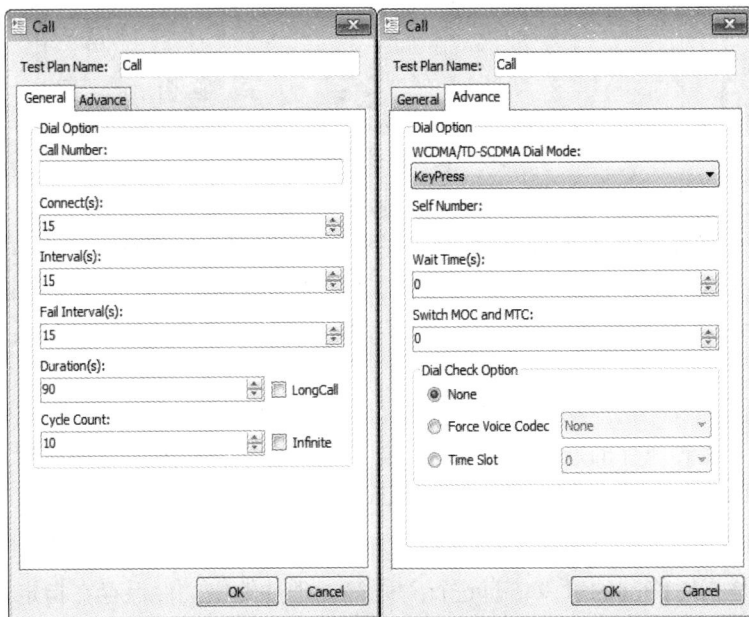

图 2-11　Call 测试模板配置窗口

Call 测试模板的栏位名称及栏位描述如表 2-3 所示。

表 2-3　Call 测试模板的栏位名称及栏位描述

| 功 能 名 称 | 功 能 描 述 |
|---|---|
| Call Number | 填写所拨打的被叫电话号码，该栏位不可为空 |
| Connect(s) | 呼叫接入最大时长，单位为秒 |
| Duration(s) | 通话时长，单位为秒 |
| Interval(s) | 重新拨号的间隔时间，指本次通话正常结束到下次业务拨号的时间，单位为秒 |
| Fail Interval(s) | 拨号失败的间隔时间，指本次通话失败到下次业务拨号的时间，单位为秒 |
| Cycle Count | 循环次数，在不勾选 Infinite 时有效 |
| LongCall | 勾选时表示接通后保持通话，软件不做主动挂断处理 |
| Infinite | 勾选表示无限循环 |
| CDMA Dial Mode | CDMA 拨号方式选择 |
| WCDMA/TD-SCDMA Dial Mode | WCDMA/TD-SCDMA 拨号方式选择 |

续表

| 功　能　名　称 | 功　能　描　述 |
|---|---|
| Self Number | 主叫号码 |
| Wait Time(s) | 并发业务的等待时间，指从下发开始业务的指令到真正开始做业务的时间 |
| Switch MOC and MTC | 在设定拨打次数完成后转换主被叫 |
| Force Voice Codec | 强制语音编码方式 |
| Time Slot | 强制占用时隙 |

点击工具栏的【开始录制】，开始录制测试 LOG，然后在【Device Control】窗口，点击【开始所有】进行测试。

测试完成后，在【Device Control】窗口点击【停止所有】按钮停止测试计划，再点击工具栏的【停止录制】按钮，保存 LOG 文件。

## 知识点/技能点小结

知识点/技能点梳理见图 2-12。

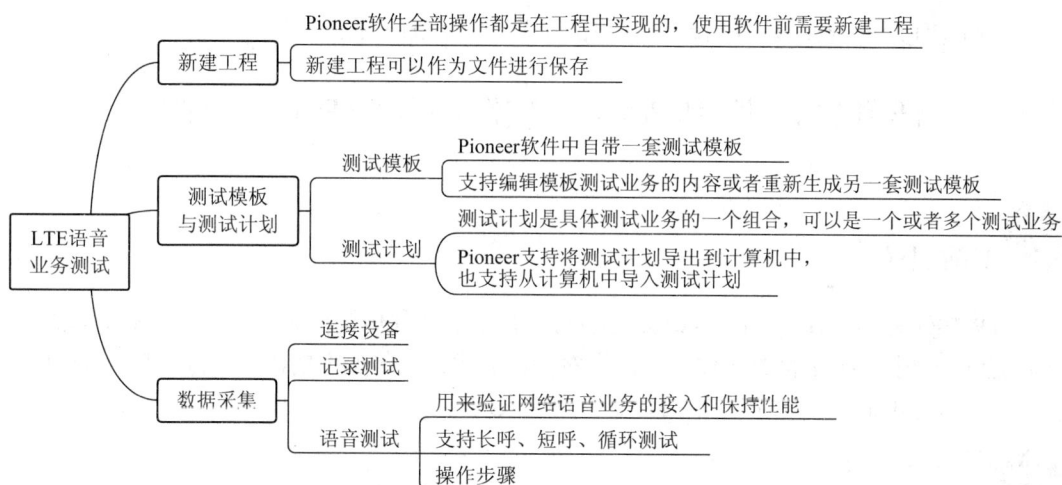

图 2-12　知识点/技能点梳理

知识/技能要点：

(1) Pilot Pioneer 软件全部操作都是在工程中实现的，所以使用软件前需要新建工程。

(2) Pilot Pioneer 软件中自带一套测试模板，支持编辑该模板测试业务的内容或者重新生成另一套测试模板。

(3) 测试计划是具体测试业务的一个组合，可以是一个或者多个测试业务。

(4) Pilot Pioneer 支持将测试计划导出到计算机中，保存为.tpl 格式文件，同时也支持将已保存的测试计划文件(.tpl 格式)导入到软件中。

(5) Call 业务是对语音通话过程进行的测试,常用来验证网络语音业务的接入及保持性能等，它是传统网络最常用的测试，支持长呼、短呼、循环测试等功能。

# 思考与复习题

一、填空题

1. Pilot Pioneer 支持将测试计划导出到计算机中，保存为_____格式文件。

2. Call 业务是对语音通话过程进行的测试，Pioneer 支持长呼、短呼、_____等功能。

3. Pilot Pioneer 软件在使用软件前需要新建_____。

二、单项选择题

做语音业务时所选的模板类型为(　　)。

A. FTP　　　　B. Dial　　　　C. WAP　　　　D. Ping

三、多项选择题

Pioneer 软件在测试过程中对原始数据实时保存，从而保证了测试数据的稳定性，不会因系统崩溃或断电而丢失测试数据。Pioneer 软件测试数据的保存格式是(　　)。

A. RCU　　　　B. DDIB　　　　C. CHL　　　　D. GHL

四、问答题

1. 如何理解测试计划和测试业务？

2. 简述使用 Pioneer 软件启动语音测试和关闭语音测试的过程。

# 任务 2.4　使用 Pioneer 软件进行 FTP 业务测试

## 课前引导

FTP 是英文 File Transfer Protocol 的缩写，意思是文件传输协议，主要功能是完成从一个系统到另一个系统完整的文件拷贝。在对 UE 下载、上传速率的测试以及 LTE 小区上、下行吞吐率的测试中，往往运用 FTP 业务测试来进行。

## 学习任务

(1) 掌握 Pioneer 软件 FTP 测试计划的设置方法。

(2) 能够独立使用 Pioneer 软件进行 FTP 测试。

### 2.4.1　数据管理

**1. 测试数据管理**

1) 测试数据导入

打开测试数据导入窗口的方法如下：

(1) 导入数据。

方法一：单击菜单栏【文件】→【导入测试文件】→【常规】选项。

方法二：单击工具栏【导入测试数据】图标。

方法三：选择(或双击)导航栏【工程】→【Loaded Data Files】节点，用鼠标右键点击【导入测试数据】选项。

(2) 导入成功后，数据自动加载在导航栏【工程】→【Loaded Data Files】节点下。

2) 测试数据导出

测试数据导出是指把某种网络下的测试数据根据用户指定的条件转换成不同格式与内容，并导出到指定的位置。

测试数据导出的操作步骤如下：

(1) 打开测试数据导出窗口。

方法一：单击菜单栏【文件】→【导出测试数据】。

方法二：在导航栏【Loaded Data Files】处用鼠标右键点击【导出测试数据】选项。

方法三：在导航栏测试 RCU 数据名称处用鼠标右键点击【导出测试数据】选项。

(2) 根据需要可以使用【添加】或【删除】按钮添加 LOG 文件。

(3) 已经添加的文件会按照网络归类显示在界面的中部区域。

(4) 导出的设置部分按照模板管理，对应【模板管理】和【设置】选项。

(5) 【模板管理】选项控制当前导出具体使用哪个模板。

(6) 选好模板后点击【导出】按钮，会弹出保存位置对话框，注意该窗口只选择路径，不设置名称，是因为导出文件的名称是自动生成的，不需要设定。

(7) 选择好路径后就开始导出进度，完成后会返回主导出界面，开始下一次导出或退出。

## 2. 基站数据管理

基站数据库管理可以将用户存放在文本文档或 Excel 文件中的基站数据库信息导入到当前应用工程里，并结合路测数据对导入的基站数据进行核查，以便于用户找到小区配置信息中存在的问题。

1) 基站数据库导入

基站数据库导入支持同时导入多网络多数据的基站数据库。导入分为自动导入和手动导入两种方式。

(1) 自动导入。

导入基站数据库中的字段与某种网络下指定的必填字段能够完全匹配，则自动加载至该网络节点下。

自动导入的方法如下：

方法一：双击导航栏【GIS 信息】→【Sites】根节点。

方法二：在导航栏【GIS 信息】→【Sites】根节点下，双击对应的网络类型。

① 若系统判断出导入的基站数据库所属网络且与该网络的必填字段能完全匹配，则自动导入。

② 若系统判断出导入的基站数据库所属网络但不能与该网络的必填字段完全匹配，则转入手动导入窗口。

③ 若系统无法判断导入基站数据库所属网络，则提示导入失败，需手动指定网络。

(2) 手动导入。

导入基站数据库中的字段与系统设定的必填字段未能完全匹配，即自动匹配不成功的情况下，需用户手动匹配导入，导入成功后自动加载至相应的网络节点下。

手动导入的方法如下：

方法一：在导航栏【GIS 信息】→【Sites】根节点，用鼠标右键点击【Sites】根节点选择【手工导入】选项。

若与所有网络中任何一种网络的必填字段都未能完全匹配，则弹出导入基站文件窗口手动匹配。

方法二：在导航栏【GIS 信息】→【Sites】根节点的各网络节点下，用鼠标右键点击【基站数据库管理】选项，弹出【基站数据库管理】窗口进行手动匹配。

方法三：选择配置主菜单中的【基站数据库管理】，然后对弹出的【基站数据库管理】窗口进行手动匹配。

2) 制作基站数据库

Pilot Pioneer 按照不同的网络对基站数据库进行字段识别，可支持的网络包括 GSM、CDMA、UMTS、TD-SCDMA 和 LTE。各网络基站数据库必须包含的字段如下：

GSM 网络：SITE NAME、CELL NAME、LONGITUDE、LATITUDE、BCCH、BSIC、LAC、CELLID(或 CELL ID)、AZIMUTH。

CDMA 网络：SITE NAME、CELL NAME、SID、BID、NID、PN、LONGITUDE、LATITUDE、AZIMUTH。

UMTS 网络：SITE NAME、CELL NAME、LONGITUDE、LATITUDE、PSC、LAC、CELLID(或 CELL ID)、AZIMUTH。

TD-SCDMA 网络：SITE NAME、CELL NAME、LONGITUDE、LATITUDE、UARFCN、Cell ID、CellParamID(或 CPI)、LAC、AZIMUTH。

LTE 无线网络：CELL NAME、EARFCN、PCI、LONGITUDE、LATITUDE、AZIMUTH、Mech.TILT、Elec.TILT、ANTENNA HEIGHT、3 dB Power Beamwidth、eNodeB IP。

下面以 LTE 基站数据库的制作为例进行说明。

(1) 打开 Pioneer 软件安装路径下的\Samples\Sites 文件夹，选择相应的网络文件。

(2 )用 Excel 打开所保存的 LTE SITE 基站数据库模板文件进行编辑，如图 2-13 所示。

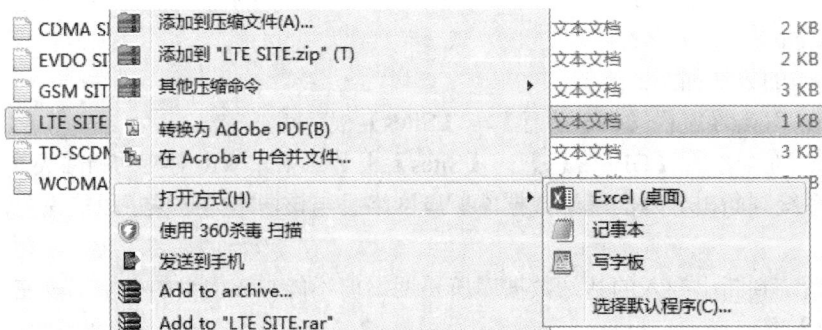

图 2-13　打开基站数据库模板

(3) 填入相关的基站信息即可完成对基站数据的制作。如表 2-4 所示是一个已完成的

LTE 基站数据库。

表 2-4　基站数据库

| SITE NAME | eNodeB ID | SECTOR ID | LONGITUDE | LATITUDE | PCI | EARFCN | AZIMUTH | CELL NAME |
|---|---|---|---|---|---|---|---|---|
| LTE_ASite | 1 | 1 | 120.1742 | 30.191 21 | 453 | 38 050 | 35 | LTE_ASite_1 |
| LTE_ASite | 1 | 2 | 120.1742 | 30.191 21 | 455 | 38 050 | 180 | LTE_ASite_2 |
| LTE_ASite | 1 | 3 | 120.1742 | 30.191 21 | 454 | 38 050 | 260 | LTE_ASite_3 |
| LTE_BSite | 2 | 1 | 120.16878 | 30.184 54 | 393 | 38 050 | 60 | LTE_BSite_1 |
| LTE_BSite | 2 | 2 | 120.16878 | 30.184 54 | 394 | 38 050 | 160 | LTE_BSite_2 |
| LTE_BSite | 2 | 3 | 120.16878 | 30.184 54 | 395 | 38 050 | 320 | LTE_BSite_3 |

### 3. 地图数据管理

Map 窗口用于显示路测区域的地理环境及路测轨迹，其显示的对象包括参数、基站、事件、地图等相关信息。

1) Map 窗口数据显示

Map 窗口支持显示的数据包括测试数据、基站数据和地图数据三种。其中，地图数据支持的本地文件格式有：MapInfo(*.tmb;*.tmd)、Image(*.bmp;*.jpg;*.gif;*.tif;*.tga)、Terrain(*.tmb;*.tmd)、AutoCAD(*.dxf)、USGS(*.dem)、ArcInfo(*.shp)等。

(1) 测试数据显示。

在测试或回放状态下，支持测试数据在 Map 窗口中显示。用户将关注的参数从导航栏中拖入后，Map 窗口中即显示数据路径。

在 Map 窗口中打开测试数据的方法如下：

方法一：拖曳导航栏中的 RCU 文件夹名称至 Map 窗口，显示该 RCU 文件夹下第一个数据默认参数，同时该参数信息在 Map 窗口中添加，如图 2-14 所示。

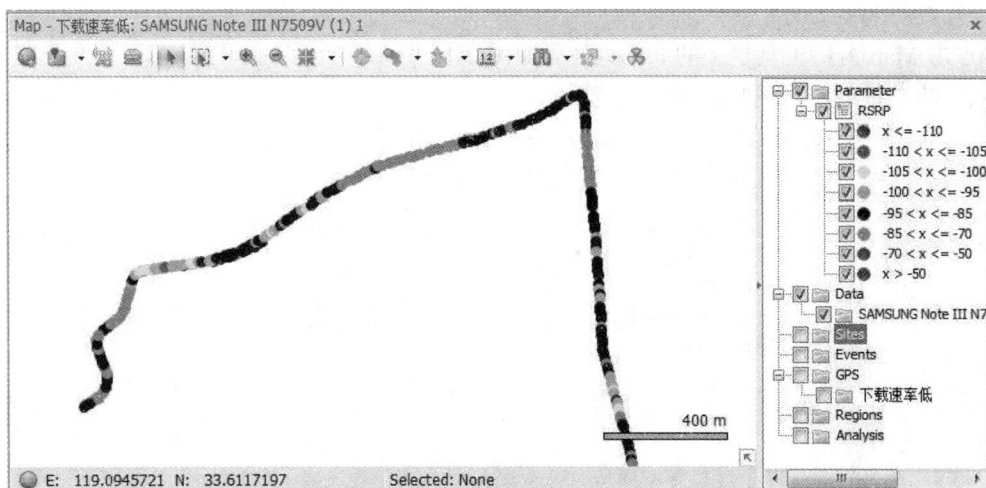

图 2-14　导入测试数据

方法二：拖曳导航栏中 RCU 文件夹下的数据名称至 Map 窗口，显示该数据的默认参数，同时该参数信息在 Map 窗口中添加。

方法三：拖曳导航栏中 RCU 数据下的参数至 Map 窗口显示，同时该参数信息在 Map

窗口中添加。

方法四：双击导航栏中 RCU 数据的 Map 图标，显示该数据的默认参数，同时该参数信息在 Map 窗口中添加。

方法五：选中导航栏中 RCU 数据下的参数，用鼠标右键点击【Map】选项，该参数信息在 Map 窗口中显示。

(2) 基站数据显示。

在测试或回放状态下，用户从导航栏【工程】→【Sites】根节点下选择基站数据库拖曳到 Map 窗口中显示，如图 2-15 所示。

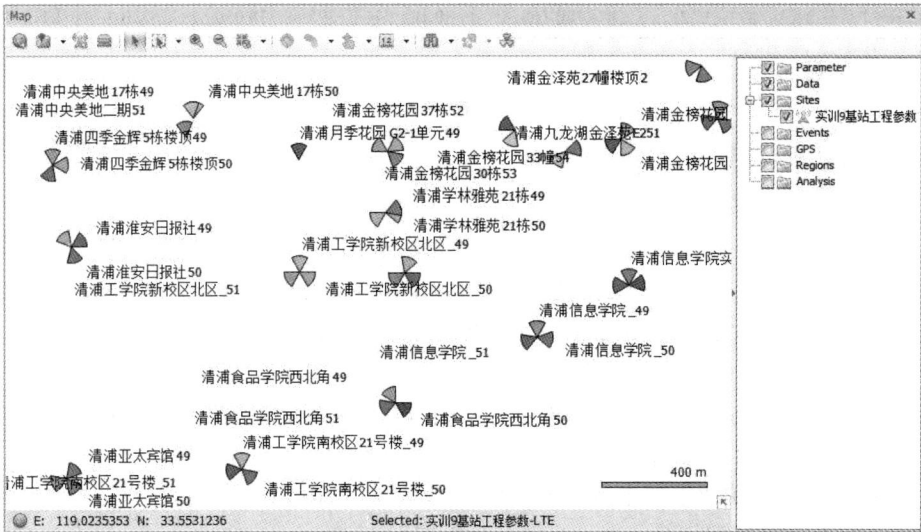

图 2-15　导入基站数据库

(3) 地图数据显示。

点击 Map 窗口工具栏上的联网地图，如图 2-16 所示，然后在弹出的菜单中选择【Bing地图】，将会把联网地图加载到 Map 窗口中。

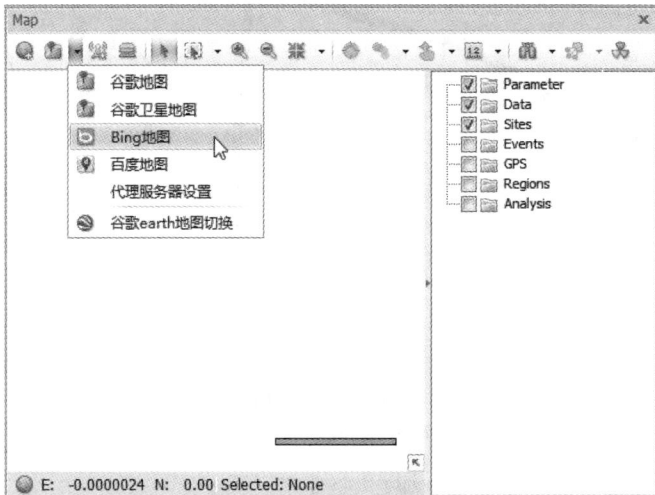

图 2-16　添加联网地图图层

也可以点击 Map 窗口工具栏上的【打开地图图层】图标，如图 2-17 所示，然后在弹出的窗口中选择计算机中的本地地图图层文件，并添加到 Map 窗口中。

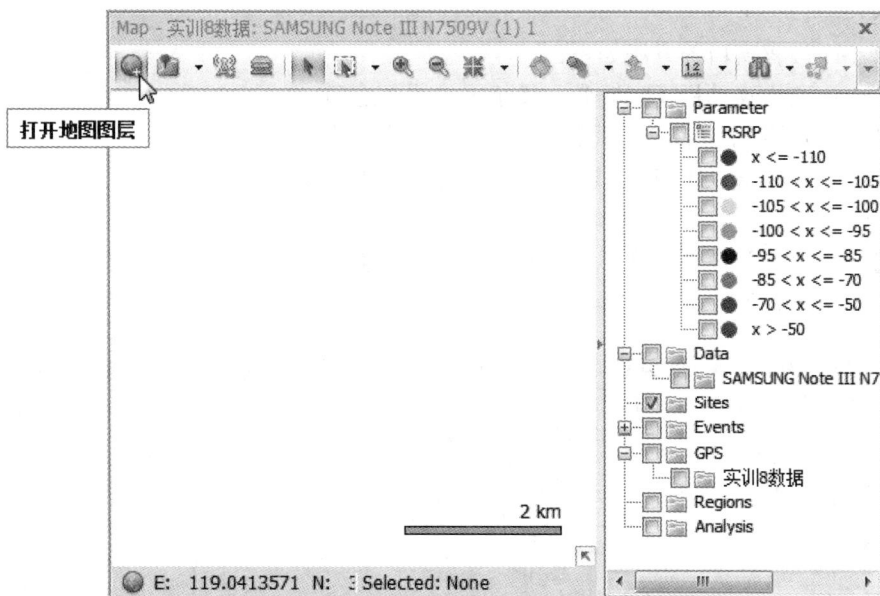

图 2-17　添加本地地图图层

2) 层控制

层控制窗口显示 Map 窗口中的所有图层管理，包含图层顺序、显示/隐藏图层、删除图层、图层标签、透明度设置等功能。

点击 Map 窗口上的【图层管理】图标，打开【图层管理】窗口，如图 2-18 所示。

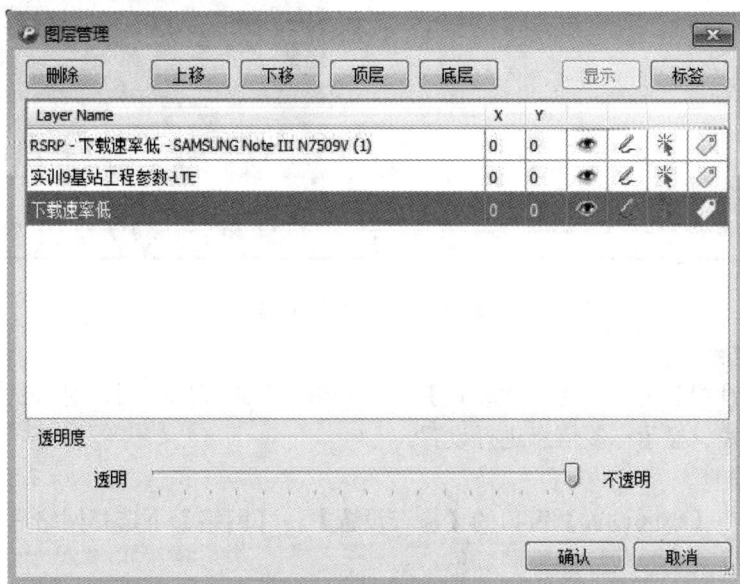

图 2-18　【图层管理】窗口

3) 小区设置

小区设置的结果对显示在 Map 窗口中对应的基站数据库生效，包括小区显示、小区连线和小区检查。

打开小区设置窗口的方法如下：

方法一：点击菜单栏【配置】→【小区设置】选项。

方法二：点击 Map 窗口工具栏的【小区设置】图标。

方法三：在 Map 窗口中的【Sites】根节点，用鼠标右键点击【小区设置】选项。

(1) 小区显示。

在【小区设置】窗口的【显示设置】→【网络】下选择网络后，对基站的显示颜色、大小以及标签进行设置，如图 2-19 所示。

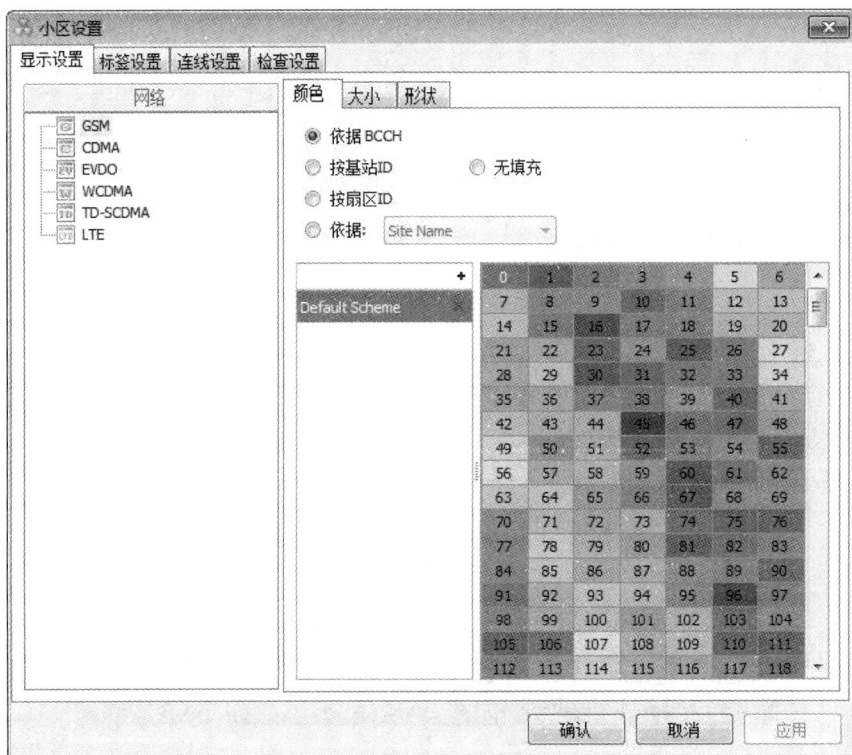

图 2-19　【小区设置】窗口

(2) 小区连线。

在【小区设置】窗口的【连线设置】→【网络】下选择网络后，对测试数据的采样点与相关小区连线、显示标签信息进行设置。

(3) 小区检查。

步骤一：在【小区设置】窗口的【检查设置】→【网络】下选择网络后，对基站数据库中的小区根据某些参数标注不同颜色。

步骤二：在工具栏选择某种检查工具。

步骤三：在 Map 窗口点击小区后对整个基站数据库的小区涂色。

## 2.4.2　FTP 下载测试

FTP Download 业务是使用 FTP 协议把文件从远程计算机上拷到本地计算机的测试。

FTP 下载测试的步骤如下：

(1) 在导航栏 Template & Test Plan 管理框中，双击【测试计划】→【FTP Download】或用鼠标右键点击【编辑】选项，打开 FTP Download 测试模板配置窗口，如图 2-20 所示。

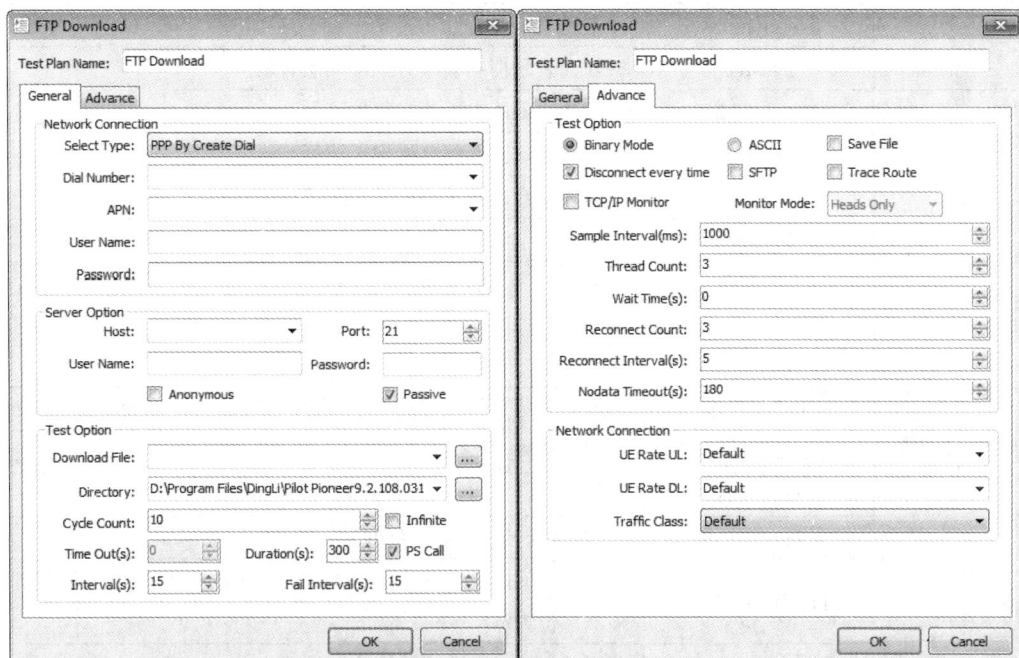

图 2-20　FTP Download 测试模板配置窗口

FTP Download 模板的栏位名称及其功能描述如表 2-5 所示。

表 2-5　FTP Download 模板的栏位名称及其功能描述表

| 栏位名称 | 功能名称 | 功 能 描 述 |
|---|---|---|
| Network Connection | Select Type | 选择拨号类型，包括三类拨号方式：创建新的拨号连接、选择已有的拨号连接、使用当前的拨号连接 |
| | Dial Number | 拨号号码，不同网络使用不同的号码，如：GSM、WCDMA 等使用*99#、CDMA 使用#777 |
| | User Name | 用户名，部分网络下可为空 |
| | Password | 密码，部分网络下可为空 |
| | UE Rate UL | 用户设备上行传输速率 |
| | UE Rate DL | 用户设备下行传输速率 |
| | Traffic Class | 处理级别选择 |
| | APN | 接入点名称，根据网络不同，选择不同接入点，如移动网络下为 CMNET、联通网络下为 UNINET |

续表

| 栏位名称 | 功能名称 | 功 能 描 述 |
|---|---|---|
| Server Option | Host | FTP 服务器 IP 地址 |
| | Port | 服务器端口 |
| | User Name | 用户名，注意必须确保该用户拥有相应业务测试权限 |
| | Password | 密码 |
| | Anonymous | 勾选表示允许匿名登录 |
| | Passive | 勾选表示使用被动方式接入服务器 |
| Test Option | Download File | FTP 服务器中下载文件的路径 |
| | Directory | 指定下载文件保存的本地路径 |
| | Cycle Count | 循环次数，在不勾选 Infinite 时有效 |
| | Infinite | 勾选表示无限循环 |
| | Time Out(s) | 超时时间，单位为秒。如果在该设定值内，没有将 FTP 服务器中指定的数据文件完全下载到本地计算机中，则认为 FTP 下载超时 |
| | Interval(s) | 本次业务正常完成后与下次业务开始前的时间间隔 |
| | Thread Count | 下载线程 |
| | Duration(s) | 勾选 PS Call 后的下载时间 |
| | Sample Interval(ms) | 刷新瞬时速率的时间间隔 |
| | Fail Interval(s) | 失败时间间隔，本次业务失败后与下次业务开始前的时间间隔，单位为秒 |
| | Reconnect Count | 服务器连接失败后重连次数设置 |
| | Reconnect Interval(s) | 重连间隔时间，例如：服务器连接失败后等待所设定的时间再次尝试连接 |
| | Wait Time(s) | 并发业务的等待时间，指从下发开始业务的指令到真正开始做业务的时间 |
| | Nodata Timeout(s) | 如果速率为 0，并达到该设定时间，则记为业务失败 |
| | Binary Mode | 二进制模式 |
| | ASCII | ASCII 码模式 |
| | Save File | 保存文件，将下载的文件保存到计算机本地 |
| | PS Call | 勾选表示进行 PS 域的拨打 |
| | Disconnect every time | 勾选表示每次做完 FTP 下载之后就断开拨号连接 |
| | SFTP | 勾选表明使用 Cure File Transfer Protocol |
| | Trace Route | 勾选表示启用路由跟踪 |
| | TCP/IP Monitor | 勾选表示每次做 FTP 下载时，进行 FTP/IP 抓包，产生 *.pcap 文件 |

(2) 点击工具栏【开始录制】按钮，开始录制测试 LOG。选择【Device Control】，点击【开始所有】开始工作计划。

(3) 点击主菜单【界面呈现】，选择【Test Service】子菜单，然后选择【DATA】，打开【DATA】窗口，查看实时吞吐量和平均吞吐量。

(4) 测试完成后，点击【停止所有】停止测试计划，然后点击工具栏【停止录制】按钮，保存 LOG 文件。

## 知识点/技能点小结

知识点/技能点梳理见图 2-21。

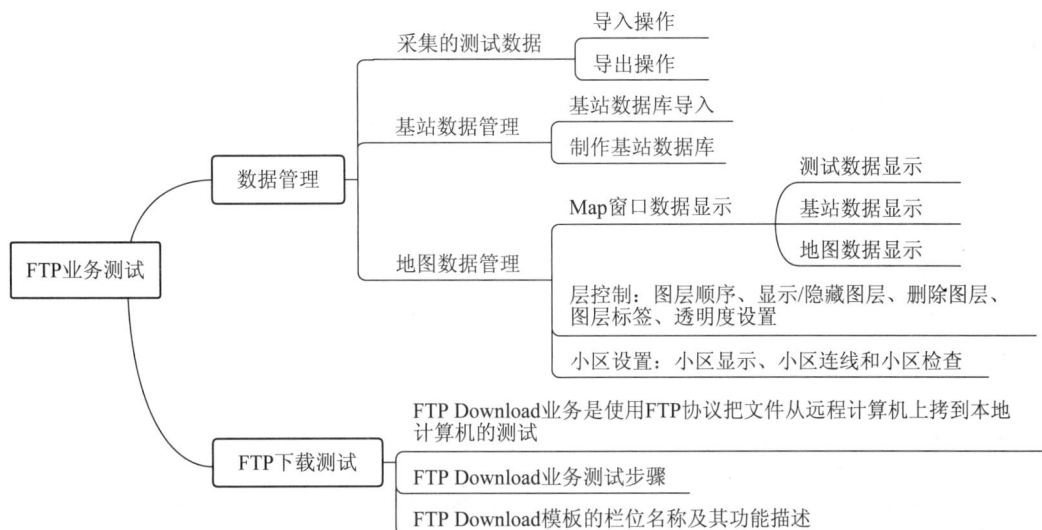

图 2-21　知识点/技能点梳理

知识/技能要点：

(1) 测试数据导入、导出方法和步骤。

(2) 基站数据库导入、导出方法和步骤。

(3) Pilot Pioneer 按照不同的网络对基站数据库进行字段识别。LTE 无线网络包含的字段有：CELL NAME、EARFCN、PCI、LONGITUDE、LATITUDE、AZIMUTH、Mech.TILT、Elec.TILT、ANTENNA HEIGHT、3dB Power Beamwidth、eNodeB IP。

(4) Map 窗口支持显示的数据包括测试数据、基站数据和地图数据三种。

(5) 地图数据支持的本地文件格式有：MapInfo(*.tmb;*.tmd)、Image(*.bmp;*.jpg; *.gif;*.tif;*.tga)、Terrain(*.tmb;*.tmd)、AutoCAD(*.dxf)、USGS(*.dem)、ArcInfo(*.shp)等。

(6) 测试数据显示操作方法。

(7) 基站数据显示操作方法。

(8) 层控制窗口显示 Map 中的所有图层管理，包含图层顺序、显示/隐藏图层、删除图层、图层标签、透明度设置等功能。

(9) 小区设置的结果对显示在 Map 窗口中对应的基站数据库生效，包括小区显示、小区连线和小区检查。

(10) FTP Download 业务是使用 FTP 协议把文件从远程计算机上拷到本地计算机的测试。通过点击主菜单【界面呈现】，选择【Test Service】子菜单，然后选择【DATA】，打开【DATA】窗口，查看实时吞吐量和平均吞吐量。

## 思考与复习题

一、填空题

1. Map 窗口支持显示的数据包括测试数据、_____数据和_____数据三种。

2. 当 Pilot Pioneer 记录的日志文件较大时，软件可以按照大小或_____自动分割保存。

3. _____是使用相关协议把文件从远程计算机上拷到本地计算机的测试。

二、单项选择题

1. 做语音业务时所选的模板类型为(　　　)。

A. FTP　　　　　　　　B. Call　　　　　　　　C. WAP　　　　　　　　D. Ping

2. 在(　　　)查看测试轨迹。

A. 地图窗口　　　　　　B. 事件窗口　　　　　　C. 信令窗口　　　　　　D. 邻区窗口

3. 查看 FTP 下载时的事件应打开(　　　)。

A. Data Test 窗口　　B. MOS Test 窗口　　C. Event List 窗口　　D. Information 窗口

三、问答题

1. 列举 Pioneer 软件使用到的 LTE 基站数据库涉及的主要字段。

2. 简述使用 Pioneer 软件进行 FTP 测试业务的过程。

# 任务 2.5　使用 Walktour APP 进行 FTP 业务测试

## 课前引导

Pilot Walktour 是珠海世纪鼎利通信科技发展公司自主研发的测试仪表，它是基于 Android 系统的轻巧无线网络测试工具，用于采集 GSM/CDMA/UMTS/LTE 无线参数，其不仅可以作为无线网络的测试工具，还可以作为普通手机来进行使用，适用于无线网络测试的工程师、技术人员和管理人员。

## 学习任务

(1) 掌握 Walktour 软件如何进行 FTP 下载测试。

(2) 能够将测试数据文件拷到本地计算机中。

## 2.5.1　Walktour 设置

在第一次使用 Walktour 进行数据业务测试之前，需检查手机自身的设置项，例如选择的网络制式、手机时间等项目的设定，以保证测试按照规范进行执行。

不同 Android 手机的设置界面可能会有差异，但设置的主体架构一致，均可参照下述方法修改。

### 1. 手机系统设置

1) 网络制式设置

在放入 SIM 卡后，在每次测试前需检查手机的网络制式，以确保选择正确。在手机系统的【设定】→【更多网络】→【移动网络】→【网络模式】中选择【4G/3G/2G】，如图 2-22 所示。

(a)　【应用程序】界面　　　　　　　(b)　【连接】界面

(c)　【无线和网络】界面　　　　　　(d)　【移动网络】界面

图 2-22　网络制式设置

若手机无法自动选择 4G 网络，可将手机先切换到 3G/2G 制式再更改为 4G/3G/2G 制式，也可以通过启动飞行模式再关闭飞行模式，来触发终端的网络选择行为。

2) 时间设置

在每次开启手机后，先要检查手机的时间是否与当前时间相符，特别是两台语音互拨终端的时间需要设置为一致。

手机设置时间的方式为选择【设定】→【日期与时间】，如图 2-23 所示。

首先关闭自动日期和时间开关，再将日期和时间设置为当前时间。设定完当前时间后，需开启【自动日期和时间】，在测试前一定要保证主被叫时间一致。

(a) 【应用程序】界面　　　　　　　　　(b) 【日期和时间】界面

图 2-23　时间设置

3) 定位服务的设置

每次开启手机后，要检查手机的定位服务是否已经开启。如图 2-24 所示，开启【访问我的位置】，勾选【使用 GPS 卫星】，勾选【使用无线网络】，开启【AGPS 功能设置】。

2. 软件设置

1) 数据业务接入点设置

在 Walktour 软件的【设置】界面，对数据业务接入点进行设置，插上 USIM 卡后，在软件的【设置】界面中进行 APN 接入点的勾选。对于中国移动 LTE 无线网络来说，【Internet 接入点】选择【CMNET】，【WAP 接入点】选择【CMWAP】，如图 2-25 所示。

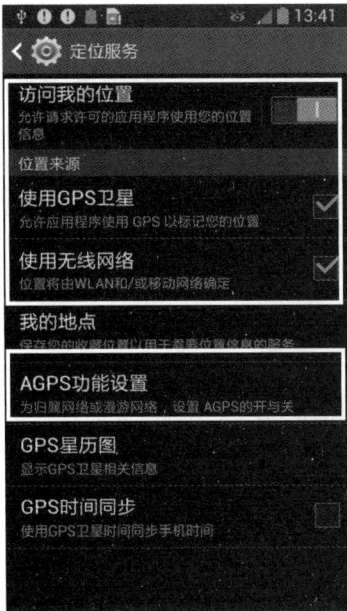

图 2-24 定位服务设置

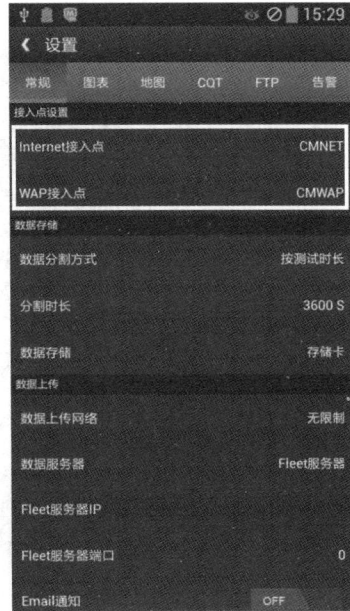

图 2-25 接入点设置

2) FTP 服务器设置

点击软件【设置】，选择进入【FTP】分页，点击左下角的【新建 FTP】，如图 2-26 所示。

图 2-26 新建 FTP

输入 FTP 服务器名称、IP 地址、端口号、用户名及密码等信息，【匿名】选择【OFF】(关闭状态)，【连接模式】选择【被动】，最后点击【保存】按钮，如图 2-27 所示。

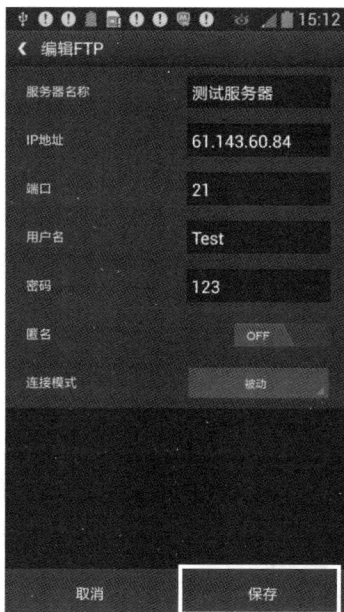

图 2-27　FTP 服务器信息

3) 告警设置

为避免声音告警对语音互拨 MOS 测试产生影响，在开始测试前，需关闭进行语音 MOS 互拨业务测试终端的声音告警提示。

进入 Walktour【设置】界面，并选择【告警】分页，关闭如图 2-28 所示的三个声音告警开关。

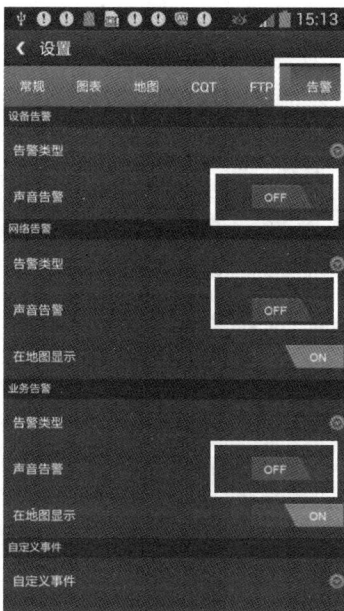

图 2-28　告警设置

## 2.5.2　软件业务配置

### 1. 自动获取平台下发计划

平台下发测试计划后,在终端【业务测试】界面点击【测试任务】,再点击左下方的【下载】按钮,终端会自动收取平台所下发的计划,如图 2-29 所示。

图 2-29　获取平台下发计划

### 2. 导入及导出测试任务

在【测试任务】界面点击【更多】→【导入】,即可导入之前保存在手机中的测试任务;点击【更多】→【导出】,可以将当前的测试任务命名,并另存至任务模板中,如图 2-30 所示。

图 2-30　导出及导入测试任务

可以根据不同的测试需求，选择对应的测试任务模板，如图 2-31 所示。

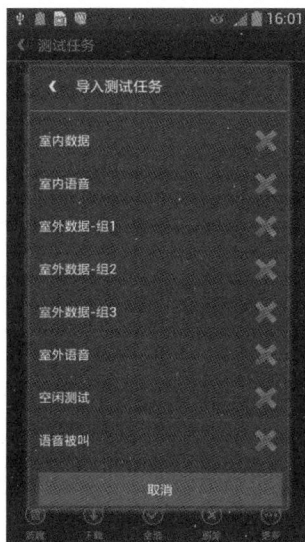

图 2-31　导入测试任务模板

### 3．自定义测试信息

进行第一次测试，需要对主叫的拨打号码、发送短信的号码、发送彩信的号码、FTP 服务器、FTP 上传路径、FTP 下载文件等进行自定义设置。这些设置在用户根据实际情况设定后，点击【导出】另存为一个模板并自定义命名，在下一次的测试可以直接使用，无需再进行任何设置。

(1) 语音拨打。

对于导入的语音业务模板，根据测试需要，更改被叫手机号码，点击【保存】按钮即可，如图 2-32 所示。

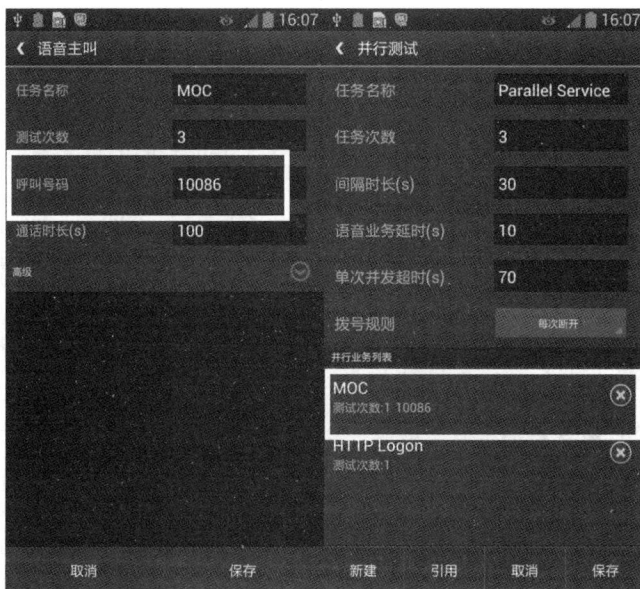

图 2-32　编辑语音业务模板

(2) SMS Send。

① 查看短信中心号码。打开手机短信应用，在【设定】界面中查看江苏省淮安市短信中心号码，如图2-33所示。

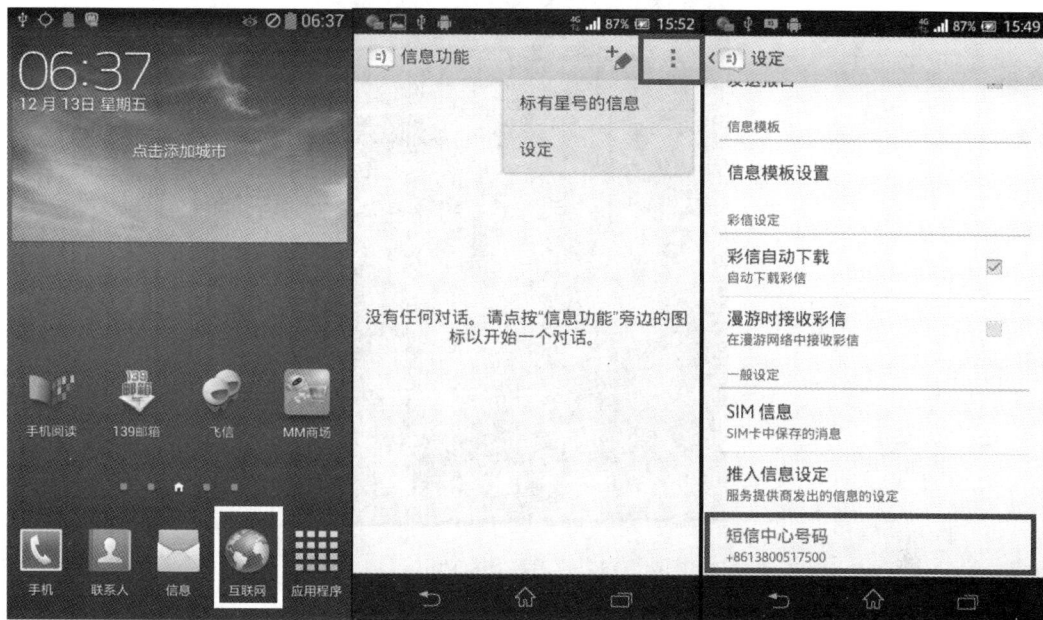

图2-33 短消息中心查询

② 测试前输入接收短信号码以及短信中心号码，并点击【保存】按钮，如图2-34所示。

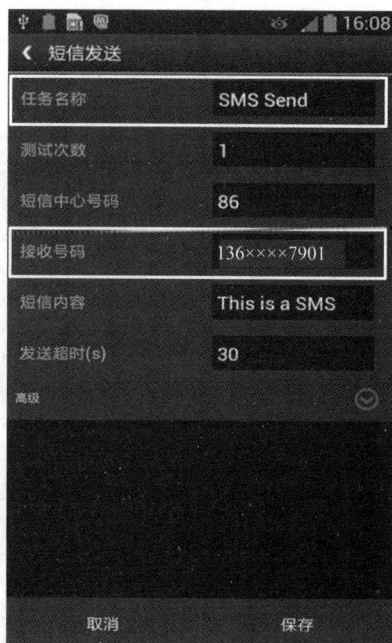

图2-34 编辑短消息业务模板

(3) MMS Send。

测试前更改彩信接收手机的电话号码，并点击【保存】按钮，如图2-35所示。

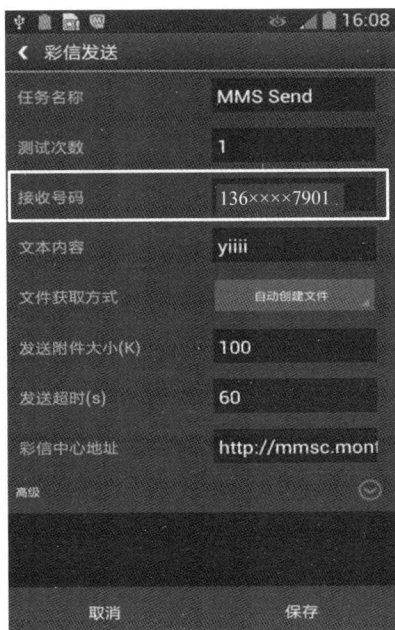

图 2-35　更改彩信接收号码

(4) FTP 上传/下载。

① 点击【FTP 服务器】相关按钮，会弹出上述所设置的 FTP 服务器列表，勾选需要测试的服务器即可。

② 在手机插入 SIM 卡且数据连接状态可用的前提下，点击【浏览】，可以对勾选的服务器上的信息进行查看，再选择对应的上传路径、下载文件，然后点击【保存】按钮即可，如图 2-36 所示。

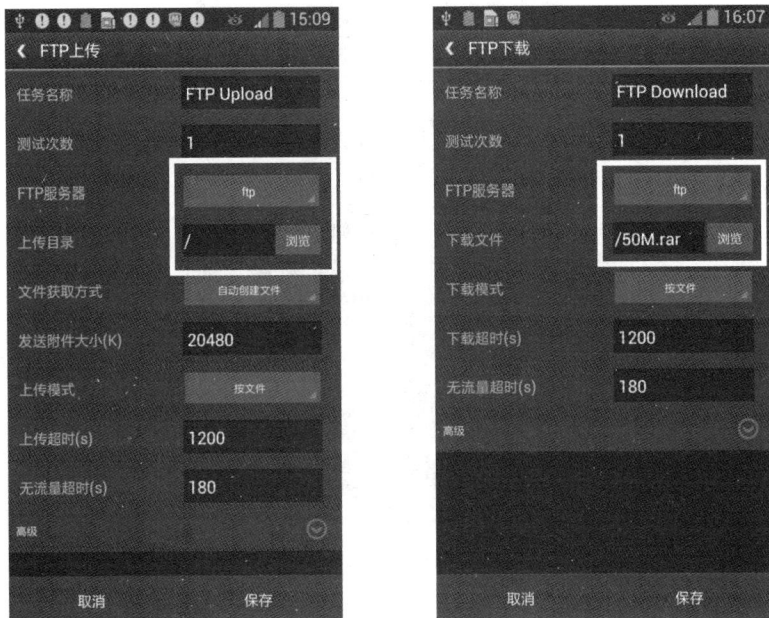

图 2-36　FTP 上传/下载设置

## 2.5.3 FTP 业务测试

### 1. 选择测试方式

(1) 点击【开始测试】后，根据测试需要选择【业务测试】方式(DT 或者 CQT)，如图 2-37 所示。

图 2-37 开始测试

(2) 若选择 DT，则保证经纬度信息出现后，再开始测试。

(3) 输入外循环测试的次数，一般 DT 输入 999 次，以保证测试的持续性。

### 2. 查看测试信息

开始测试后，点击测试信息界面可以对当前测试状态进行实时查看。如图 2-38 所示的界面用以查看业务事件和参数信息。

### 3. 停止测试

进入业务测试主界面，此时开始按钮变成停止按钮，点击该按钮后即可停止当前测试。

### 4. 保存与备份测试数据

(1) 将手机连接到计算机上，在【我的电脑】中查看设备。

(2) 测试数据路径为 Walktour\data\task(如果找不到数据，则重启手机)。

(3) 测试数据按照开始时间和业务命名，例如 Android-OUT20131211-111513-FTPU_FTPD_HTTPLogin(1)，根据测试开始的时间和业务可识别每个时间段的测试数据。

(4) 为避免因为软件和硬件异常导致的测试数据丢失的情况，测试数据会自动保存和备份。客观异常情况下的测试数据根据结束时的时间命名，例如 OUT20131211-125248_Port2，根据测试结束的时间可识别每个时间段的测试数据。

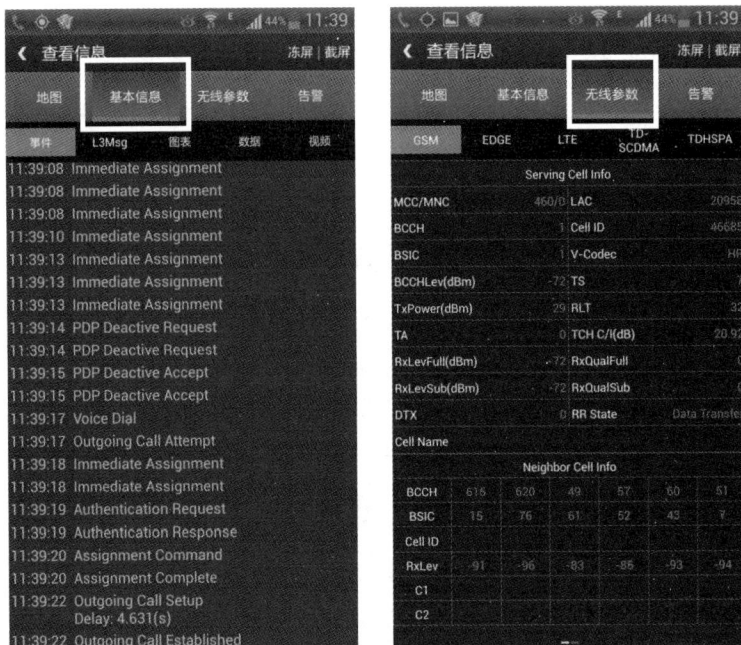

图 2-38　查看业务事件和参数信息

### 5. 测试注意事项

(1) 在开始测试前，点击 GPS 功能按键，进入后打开 GPS 开关，先定位到 GPS 经纬度后再开始测试。

(2) 启动测试按钮之前，需先关闭测试手机中的杀毒软件。

## 知识点/技能点小结

知识点/技能点梳理见图 2-39。

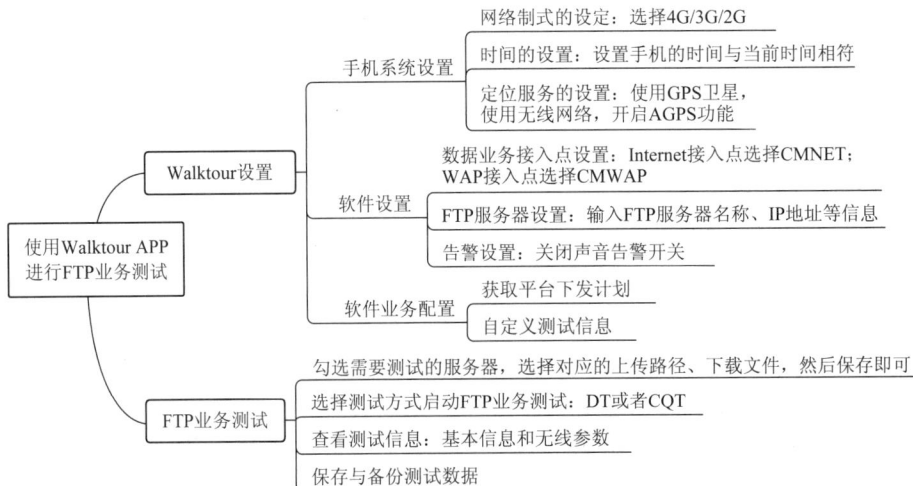

图 2-39　知识点/技能点梳理

知识/技能要点：

(1) 在第一次使用 Walktour 进行数据业务测试之前，需检查手机自身的网络制式、手机的时间、手机的定位服务。

(2) 在 Walktour 软件的设置界面，对数据业务接入点进行设置。对于中国移动 LTE 无线网络来说，Internet 接入点选择 CMNET，WAP 接入点选择 CMWAP。

(3) 使用 Walktour 软件 FTP 业务测试时，要设置服务器名称、IP 地址、端口号、用户名及密码等。

(4) 为避免声音告警对语音互拨 MOS 测试产生影响，在开始测试前，需关闭声音告警开关。

(5) FTP 业务测试的测试数据文件存放路径为 Walktour\data\task。

(6) 在开始测试前，点击 GPS 功能按键，进入后打开 GPS 开关，先定位到 GPS 经纬度后再开始测试。

(7) 启动测试按钮之前，需先关闭测试手机中的杀毒软件。

# 思考与复习题

一、填空题

1. 使用 Walktour 进行接入点设置中，对于中国移动 LTE 无线网络来说，Internet 接入点选择_____，WAP 接入点选择_____。

2. 在使用 Walktour 进行 SMS Send 测试时，要查看江苏省淮安市短信中心号码是否为_____。

二、判断题

1. 在使用 Walktour 进行 DT 时，为保证定位准确，需保证经纬度信息出现后再开始测试。（　　）

2. Walktour 测试数据文件保存路径为 Walktour\data\task。（　　）

3. 启动 Walktour 测试按钮之前，需先关闭测试手机中的杀毒软件。（　　）

三、单项选择题

1. 在(　　)查看测试轨迹。

A. 地图窗口　　　　B. 事件窗口　　　C. 信令窗口　　　D. 邻区窗口

2. 查看 FTP 下载时的事件应打开(　　)。

A. Data Test 窗口　　　　　　　　B. MOS Test 窗口

C. Event List 窗口　　　　　　　　D. Information 窗口

四、问答题

简述使用 Walktour 进行 FTP 测试业务的过程。

# 项目三  LTE 无线网络数据的统计与分析

## 任务 3.1  Navigator 后台分析软件的使用

### 课前引导

Pilot Navigator 是一个基于 PC 和 Windows XP/7/8/10 的网络优化分析及评估系统。作为一个图形化和集成管理的网络优化综合工具，Pilot Navigator 为网络维护人员、管理人员和工程师提供了以下集成功能：

(1) 多网络(GSM/CDMA/UMTS/LTE)支持功能。

(2) 强大的地理化显示功能。

(3) 数字化地图和多种地图格式的支持功能。

(4) 强大的事件分析功能。

(5) 灵活的数据回放功能。

(6) 丰富的报表及统计功能。

### 学习任务

(1) 熟悉 Pilot Navigator 软件(简称 Navigator 软件)的操作界面。

(2) 掌握 Pilot Navigator 软件视图窗口的操作。

(3) 能够对数据文件进行分析和统计。

### 3.1.1  Pilot Navigator 软件的操作界面

#### 1. 数据管理

1) 导入数据

Pilot Navigator 软件可以将测试数据导入到当前工程中，以便在当前工程中进行分析和处理。可以通过以下几种方式导入测试数据：

(1) 点击工具栏上的打开数据文件按钮，如图 3-1 所示，然后在弹出的数据选择对话框中选择需要导入的测试数据文件，点击【打开】即可将数据导入到软件中。

文件(F)　编辑(E)　视图(V)　工作区(W)　分析

图 3-1　导入数据

(2) 点击【编辑】菜单下的【打开数据文件】。

(3) 用鼠标右键点击导航栏 Project 分页下的【Downlink Data Files】，选择【打开数据文件】。

(4) 用户可以直接将数据文件拖曳到 Navigator 软件内。

(5) Navigator 支持将整个数据文件夹导入，点击【编辑】菜单下的【从文件夹导入数据】，选择相应的文件夹，点击【OK】按钮即可。

Pilot Navigator 支持七种测试数据文件类型的引入：Walktour 系统测试文件(*.ddib)、RCU 及 Pilot Pioneer 的测试文件(*.rcu)、Fleet 下载数据(*.paf)、Pilot Navigator 自身文件类型(*.pag、*.pac、*.pau)、Pilot Premier 测试文件(*.ms)、Pilot Panorama 测试文件(*.cdm)和标准的 MDM 文件(*.mdm)。

为了提高 Pilot Navigator 导入测试数据时的加载能力，测试数据导入时并不进行解压解码和统计操作，需进行后续的操作才能引发解压解码和统计。

测试数据第一次导入 Pilot Navigator，测试数据的端口数据在操作前并未进行解压解码和统计(导航栏中的端口数据，如：⚹ LTE2 )。用户对端口数据进行相关操作，如打开 Event(事件)窗口、Message(信令)窗口或者统计报表等，即可激发端口数据进行解压解码和统计。解压解码之后，导航栏中的端口数据会出现"⊞"符号，如：⊞⚹ LTE2 。

2) 导入基站数据库

(1) 制作基站数据库。

Pilot Navigator 软件在安装目录下有专门的 Sites Samples 文件夹存放各网络的基站数据库模板的文本文件，可以使用 Microsoft Excel 软件打开。其他基站数据库可以按照相应制式基站数据库模板的文本文件进行制作。

(2) 导入基站数据库。

Pilot Navigator 支持.txt 和.xls 两种格式的基站数据库导入，并支持多网基站数据的同时导入。基站数据库的导入可通过以下三种方法实现：

① 单击【编辑】菜单【导入基站】打开基站数据文件查找窗口，从本地目录中找到基站数据文件进行导入，基站数据被添加在对应的网络类型下。

② 激活导航栏中【Project】工程名【Sites】的右键功能菜单，选择【基站浏览窗口】打开【Network Explorer】窗口，选中窗口左侧的网络类型激活右键功能菜单，选择【Import Sites】打开基站数据库文件的查找窗口。

③ 选中导航栏【Project】工程名【Sites】并激活其右键功能菜单，选择【导入】打开基站数据文件查找窗口。从本地目录中找到基站数据文件将其导入 Pilot Navigator，基站数据被添加到对应的网络类型下。

基站数据成功导入后，在对应的网络类型文件夹前面将出现"⊞"符号，点击后可以查看基站信息。

Navigator 软件支持基站数据的校检，当导入的基站数据库缺少相应的字段或者取值超出合理范围时，会有警告提示，用户可以按照提示修改基站数据库的数据。

如果用户需要对已有基站数据进行更新，则可以按照基站数据导入的操作方法重新导入基站数据。重新导入基站数据以后 Pilot Navigator 为用户提供了两种选择：选择"Yes"则将新导入的基站数据添加到同网的基站数据下方；选择"No"则将替换掉同网的基站数据。

3) 导入地图

Map(地图)窗口是 Pilot Navigator 最为关键的一个功能窗口，大部分的分析和显示功能都必须通过 Map 窗口实现。Map 窗口可以显示所有测试数据的参数轨迹、基站数据和地图数据，同时 Map 窗口还可以显示与测试数据相关的测试事件及服务小区连线功能。用户可以通过 Map 窗口的子工具条实现其大部分功能。地图文件的导入可以通过以下方法实现：

(1) 点击【编辑】菜单，选择【导入地图】。

(2) 在导航栏的【GIS】分页上通过在【Geo Maps】上直接双击或者在【Geo Maps】上点击鼠标右键，选择【import】，弹出地图类型选择窗口，如图 3-2 所示。

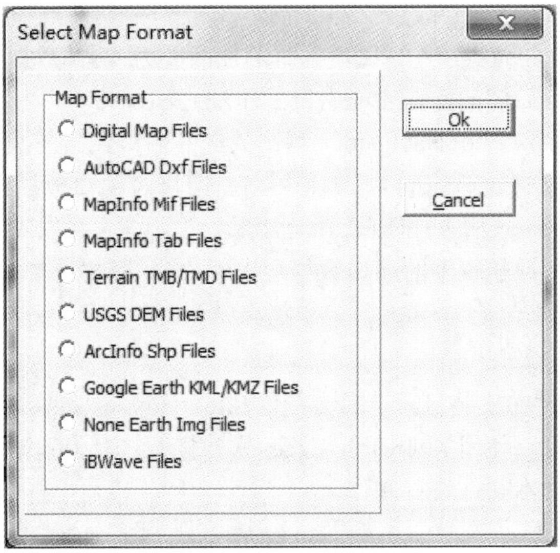

图 3-2 地图类型选择窗口

2. 数据查看与呈现

Pilot Navigator 软件具有强大的数据呈现与分析功能，为便于用户发现网络中存在的问题，提供了多种查看窗口，如 Map 窗口、信令窗口、事件窗口等。这些窗口与数据同步关联，通过数据在各窗口中的呈现与回放，帮助用户快速、深入分析网络情况，快速定位网络问题，满足优化需求。

如图 3-3 所示，通过 Map 窗口、Massage 窗口、Event 窗口、Serving Cell 状态窗口，并结合基站数据库实现服务小区连线，快速定位异常事件；通过各窗口与数据的同步关联，查看测试终端的实时状态、层 3 信令信息、无线参数情况、服务小区及邻区情况等信息。这种以直观的数字与图像呈现的方式，便于快速定位问题点，多角度、全方位地分析网络异常问题，便于用户结合网络实际情况，了解网络存在的问题，根据细化分析提出最优调整方案。

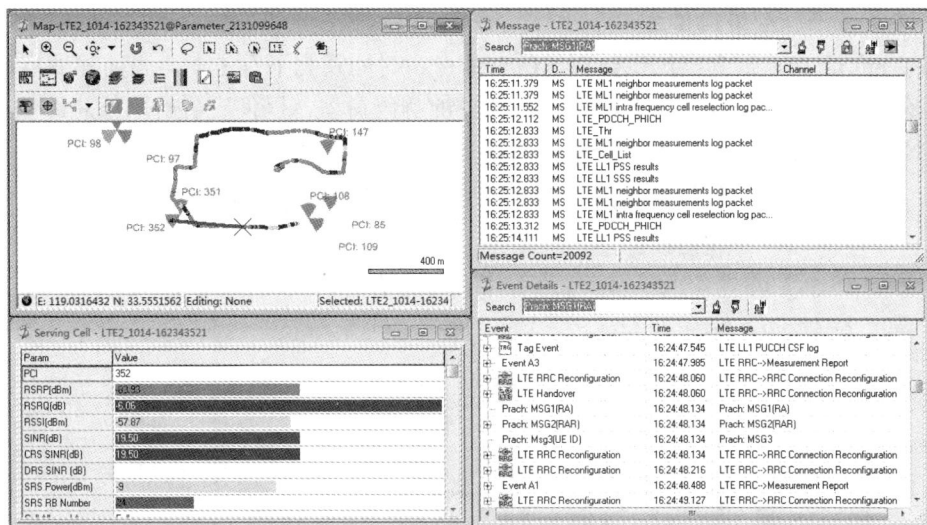

图 3-3　Navigator 软件呈现窗口

## 3.1.2　Pilot Navigator 软件视图

### 1. Massage 窗口

Message(信令)窗口显示指定测试数据完整的信令信息及解码信息，可以通过分析层 3 信息反映网络问题，自动诊断层 3 信息流程存在的问题并指出问题的位置和原因。

#### 1) 打开 Message 窗口

用鼠标右键点击数据端口，选择【信令窗口】即可打开信令窗口，查看相关的信令信息，如图 3-4 所示。用户也可以在导航栏 Project 面板中选择测试数据文件下面的端口图标，然后点击【视图】菜单【信令窗口】或工具栏上的 按钮打开【Message】窗口。数据完成解码后即弹出信令窗口，用户双击信令即可查看详细解码信息。

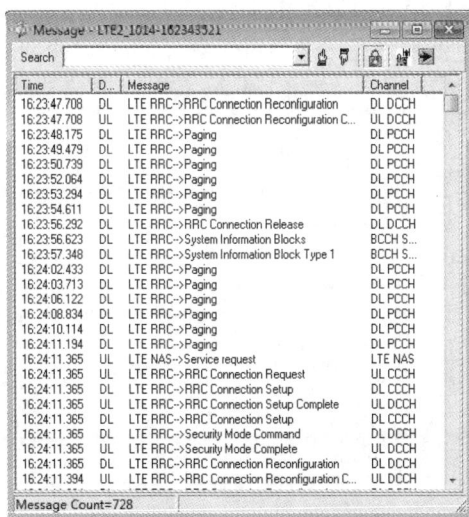

图 3-4　【Message】窗口

2) 查看多条信令解码信息

Message 窗口默认列出测试数据的所有信令、时间及上下行方向。当前测试点的信令用深蓝底色标识。双击某条信令可打开该信令的解码窗口,以便查看解码信息,如图 3-5所示。Navigator 软件支持打开多条信令的详细解码信息,方便对多条信令进行分析。

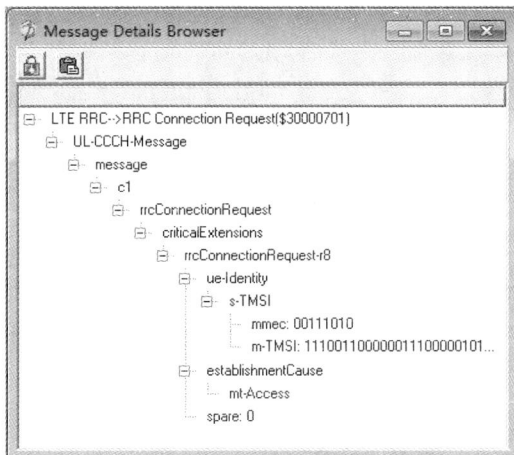

图 3-5　信令解码窗口

【Message】窗口的【Search】下拉框显示了此数据包含的所有信令,用户可以利用该下拉框选择或直接输入需要查找的信令,并利用 和 按钮向上或向下查找指定的信令;当找到相关信令时,系统自动将测试数据的当前测试点移动到相应位置。单击信令窗口锁定工具图标 ,可将【Search】栏位中的信令固定,使其不会随【Message】窗口中当前信令的变化而改变。

3) 设置信令过滤显示

用户可以利用【Message】窗口的属性按钮 进行信令的过滤显示设置。在属性窗口的各级子菜单下列出了所有信令类型,用户可以根据需要对信令进行过滤设置。只有被勾选的信令才能在【Message】窗口中显示出来。

如图 3-6 所示,通过过滤层 3 信令(Layer 3 Messages),诊断层 3 信令流程存在的问题。

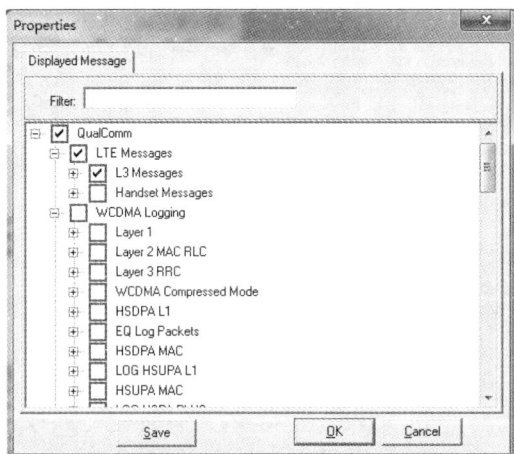

图 3-6　信令过滤显示

用鼠标右键点击信令类型，选择【Font】可以对信令的字体和颜色进行设置，以区分不同的信令。信令窗口的右键菜单还为用户提供了显示信令日期、电脑时间与手机时间的切换、信令的导出、只显示该条信令的功能。

信令窗口、事件窗口、地图窗口、状态窗口及其他无线参数窗口等联动显示，可以快速定位到发生异常事件的地方进行查看分析。

### 2. Event 窗口

Event(事件)窗口列出了每一个网络事件，如切换、重选、掉话、未接通、挂机等，用户利用此窗口可以很方便地定位问题点。

在导航栏 Project 面板中选择某个测试数据端口号，然后点击【视图】菜单中的【事件窗口】或工具栏上的 ▦ 按钮或参数右键功能菜单中的【事件窗口】，即可打开覆盖该端口数据的【Event】窗口。

数据完成解码后将弹出【Event】窗口，如图 3-7 所示。

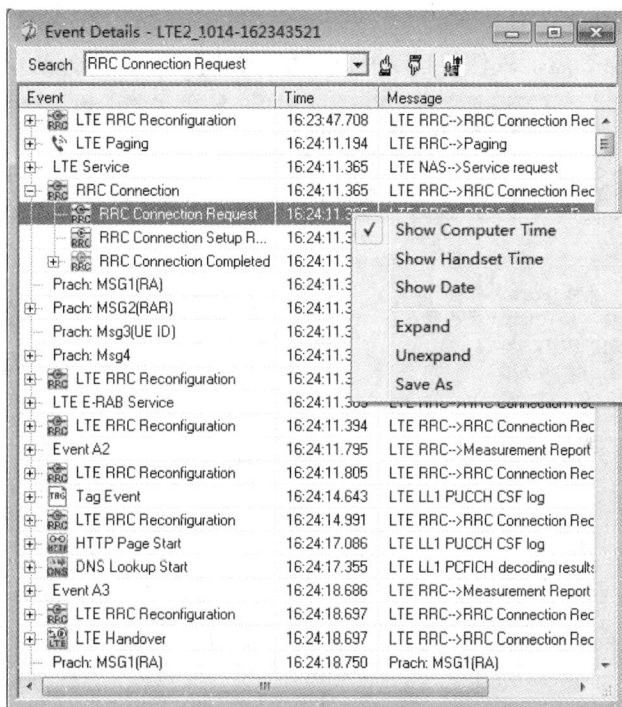

图 3-7　【Event】窗口

【Event】窗口列出了所选测试数据中的语音业务、数据业务、增值业务及其包含的事件，并用不同图标区分事件是否正常。

通过单击图标前面的"⊞"展开要查看的事件信息，会列出对应事件信息包含的小事件。【Event】窗口中当前测试点的信息用深蓝底色标识。

【Event】窗口的【Search】下拉框显示了此数据包含的所有事件，用户可以利用该下拉框选择或直接输入需要查找的事件，通过点击 🖐 来选择上一条事件，通过点击 🖑 来选择下一条相同事件，方便用户找出同一事件或异常事件。当找到相关事件时，系统自动将测试数据的当前测试点移动到相应位置；也可以通过【Search】下拉框快速定位特殊事件。

### 3. Map 窗口

Map(地图)窗口是 Pilot Navigator 最为关键的一个功能窗口，大部分的分析和显示功能都必须通过 Map 窗口实现。Map 窗口可以显示所有的测试数据、基站数据和地图数据，并可以结合测试数据的路径覆盖显示所有测试参数。同时 Map 窗口还可以显示与测试数据相关的测试事件及服务小区连线功能。用户可以利用 Map 窗口的工具按钮实现其大部分功能。

1) 打开 Map 窗口

选择端口数据某个具体参数或事件或某个自定义事件分析/Bin 分析/时延分析/差值分析，然后点击【视图】菜单中的【地图窗口】或工具栏上的 🌐 按钮或参数右键功能菜单中的【地图窗口】，即可打开覆盖被选内容的【Map】窗口。这种方法只能打开单端口数据覆盖图。

(1) 导入测试数据，对数据进行解码操作。

(2) 点击展开解码数据的参数或者事件文件夹，用鼠标右键点击参数名称，选择地图窗口命令。

选择地图窗口命令后，软件将自动打开【Map】窗口，如图 3-8 所示。

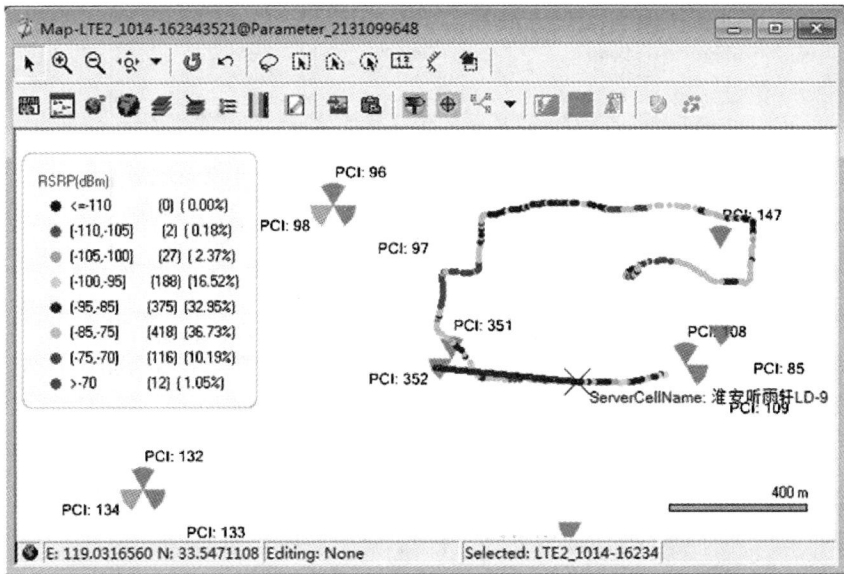

图 3-8  【Map】窗口

如果预先不在导航栏 Project 面板中选定参数、事件等内容，则只能打开空白的 Map 窗口。可以通过将导航栏中的参数名称、事件名称等拖曳到 Map 窗口来实现数据覆盖。

2) 在 Map 窗口显示基站

用户可以按照上述导入基站数据库方法导入基站数据库，基站数据成功导入后，在对应的网络类型文件夹前面将出现"⊞"符号，点击展开可以查看基站信息。

通过测试数据与基站数据在地图中的分层显示，测试数据与服务小区及其邻小区的自动关联，以服务小区连线方式，结合无线参数，了解测试地点或测试路段无线网络的覆盖情况、干扰情况等重要信息，方便用户进行有针对性的优化工作。

3) 设置基站显示信息

用鼠标右键点击导航栏【Sites】文件夹下面对应的网络基站数据库文件夹，选择配置，可以对基站的显示进行设置，包括天线大小、基站显示模式、基站名字及小区名字等。

下面将以 LTE 基站的显示配置为例进行说明。如图 3-9 所示为配置之前的显示，包括了扇区名信息。

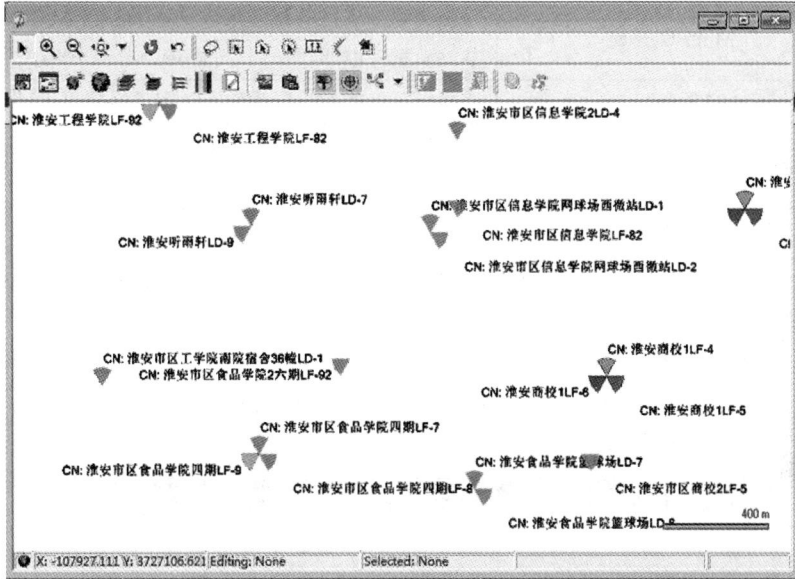

图 3-9　显示基站

点击导航栏 Project 选项卡，用鼠标右键点击【Sites】下面的 LTE 文件夹，选择配置命令，弹出基站显示设置窗口。

修改 Anterna Size 的数值设置，Map 窗口基站天线的显示尺寸将根据所设置的大小改变。另外还可以对 LTE 的小区按频段区分显示，以方便显示共站数据。按频段区分显示，可以通过勾选当前需要显示的频段，以及通过调整 F 频段、E 频段或者 D 频段小区的大小和填充颜色来区分，如图 3-10 所示。

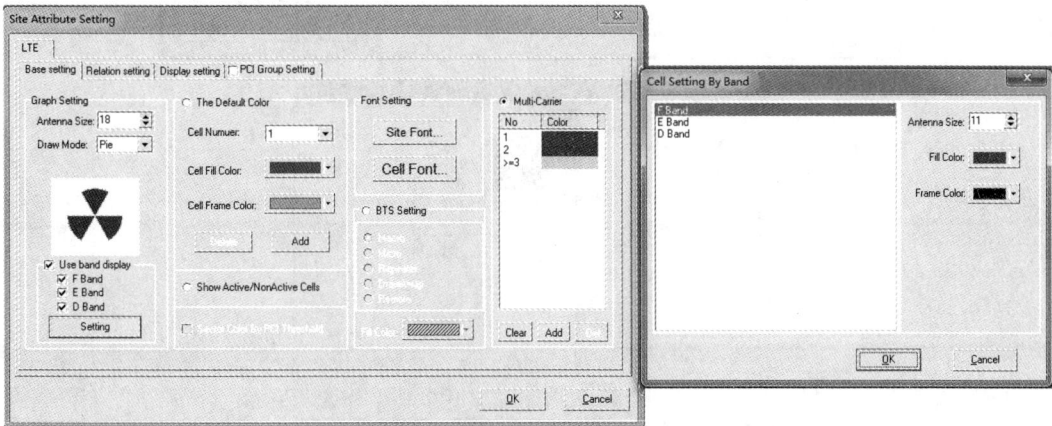

图 3-10　基站设置窗口

基站设置窗口其他参数含义如表 3-1 所示。

表 3-1　基站设置窗口其他参数

| 序号 | 参数名称 | 参 数 含 义 |
|---|---|---|
| 1 | The Default Color | 根据扇区编号设置颜色 |
| 2 | Font Setting | 调整基站和小区在地图上的字体显示 |
| 3 | Multi-Carrier | 根据每个扇区的载波数目设置颜色在地图上区分显示(在基站数据库中增加一列"CarriersNum"作为定义) |
| 4 | BTS Setting | 根据基站类型设置颜色在地图上区分显示(单选) |
| 5 | Show Active/NonActive Cells | 根据小区是否开通来区分显示(在基站数据库中增加一列"Active"作为定义,0 代表 NonActive) |

4) 进行基站过滤显示

Navigator 软件支持同 MSC/BSC/TAC/EARFCN 的过滤显示。下面以同 TAC 的显示设置为例进行说明。

(1) 导入 LTE 基站数据库。

(2) 打开 Map 窗口,将基站数据库拖曳到 Map 窗口进行显示。

(3) 打开基站设置中的第二页【Relation Setting】。

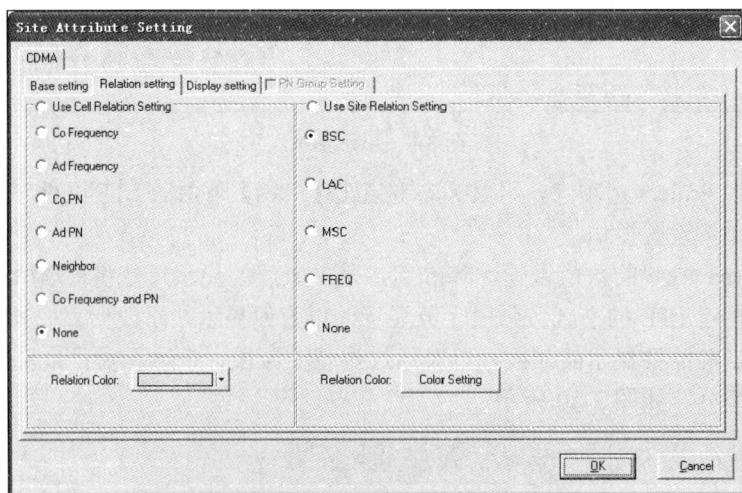

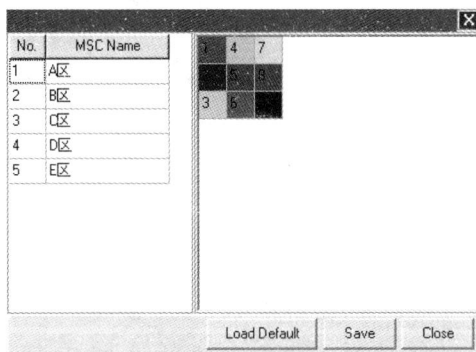

图 3-11　【Relation Setting】设置

(4) 勾选【Use Site Relation Setting】，同 BSC 显示，在弹出的窗口中设置各个基站所属 MSC 的显示颜色，点击【Close】按钮，如图 3-11 所示，再点击【OK】按钮后即可实现同 BSC 的基站显示，如图 3-12 所示。

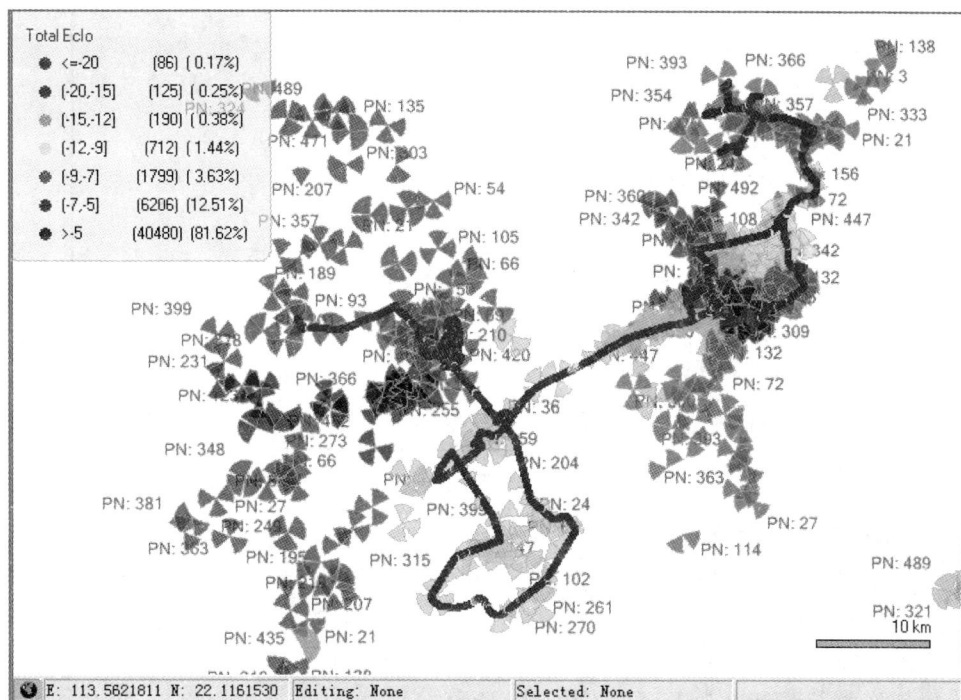

图 3-12 基站的过滤显示

5) 进行小区连线

Navigator 软件支持对 GSM、CDMA、WCDMA、LTE、Scanner、WiMAX 的小区连线功能，可以查看路测轨迹上任意一点的服务小区情况。服务小区连线有两种类型：Single Point 和 Area Selected，即单点连线和区域连线。

(1) Single Point。

① 导入测试数据并进行解码操作。

② 导入基站数据库。

③ 打开【Map】窗口，将测试参数和基站数据库拖曳到【Map】窗口中显示。

④ 点击【Map】窗口的显示设置按钮 ，弹出显示设置对话框。

⑤ 勾选【Server/Neigher Cell】，点击【OK】按钮即可完成单点连线设置。

(2) Area Selected。

① 导入测试数据并进行解码操作。

② 导入基站数据库。

③ 打开【Map】窗口，将测试参数和基站数据库拖曳到【Map】窗口中显示。

④ 点击【Map】窗口的区域选择工具 ，在【Map】窗口框选一段测试轨迹，即可看到区域连线的结果，如图 3-13 所示。

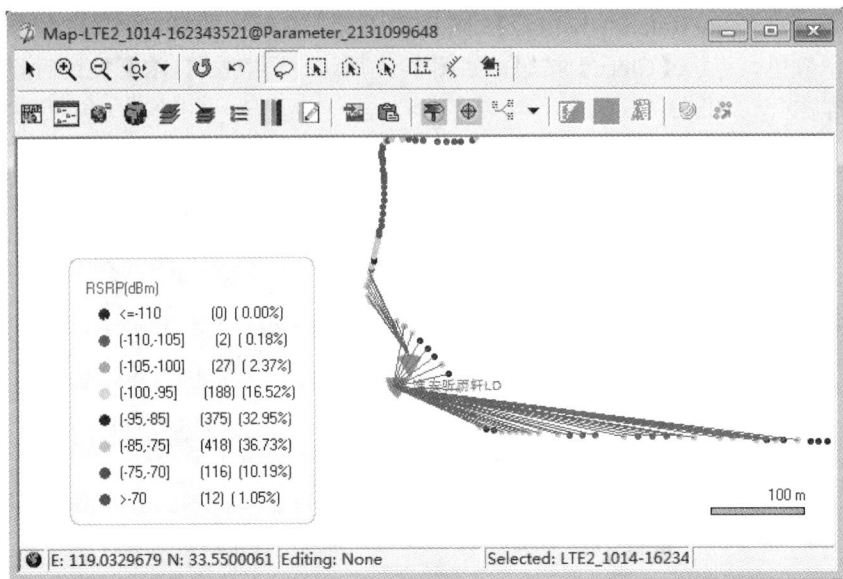

图 3-13　区域连线

6) 在 Map 窗口显示地图

Navigator 软件支持地图在 Map 窗口中显示。通过测试轨迹、事件图标与地理位置结合，可以快速定位网络异常事件地理信息，方便用户分析问题并提出解决方案。

点击地图窗口工具栏上的 按钮，可显示地图背景轨迹图。点击该按钮的下拉箭头，可以切换成卫星图背景显示，如图 3-14 所示。

图 3-14　Map 卫星图地图显示

7) 设置图例

将相关参数拖动到 Map 窗口上，Map 窗口显示该参数的轨迹，图例栏将自动加载该参数的名称和分段设置所示。

用户可以自定义图例的指标分段、图例框颜色和透明度等内容。具体操作如下：

(1) 双击图例，弹出图例设置窗口。

(2) 在【Tile】栏输入图例的名称，如输入中文"图例"。

(3) 点击【Frame Color】颜色栏，在弹出的颜色选择框中选择图例的边框颜色。

(4) 去掉勾选【Alpha】，点击【Back Color】，弹出颜色选择窗口，选择图例框填充颜色。

(5) 点击【OK】按钮，即可完成对图例的自定义显示。

8) 设置参数轨迹偏移

为了便于对多个参数进行分析，Navigator 软件支持参数的偏移设置。用户可以根据分析需要更改地图窗口覆盖参数及分段颜色，以多轨迹图偏移方式直观了解网络状况。具体操作如下：

(1) 单击导航栏中的测试数据参数【Parameters】，再单击【Serving Cell Info】，依次将 SINR、RSRP、RSRQ 选中并拖曳到【Map】窗口。

(2) 单击【Map】窗口上的【Display Legend Window】图标 ▰，弹出【Legend Window】。

(3) 双击【Legend Window】窗口【Theme Huge Vector】下面的数据名称，弹出【Config Thematic fields】窗口，如图 3-15 所示。

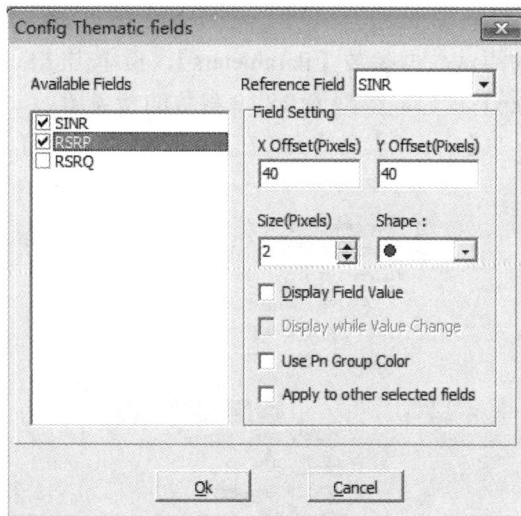

图 3-15　偏移设置

(4) 勾选【SINR】和【RSRP】，点击【RSRP】，在【X Offset】和【Y Offset】栏输入 RSRP 对 SINR 的偏移量，如图 3-15 所示。

(5) 点击【OK】按钮，Map 窗口即刷新显示偏移的轨迹，如图 3-16 所示。

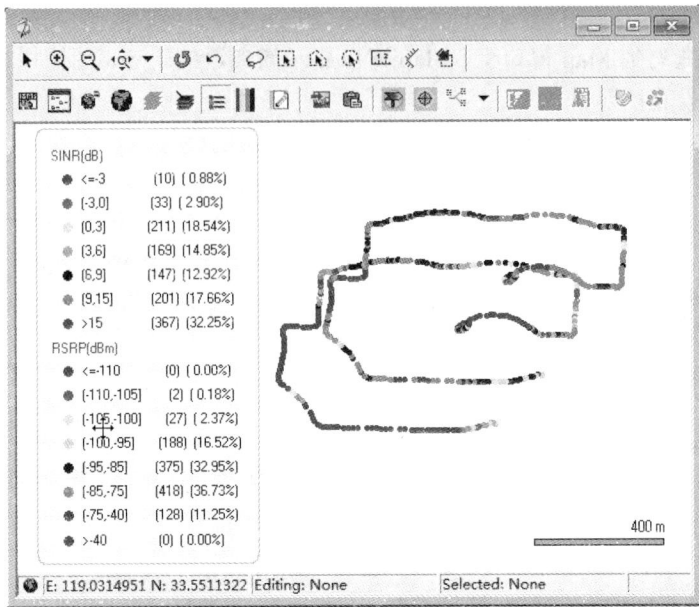

图 3-16　轨迹偏移显示

9) 查看事件在地图窗口的显示

Navigator 软件支持在地图窗口显示事件，用户可以将相关事件拖曳到地图窗口查看其在测试过程中发生的位置。下面以在 RSRP 字段下查看 HTTP Page Start 事件为例进行介绍，具体操作如下：

(1) 单击导航栏中的测试数据参数【Parameters】，再单击【Serving Cell Info】，选中【RSRP】并拖曳到【Map】窗口，得到该 RSRP 参数的覆盖图。

(2) 点开数据端口下的【Events】文件夹，在【HTTP】文件夹下找到【HTTP Page Start】事件，如图 3-17 所示。

图 3-17　选择事件

(3) 选择【HTTP Page Start】事件，将其拖曳到地图窗口。此时可以查看当 HTTP Page Start 事件发生的时候 RSRP 的信号情况，如图 3-18 所示。

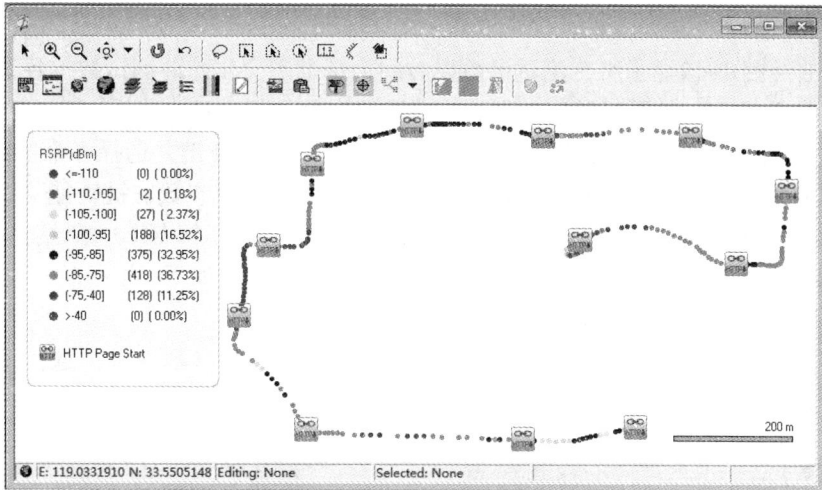

图 3-18　HTTP Page Start 事件在地图上的显示

10) 查看扇区/基站覆盖范围

Navigator 软件支持查看扇区/基站的覆盖范围功能, 以便了解扇区或基站覆盖情况。具体操作步骤如下:

(1) 在【Map】窗口查看参数轨迹并且拖曳至基站。

(2) 点击【Map】窗口工具栏上的【Display Option】按钮, 弹出【Map Option】窗口, 如图 3-19 所示。

(3) 在【By Cell】设置中选择【By Cell】或者【By Site】, 即选择是要查看扇区范围还是要查看基站范围。

(4) 设置了方式后, 在地图窗口选中扇区, 点击【Map】窗口工具栏上的【Data By Cell】按钮, 即可查看该扇区或者该扇区所在小区的覆盖轨迹范围。

(5) 在【Serving/Neighbor Cell】中勾选对应的集合, 即可实现 By Cell 的轨迹包含该小区或者基站作为这些集合时的覆盖范围, 如图 3-19 所示。

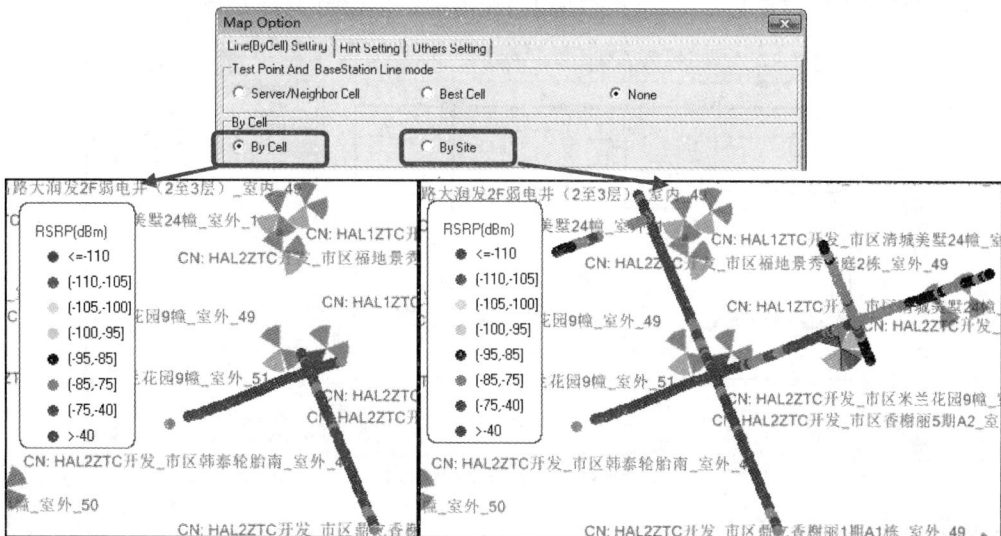

图 3-19　By Cell 设置及结果

#### 4. Graph 窗口

Graph(曲线图)窗口显示所有测试参数以时间为基准的变化，对测试数据各参数覆盖显示和测试事件的显示，以不同颜色对测试状态进行区分，便于对比分析。

在导航栏 Project 面板的数据端口下选中单个参数或按 Ctrl 键并选择多个参数和事件，点击【视图】菜单中的【曲线图窗口】或工具栏上的 ⊠ 按钮或参数右键功能菜单中的【曲线图窗口】，即可打开覆盖该指标的 Graph 窗口。事件的发生点可以通过将导航栏中的事件名称拖曳到 Graph 窗口中的方法加载到 Graph 窗口。具体操作如下：

(1) 导入测试数据并进行解码。

(2) 展开解码数据的参数或事件文件夹，用鼠标右键点击参数名称，选择【曲线图窗口】命令，如图 3-20 所示。

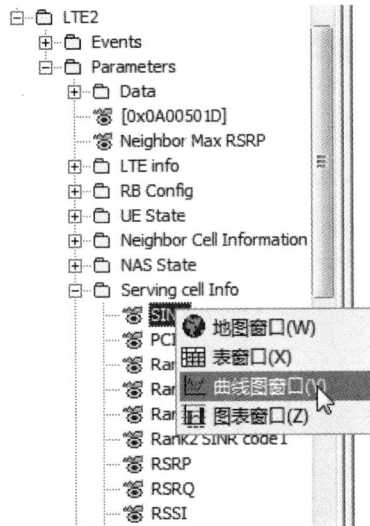

图 3-20　打开曲线图窗口

(3) 用户可以将需要显示的事件拖动到曲线图窗口，如图 3-21 所示。

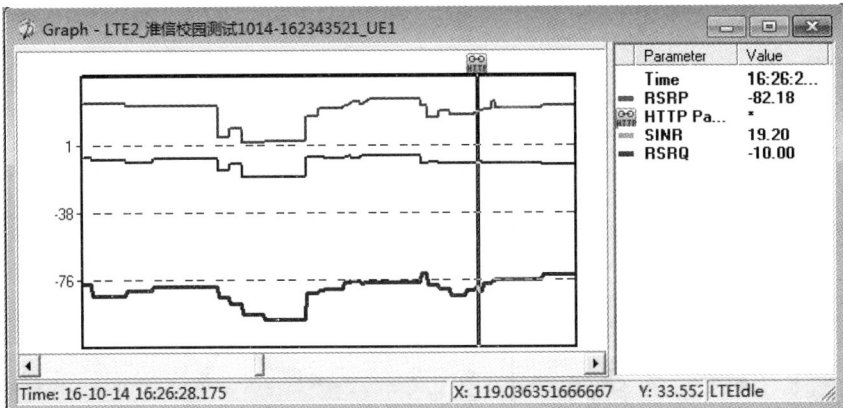

图 3-21　【Graph】窗口

参数在【Graph】窗口左侧以 bar 或 line 的形式显示。以 bar 形式显示的参数有三种不同的颜色，分别表示 RSRP 信号、SINR 信号和 RSRQ 信号。事件则以竖线配以事件图标的形式显示出来。【Graph】窗口右侧列出当前采样点的时间、指标和事件列表。

此外，Graph 窗口增加显示整体曲线图效果：打开的参数曲线图→选择参数右键功能菜单→选择【Display Full Map】即可。

### 5. Chart 窗口

Chart(图表)窗口以图形形式表示了各参数的指标统计，包括柱状图显示和饼状图显示，并提供了图片导出功能。打开 Chart 窗口的操作如下：

(1) 导入测试数据并进行解码。

(2) 展开解码数据的参数或事件文件夹，用鼠标右键点击参数名称，选择【图表窗口】命令，如图 3-22 所示。

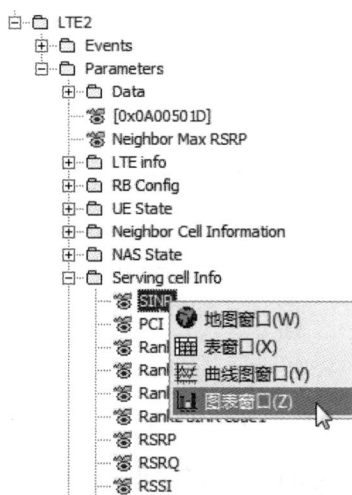

图 3-22　打开 Chart 窗口

(3) 将需要显示的参数或事件拖曳到Chart窗口，通过点击下拉按钮进行查看，如图 3-23 所示。

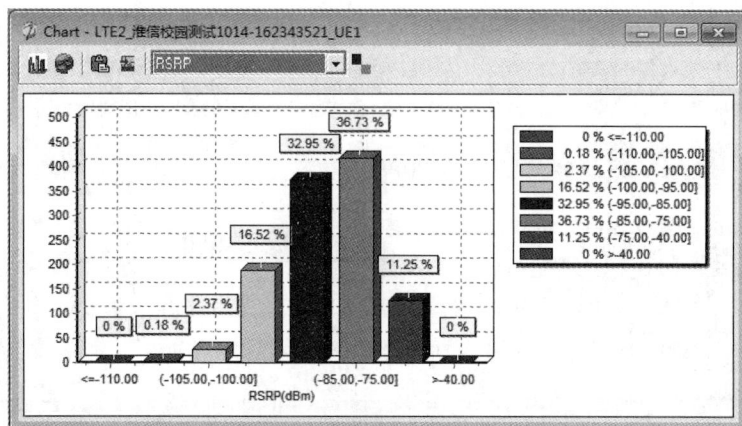

图 3-23　Chart 窗口查看参数饼图

（4）点击 Chart Setting 图标，在弹出的窗口中可设置该图的标题、XY 轴描述等信息。

（5）Chart 窗口支持柱状图和饼状图显示，用户可以点击【Chart】窗口的 📊 🥧 进行转换。

用户可以将统计结果导出成各种图片格式。点击导出成图片按钮 🖼，选择保存位置和保存的格式即可。

### 6. Table 窗口

Table(表)窗口可以查看各个参数的采样点统计情况，结合 Message 窗口可以有效快速定位网络问题。打开 Table 窗口的操作如下：

（1）导入测试数据并进行解码。

（2）展开解码数据的参数或事件文件夹，用鼠标右键点击参数名称，选择【表窗口】命令，如图 3-24 所示。

图 3-24  打开 Table 窗口

（3）用户可以将需要查看的参数拖曳到 Table 窗口进行查看，如图 3-25 所示。

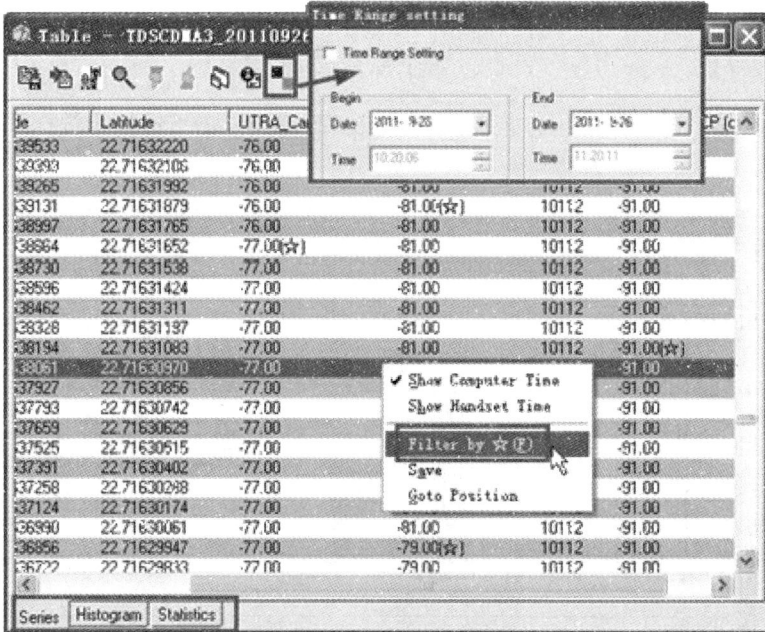

图 3-25  Table 窗口设置

(4) Table 窗口分为 Series/Histogram/Statistics 三个窗口，如图 3-26 所示。表窗口中有星号标注的指标是根据采集信令解码出来的数值，没有星号的数值为继承值。

(5) 用户可以通过用鼠标右键点击【Filter by ☆(F)】，把继承值给过滤掉，只显示实际取值点，方便对参数的取值进行查找以及核对。

(6) 用户可以通过查找命令 🔍 查找特定数值的采样点，并关联到对应的信令，查看详细解码信息。

(7) 用户还可以通过导出功能键 📇📇 导出该字段的信息，并通过导出设置功能键 📝 选择要导出的文件是否包含时间或者信令等内容。

(8) 用户可以通过时间设置按钮 ■ 设置窗口显示的时间段，以方便查看和导出指定时间段的参数信息。

(9) 用户可通过右键功能菜单选择【Goto Position】定位相应的采样点位置。

(10) 用户可通过右键功能菜单选择【Goto Time】定位到相应的计算机时间或手机时间点。

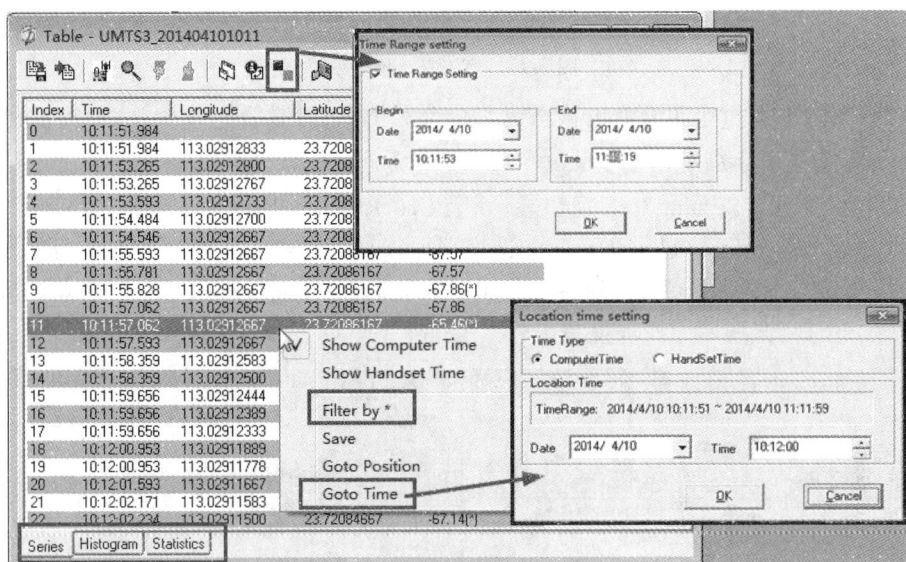

图 3-26　表窗口设置图

### 7. State 窗口

State(状态)窗口是 Pilot Navigator 按照用户分析习惯而预设的参数窗口，分类列出了各网络无线参数，利用常用状态窗口查看关键参数，可以快速定位问题。常用的状态窗口包括：Basic Information 窗口、Serving Cell 窗口、Cell Measurement 窗口、Serving/Neighbors 窗口等。

1) 打开状态窗口

下面以打开 LTE 无线网络状态窗口为例进行相关说明，操作如下：

(1) 导入 LTE 测试数据并进行解码。

(2) 用鼠标右键点击导航栏解码数据端口，选择 LTE 状态窗口，在弹出的选择窗口中选择需要显示的参数，如图 3-27 所示。

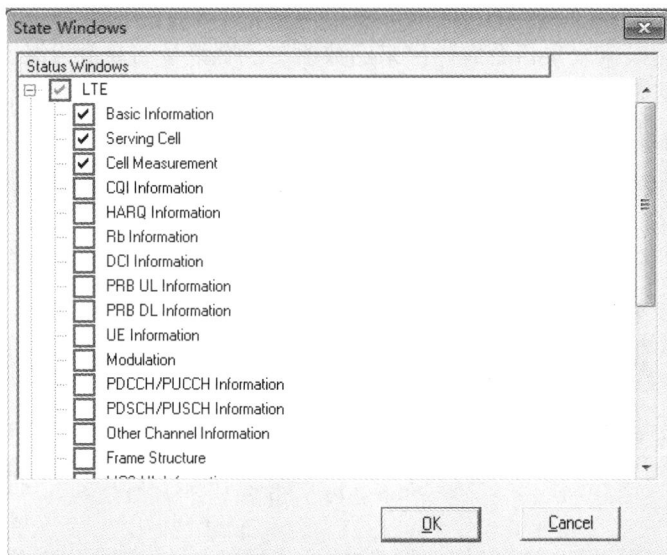

图 3-27    选择状态窗口

(3) 点击【OK】按钮即可弹出状态窗口，查看相应的参数。

2) State 窗口实际应用

如图 3-28 所示，Serving Cell 窗口显示了 PCI、RSRP、RSRQ、RSSI、SINR 等关键指标；Cell Measurement 窗口显示了当前测试终端主邻小区列表，包括小区名称、频点、PCI、信号强度、UE 与小区之间距离等信息。State 窗口通过与 Map 窗口、Event 窗口、Message 窗口关联，查看测试终端无线环境情况。

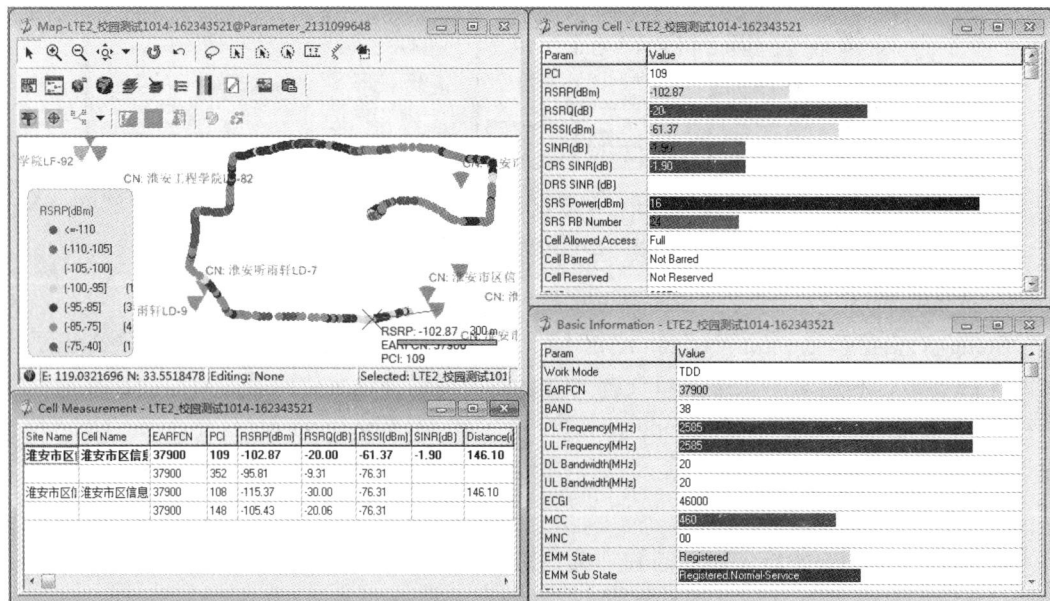

图 3-28    状态窗口应用

# 知识点/技能点小结

知识点/技能点梳理见图 3-29。

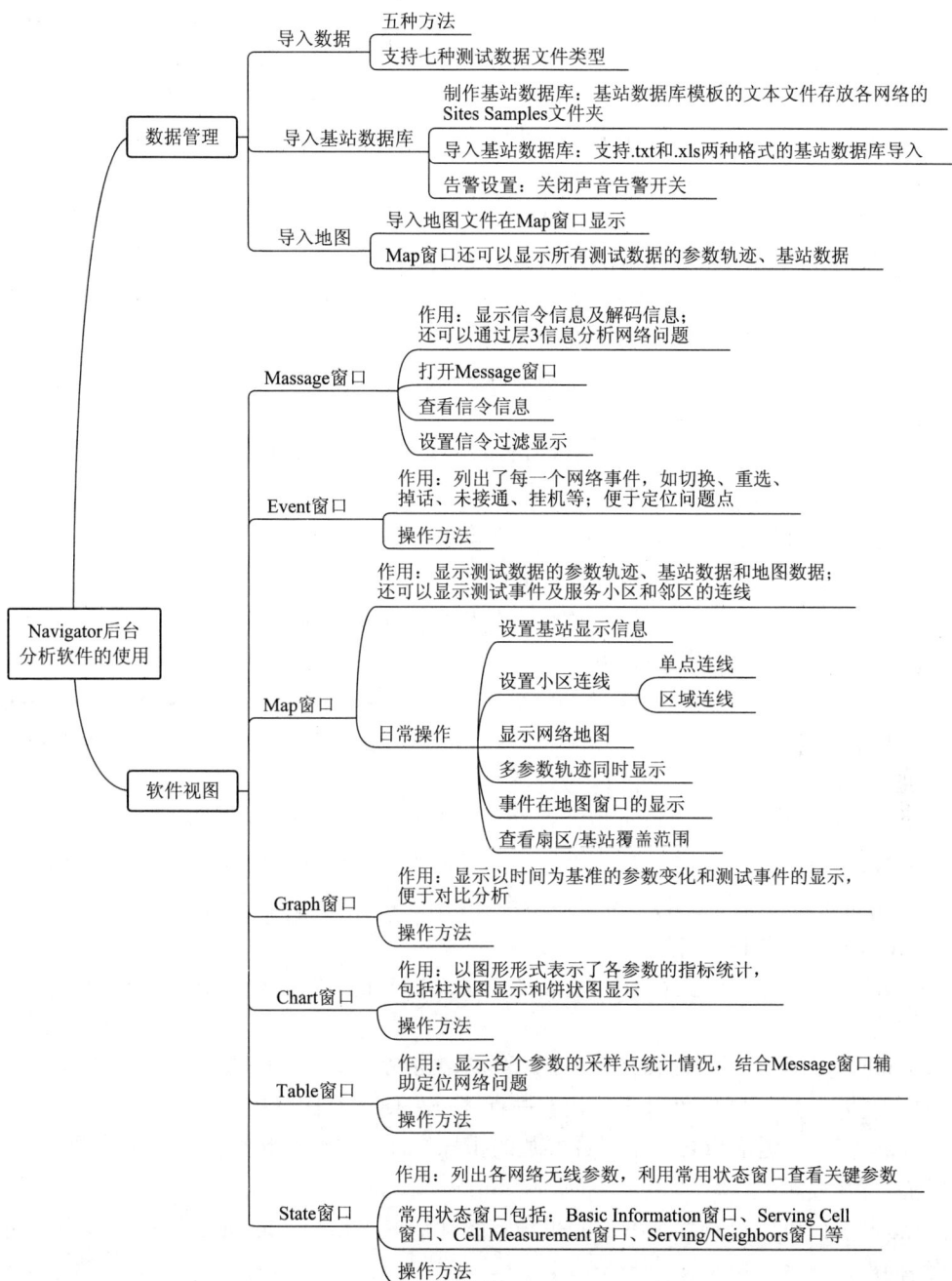

图 3-29　知识点/技能点梳理

知识/技能要点：

(1) Navigator 软件可以将测试数据导入到当前工程中，以便在当前工程中进行分析和处理。可以通过五种方式导入测试数据。

(2) Navigator 软件支持七种测试数据文件类型的引入：Walktour 系统测试文件(*.ddib)、RCU 及 Pilot Pioneer 的测试文件(*.rcu)、Fleet 下载数据(*.paf)、Pilot Navigator 自身文件类型(*.pag、*.pac、*.pau)、Pilot Premier 测试文件(*.ms)、Pilot Panorama 测试文件(*.cdm)和标准的 MDM 文件(*.mdm)。

(3) Navigator 软件在安装目录下有专门的 Sites Samples 文件夹存放各网络的基站数据库模板的文本文件，可以使用 Microsoft Execl 软件打开。

(4) Navigator 软件支持.txt 和.xls 两种格式的基站数据库导入。

(5) Map 窗口可以显示所有测试数据的参数轨迹、基站数据和地图数据，同时 Map 窗口还可以显示与测试数据相关的测试事件及服务小区连线功能。

(6) Message 窗口显示指定测试数据完整的信令信息及解码信息，可以通过分析层 3 信息反映网络问题，自动诊断层 3 信息流程存在的问题并指出问题的位置和原因。

(7) Message 窗口的【Search】下拉框显示了此数据包含的所有信令，用户可以利用该下拉框选择或直接输入需要查找的信令。

(8) 用户可以利用 Message 窗口的属性按钮进行信令的过滤显示设置，只有被勾选的信令才能在 Message 窗口中显示出来。

(9) 信令窗口、事件窗口、地图窗口、状态窗口和其他无线参数窗口等联动显示，可以快速定位到发生异常事件的地方进行查看分析。

(10) Event 窗口列出了每一个网络事件，如切换、重选、掉话、未接通、挂机等，用户利用此窗口可以很方便地定位问题点。

(11) Navigator 软件支持对 GSM、CDMA、WCDMA、LTE、Scanner、WiMAX 的小区连线功能，可以查看路测轨迹上任意一点的服务小区情况。服务小区连线有两种类型：Single Point 和 Area Selected，即单点连线和区域连线。

(12) 为了便于对多个参数进行分析，Navigator 软件支持参数的偏移设置。用户可以根据分析需要更改地图窗口覆盖参数及分段颜色，以多轨迹图偏移方式直观了解网络状况。

(13) Navigator 软件支持在地图窗口显示事件，用户可以将相关事件拖曳到地图窗口查看时间在测试过程中发生的位置。

(14) Navigator 软件支持查看扇区/基站的覆盖范围功能，以方便了解扇区或基站覆盖情况。

(15) Graph 窗口显示所有测试参数以时间为基准的变化，对测试数据各参数覆盖显示和测试事件的显示，以不同颜色对测试状态进行区分，便于对比分析。

(16) Chart 窗口以图形形式表示了各参数的指标统计，包括柱状图显示和饼状图显示，并提供了图片导出功能。

(17) Table 窗口可以查看各个参数的采样点统计情况，结合 Message 窗口可以有效快速定位网络问题。

(18) State 窗口是 Pilot Navigator 按照用户分析习惯而预设的参数窗口，分类列出了各网络无线参数，利用常用状态窗口查看关键参数，可以快速定位问题。常用的状态窗口包括：Basic Information 窗口、Serving Cell 窗口、Cell Measurement 窗口和 Serving/Neighbors 窗口等。

(19) Serving Cell 窗口显示了 PCI、RSRP、RSRQ、RSSI、SINR 等关键指标；Cell Measurement 窗口显示了当前测试终端主邻小区列表，包括小区名称、频点、PCI、信号强度、UE 与小区之间距离等信息。

# 思考与复习题

一、填空题

1. Pilot Navigator 软件在安装目录下有专门的_____文件夹存放各网络的基站数据。

2. _____窗口显示指定测试数据完整的信令信息及解码信息。

3. _____窗口列出了所选测试数据中的语音业务、数据业务、增值业务及其包含的事件。

4. Graph 窗口显示所有测试参数以_____为基准的变化，对测试数据各参数覆盖显示和测试事件的显示，以不同颜色对测试状态进行区分，便于对比分析。

5. Chart 窗口支持柱状图和_____图显示。

6. _____窗口显示当前测试终端主邻小区列表，包括小区名称、频点、PCI、信号强度、UE 与小区之间距离等信息。

二、判断题

1. Pilot Navigator 支持标准的 MDM(*.mdm)测试数据文件类型。（　　）

2. Navigator 软件支持同 MSC/BSC/TAC/EARFCN 的过滤显示。（　　）

3. Navigator 软件支持小区连线功能，服务小区连线有两种类型：Single Point 和 Area Selected，即单点连线和区域连线。（　　）

4. Navigator 软件支持参数的偏移设置。用户可以单击 Map 窗口上的 Display Legend Window 图标，在弹出的 Config Thematic fields 窗口更改地图窗口覆盖参数及分段颜色。（　　）

三、单项选择题

1. Navigator 软件的 License 文件的后缀名是(　　)。

A. LCF　　　　　　B. TXT　　　　　　C. DELL　　　　　　D. DOC

2. Pilot Navigator(　　)可以显示所有测试数据的参数轨迹、基站数据和地图数据。

A. Map 窗口　　　　B. Message 窗口　　　C. Graph 窗口　　　D. State 窗口

3. Navigator 软件不支持的图片格式为(　　)。

A. .mif　　　　　　B. .tab　　　　　　C. .dxf　　　　　　D. .doc

四、多项选择题

1. Pilot Navigator 支持的基站数据库格式有(　　)。

A. .txt　　　　　　B. .xls 或者.xlsx　　　C. .csv　　　　　　D. .dBs

2. Pilot Navigator 按照不同的网络对基站数据库进行字段识别，可支持的网络包括(　　)。

A. GSM　　　　　　B. CDMA　　　　　　C. UMTS　　　　　　D. LTE

五、问答题

Navigator 软件支持事件在地图窗口中进行显示，请简要描述事件在地图窗口中显示的操作步骤。

# 任务 3.2　使用 Navigator 软件对测试数据进行统计和分析

## 课前引导

Pilot Navigator 具有强大的数据呈现与分析功能，为便于用户发现网络中存在的问题，提供了多种查看窗口，如信令窗口、事件窗口、地图窗口等，这些窗口与数据同步关联。

Pilot Navigatort 内置了强大的统计报表模块，支持多种统计方式和统计报表，以满足不同的统计输出需求。

Pilot Navigator 提供了强大的数据分析功能，包括时延分析、导频污染分析、邻区分析、无主服务小区分析、过覆盖分析等。通过数据在各窗口中的呈现以及提供的数据分析功能，能够帮助用户快速、深入分析网络情况，快速定位网络问题，满足优化需求。

## 学习任务

(1) 了解 Navigator 报表的种类。

(2) 能够对自动报表、自定义统计报表、评估报表、主被叫联合报表、数据业务报表进行操作。

(3) 能够熟练地对 Navigator 软件进行测试数据、基站数据、地图文件的导入导出操作。

(4) 能够使用 Pilot Navigator 软件进行时延分析、导频污染、邻区分析、过覆盖分析的操作。

### 3.2.1　Pilot Navigator 软件的统计

Pilot Navigator 提供了自动报表、自定义统计报表、评估报表、视频业务报表、主被叫联合报表、数据业务报表、自定义模板报表、Scanner 报表以及三大运营商报表等功能，满足用户不同的统计需求。

#### 1. 自定义统计报表

自定义统计报表可以按照用户的需要，指定需要统计的各个参数和事件，指定输出的图表类型(如柱状图、饼状图)并设置分段区间，输出相应的报表。

单击主菜单【统计】中的【自定义统计报表】，在弹出的【Custom Parameter Statistics Report】窗口中选择网络类型为【LTE】，如图 3-30 所示，然后勾选【LTE2_校园测试 1014-162343521】，再单击【OK】按钮。这时，Pilot Navigator 软件会按照默认设置自动生成统计报表。

图 3-30　自定义统计报表设置窗口

用户可以单击【Advance】按钮对统计项目进行详细设置。自定义统计报表包括 Word、PDF、Excel 三种格式，用户可以在主菜单【工具】→【参数设置】选项卡中选择。

### 2. 数据业务报表

数据业务报表主要用来统计做数据业务(如 FTP 上传和下载)的各项指标，并能统计做数据业务时占用的各网络时长，统计结果如图 3-31 所示。具体操作如下：

(1) 点击统计菜单中的数据业务报表，弹出设置窗口。

(2) 在右边的网络选择中打开网络所在页签，使用左右箭头将数据导入或导出选择。

(3) 可在 Advance 页签中设置是否按照时间段统计或者区域统计。

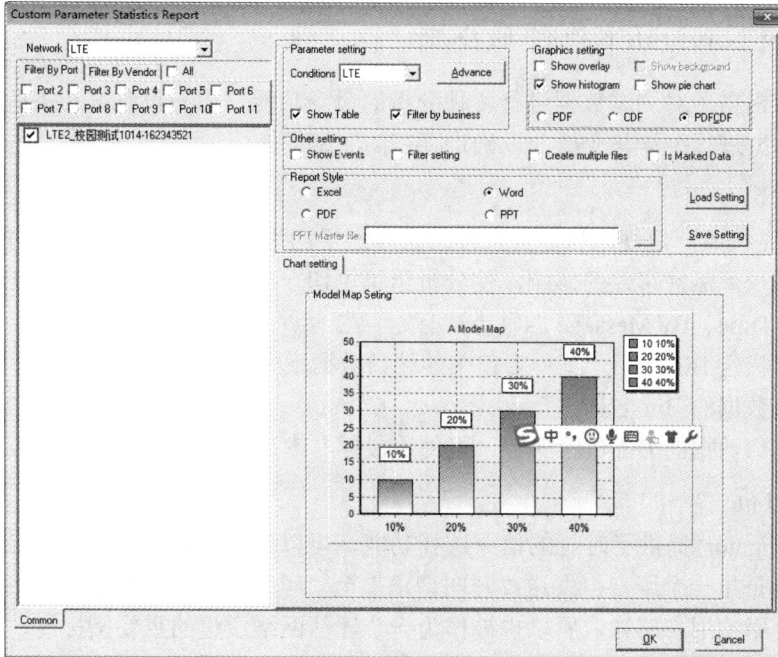

图 3-31　数据业务报表样表图

### 3.2.2 Pilot Navigator 软件的分析

分析菜单提供了对测试数据进行各种分析的命令功能，用户设置好相关的分析条件，可以对测试数据进行统计与分析，以确定存在的网络问题。

#### 1. Bin 分析

Bin 分析是按照一定规则将符合条件的采样点平均为一个采样点进行统计的分析方法，作用是可以减少偶然性事件的影响，使分析结果更切合实际。Bin 分析包括 By Grid、By Distance、By Time、By Message 四种方式。

端口数据指定 Bin 以后，工程窗口中的端口数据下方生成一级 Bins 菜单，列出所有已指定给该端口数据的 Bin 名称。

若要对端口数据的 Bin 进行删除，可使用鼠标右键选中 Bin 名称并选择 Delete。

#### 2. 时延分析

Pilot Navigator 提供了时延的信令选择功能，可以计算出任意两条信令之间的间隔时长。呼叫时延是指一个用户自发送"呼叫请求"至"呼叫连接"之间所经过的时间，呼叫时延的长短会影响用户感知，所以也被作为一个评估网络质量的重要指标。

1) 时延分析设置

(1) 在工程窗口中，选择【Project】选项卡，用鼠标右键点击导入的数据文件下面的端口数据(比如 LTE2 端口)，然后在弹出的菜单中选择【时延分析】，也可以通过点击主菜单【分析】→【时延分析】进行选择。

(2) 在弹出的【Delay Analysis】窗口中点击【Advance】按钮，进入【Analysis Manager】窗口的 Delay 选项卡，选择相应的网络类型。软件提供时延的新增(New)、编辑(Edit)、删除(Delete)、时延文件备份(导出)(Export)、时延文件导入(Import)五项功能，如图 3-32 所示。

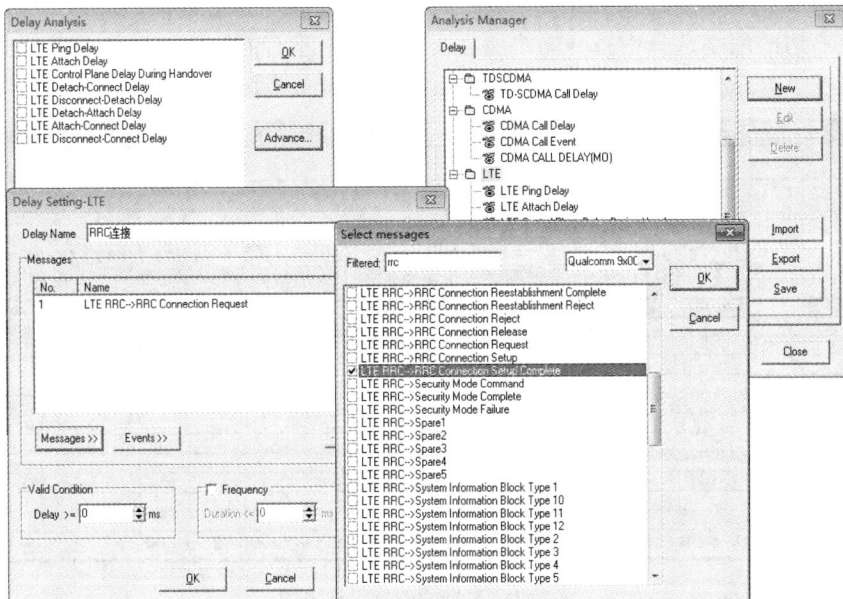

图 3-32　时延分析设置示意图

(3) 在【Analysis Manager】窗口选择 LTE 无线网络，然后点击【New】按钮。在【Delay Setting-LTE】窗口的【Delay Name】文本框中输入【RRC 连接】，然后点击【Messages】按钮。在弹出的【Select Messages】窗口中选择所要分析的信令消息，比如依次选择【RRC Connection Request】和【RRC Connection Setup Complete】两条信令消息，然后依次点击【Select Messages】窗口、【Delay Setting-LTE】窗口、【Analysis Manager】窗口的【OK】按钮。

(4) 查看【Delay Analysis】窗口，新建了一个【RRC 连接】的时延分析选项，如图 3-33 所示。

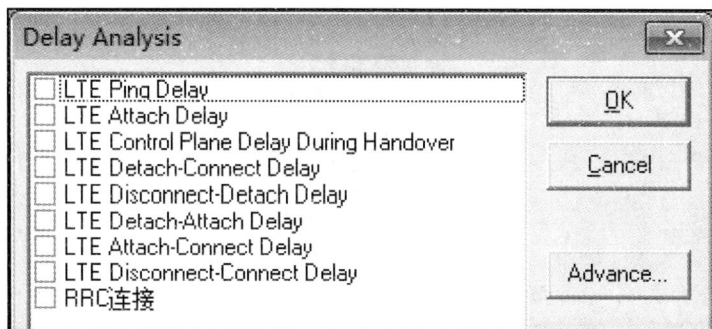

图 3-33　新建 RRC 连接时延分析选项

2) 时延分析结果

在【Delay Analysis】窗口勾选新建的【RRC 连接】时延分析选项，然后点击【OK】按钮。这样，Navigator 软件就会对 RRC Connection Request 与 RRC Connection Setup Complete 两条信令消息之间的时延进行统计，如图 3-34 所示。

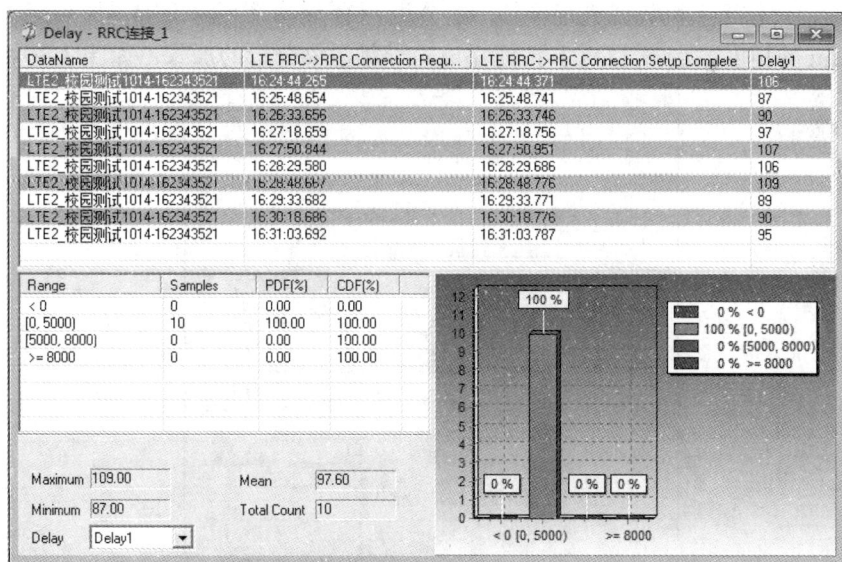

图 3-34　时延分析结果

在工程窗口中选择【Project】选项卡，用鼠标双击导入的数据文件下面的 LTE2 端口，然后双击选择【Delays】，再用鼠标右键点击【RRC 连接_1】，激活弹出式菜单，可执行的选项有【删除】【地图窗口】【表窗口】及【报表】等，如图 3-35 所示。在可执行的选项中：
【删除】选项表示删除当前时延分析；【地图窗口】选项表示打开时延分析的 Map 窗口，
并显示出所有检测到符合时延条件的采样点，不同采样点颜色用来标注时延大小；【表窗口】
选项表示列出所有满足时延条件的呼叫事件的开始时间、开始信令、结束时间和结束时的
信令，包括每一点的时延的值；【报表】选项表示将分析结果生成 Excel、Word 或者 PDF
格式的报表。

图 3-35　时延分析方式选择

### 3. 导频污染分析

在工程窗口中选择【Project】选项卡，用鼠标右键点击导入的数据文件下面的端口数
据(比如 LTE2 端口)，然后在弹出的菜单中选择【导频污染分析】，也可以通过点击主菜单
【分析】→【LTE 分析项】→【导频污染分析】进行选择。在弹出的【Pilot Pollution】窗
口中对【Analysis Name】【RSRP】等相关参数进行设置。勾选【Scan Data】并选择对应的
Scanner 数据，表示使用手机数据与 Scanner 数据共同进行导频污染的分析；不勾选【Scan
Data】，则表示只使用手机数据进行导频污染分析。【Binning】栏位设置该导频污染分析 Bin
的方式及 Bin 的精度。点击【OK】按钮完成对导频污染分析的加载，如图 3-36 所示。

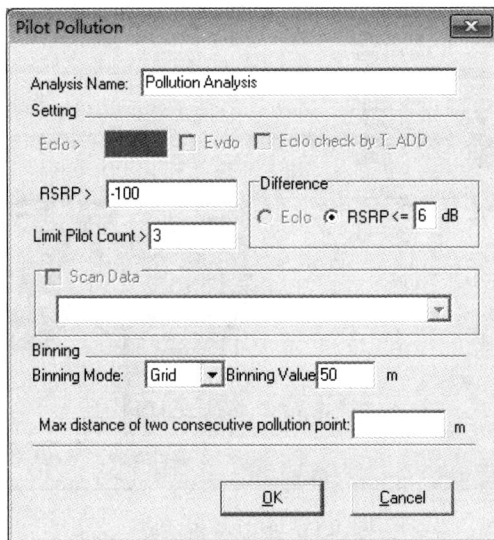

图 3-36　【Pilot Pollution】窗口

在工程窗口中选择【Project】选项卡，用鼠标右键点击导入的数据文件下面的端口数据(比如 LTE2 端口)，再用鼠标右键点击【Pilot Poluttion】文件夹下面的【Pollution Analysis_1】，在弹出的菜单中选择 Map 窗口。用户可以查看符合分析条件设置的所有导频污染点在 Map 地图中的分布。

### 4. 邻区分析

在同样的手机主服务小区下，以手机测量到的邻区信息为主，将手机测量到的小区信息同 Scanner 扫频数据所检测到的小区信息进行对比。当手机测量到的邻区同 Scanner 数据的扫频小区存在差异时，软件即对发生差异的点进行邻区分析，从而便于用户发现网络中存在的问题，如基站的邻区列表设置不当。下面以 LTE 无线网络为例进行说明。

在工程窗口中选择【Project】选项卡，用鼠标右键点击导入的数据文件(比如前台测试数据文件)下面的端口数据(比如 LTE2 端口)，然后在弹出的菜单中选择【邻区分析】，也可以通过点击主菜单【分析】→【LTE 分析项】→【邻区分析】进行选择。在弹出的【Neighbor Analysis】窗口中对参数进行设置，最后点击【OK】按钮即可完成邻区分析，如图 3-37 所示。

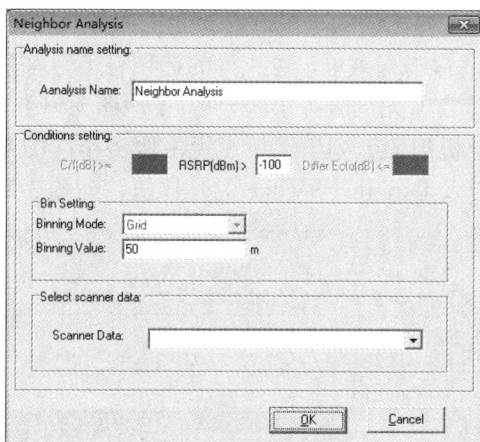

图 3-37　邻区分析设置

邻区分析的 Map 窗口列出了所有经过 Bin 处理后要进行邻区分析的点的信息。Pilot Navigator 将 Scanner 扫频到而当前测试数据未扫频到的小区用红色背景标出，应对红色区域进行关注，进一步分析是否存在邻区漏配情况。

### 5. 无主服务小区分析

无主服务小区(软件默认设置)是指同时覆盖的导频数大于或等于 3 个，并且最大与最小 RSRP 的差值小于或等于 5 dB 的服务小区。

#### 1) 无主服务小区分析设置

在工程窗口中选择【Project】选项卡，用鼠标右键点击导入的数据文件下面的端口数据(比如 LTE2 端口)，然后在弹出的菜单中选择"无主服务小区分析"，也可以通过点击主菜单【分析】→【LTE 分析项】→【无主服务小区分析】进行选择。在弹出的【No Main Server Cell】窗口设置好限制条件(小区数量和 RSRP 差值)之后，点击【OK】按钮即可生成无主服务小区的分析结果，如图 3-38 所示。

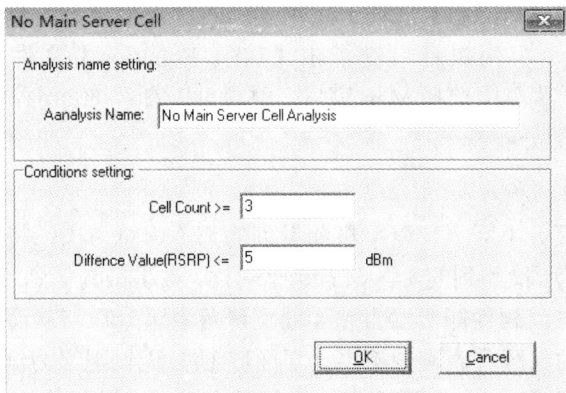

图 3-38　无主服务小区分析设置

2) 无主服务小区分析结果

在工程窗口中选择【Project】选项卡，用鼠标右键点击导入的数据文件下面的端口数据(比如 LTE2 端口)，然后在弹出的菜单中选择"无主服务小区分析"，再用鼠标右键点击无主服务小区分析名称激活弹出式菜单，可执行的选项有【删除】【地图窗口】和【分析视图】。【删除】选项表示删除当前无主服务小区分析；【地图窗口】列出了所有按条件检测到的无主服务小区的点；【分析视图】列出了所有无主服务小区的站点信息，包括经纬度、RSRP 的最小和最大值，以及 Difference Value 的具体值，如图 3-39 所示。

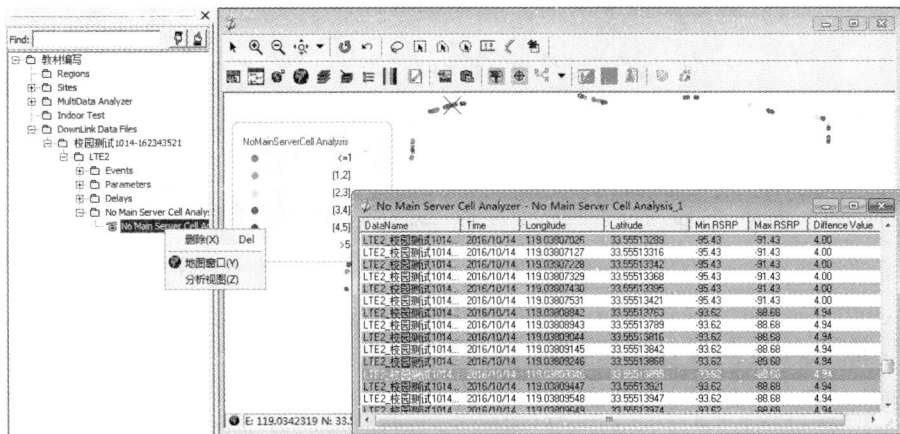

图 3-39　无主服务小区分析结果

## 6. 过覆盖分析

当主服务小区与 UE(用户设备)之间的距离(Distance)超出预设长度时，软件认为在满足条件的点(测试数据先做 Bin 再进行距离和时间提前量的对比)发生过覆盖。

可以通过导航栏中 LTE 端口数据右键菜单中的【过覆盖分析】，也可以通过点击主菜单【分析】→【LTE 分析项】→【过覆盖分析】进行选择。

在弹出的【Overlay Analysis】窗口的【Analysis Name】栏位设置越区覆盖分析名称；在【Conditions setting】栏位设置主服务小区同 UE 间距离的参考值和 RSRP 参考值；在【Bin Setting】栏位设置该越区覆盖分析的 Bin 的方式及 Bin 的精度，如图 3-40 所示。点击【OK】

按钮完成越区覆盖分析的加载。加载的越区覆盖分析名称在导航栏中列出。

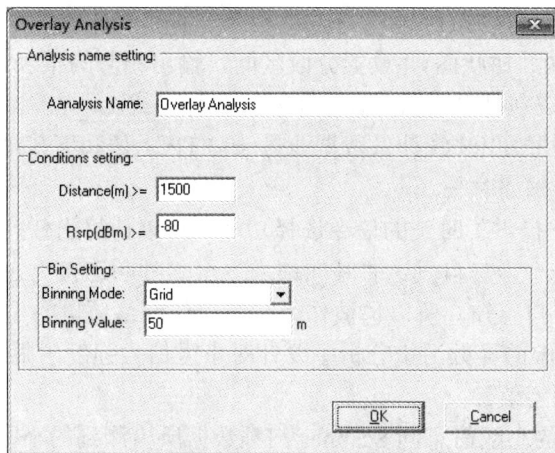

图 3-40　过覆盖分析设置

## 知识点/技能点小结

知识点/技能点梳理见图 3-41。

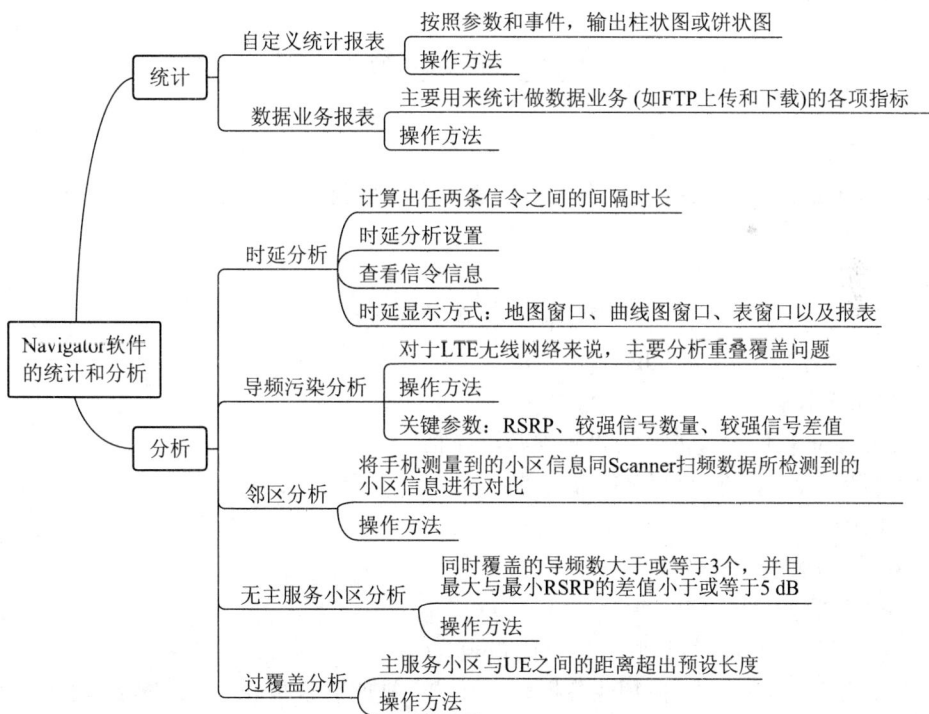

图 3-41　知识点/技能点梳理

知识/技能要点：

(1) Pilot Navigator 提供了自动报表、自定义统计报表、评估报表、视频业务报表、主被叫联合报表、数据业务报表、自定义模板报表、Scanner 报表等功能。

(2) 自定义统计报表可以按照用户的需要，指定需要统计的各个参数和事件，指定输出的图表类型(如柱状图、饼状图)并设置分段区间，输出相应的报表。

(3) 自定义统计报表包括 Word、PDF、Excel 三种格式。

(4) 数据业务报表主要用来统计做数据业务(如 FTP 上传和下载)的各项指标，并能统计做数据业务时占用的各网络时长。

(5) Pilot Navigator 提供了时延的信令选择功能，可以计算出任意两条信令之间的间隔时长。呼叫时延是指一个用户自发送"呼叫请求"至"呼叫连接"之间所经过的时间，呼叫时延的长短会影响用户感知，所以也被作为一个评估网络质量的重要指标。

(6) LTE 无线网络中的导频污染分析主要针对小区信号强度门限 RSRP、参考信号数量及两两参考信号之间的差值。

(7) 将手机测量到的小区信息同 Scanner 扫频数据所检测到的小区信息进行对比，当手机测量到的邻区同 Scanner 数据的扫频小区存在差异时，软件即对发生差异的点进行邻区分析，从而便于用户发现网络中存在的问题。

(8) 无主服务小区(软件默认设置)是指同时覆盖的导频数大于或等于 3 个，并且最大与最小 RSRP 的差值小于或等于 5 dB。

(9) 当主服务小区与 UE(用户设备)之间的距离(Distance)超出预设长度时，软件认为在满足条件的点发生过覆盖。

# 思考与复习题

一、填空题

Pilot Navigator 自定义统计报表可以按照用户的需要，指定需要统计的各个参数和事件，指定输出的柱状图或_____。

二、判断题

无主服务小区(软件默认设置)是指同时覆盖的导频数大于或等于 3 个，并且最大和最小 RSRP 的差值小于或等于 5 dB。(    )

三、单项选择题

1. Navigator 软件过覆盖分析设置参数不包括(    )。

A. 主服务小区与 UE 间距离的参考值

B. RSRP 参考值

C. Bin 的方式及 Bin 的精度

D. 小区数量

2. 在进行语音业务的统计时所用到的报表为(    )。

A. 数据业务报表    B. 视频业务报表    C. 主被叫联合报表    D. 多数据业务报表

四、多项选择题

1. Bin 分析是按照一定规则将符合条件的采样点平均为一个采样点进行统计的分析方法，其作用可以减少偶然性事件的影响，使分析结果更切合实际。Bin 分析方式包括(    )。

A. By Grid        B. By Distance        C. By Time        D. By Message

2. Pilot Navigator 按照不同的网络对基站数据库进行字段识别，可支持的网络包括
(　　)。

A. GSM　　　　　　　B. CDMA　　　　　　C. UMTS　　　　D. LTE

五、问答题

Navigator 软件能对测试数据中存在的哪些主要问题进行分析？

# 项目四　LTE 无线网络优化技术认知

## 任务 4.1　系 统 消 息

### 课前引导

系统消息携带了无线网络很多重要的、有用的信息。由于系统消息在空口按照标准 3GPP 协议进行传输，所以可以使用网络优化软件捕获系统消息，解析系统消息内容，从而快速了解无线网络的配置。

掌握系统消息对日常网络优化工作，特别是对小区接入、小区重选等优化工作具有重要意义，所以说掌握系统消息是每一个无线网络优化工程师必备的技能。

### 学习任务

(1) 了解系统消息的作用、组成、更新和调度。

(2) 了解 MIB、SIB1～SIB11 的作用。

(3) 能够读懂系统消息中的重要内容。

### 4.1.1　系统消息的定义及其组成

当 UE 选择或重选到一个小区，切换完成后，从其他系统进入 E-UTRAN 或者从覆盖区外返回到覆盖区时，UE 需要捕获系统消息。

系统消息(System Information Message)在整个小区内广播，供 RRC 空闲状态和 RRC 连接状态下的 UE 获取 NAS 和 AS 的信息。

系统消息是连接 UE 和网络的纽带，UE 与 E-UTRAN 之间通过系统消息的传递，完成无线通信各类业务和物理过程。

LTE 系统消息包括 1 个主信息块(MIB)和多个系统信息块(SIB)，MIB 消息在 PBCH 上广播，SIB 通过 PDSCH 的 RRC 消息下发。SIB1 由 SystemInformationBlockType1 消息承载，SIB2 和其他 SIB 由 SystemInformation(SI)消息承载。一个 SI 消息可以包含一个或多个 SIB。

#### 1. MIB

MIB 获得下行同步后用户首先要做的就是寻找 MIB 消息。MIB 中包含着 UE 要从小区获得的至关重要的信息，具体如下：

(1) 下行信道带宽。

(2) PHICH 配置。PHICH 中包含着上行 HARQ ACK/NACK 信息。

(3) 系统帧号(System Frame Number，SFN)：帮助同步和作为时间参考。

(4) CRC 掩码。eNodeB 通过 PBCH 的 CRC 掩码通报天线配置数量 1、2 或 4。

## 2. SIB1

SIB1 在 SystemInformationBlockType1 消息中，包含 UE 小区接入需要的信息以及其他 SIB 的调度信息，具体如下：

(1) 网络的识别号 PLMN(Public Land Mobile Network，公共陆地移动网络)。

(2) 跟踪区域码(Tracking Area Code，TAC)和小区 ID。

(3) 小区禁止状态，指示用户是否能驻留在小区里。

(4) q-RxLevMin：小区选择的标准指示需要的最小接收水平。

(5) 其他 SIB 的传输时间和周期。

## 3. SIB2

SIB2 包含所有 UE 通用的无线资源配置信息，具体如下：

(1) 上行载频：上行信道带宽(用 RB 数量表示：n25、n50)。

(2) 无线接入信道(RACH)配置：帮助 UE 开始无线接入过程，如前导码信息、用 frame 标识的传输时间和子帧号(prach-ConfigInfo)、初始发射功率以及功率提升的步长 power RampingParameters。

(3) 寻呼配置，如寻呼周期。

(4) 上行功控配置，如 P0-NominalPUSCH/PUCCH。

(5) Sounding 参考信号配置。

(6) 物理上行控制信道(PUCCH)配置：支持 ACK/NACK 传输、调度请求和 CQI 报告。

(7) 物理上行共享信道(PUSCH)配置，如调频。

## 4. SIB3

SIB3 包含通用的频率内、频率间、异系统小区重选所需的信息，这些信息会应用在所有场景中。

(1) s-IntraSearch：开始同频测量的门限，当服务小区的 s-ServingCell(也就是本小区的小区选择条件 $S_{rxlev}$)高于 s-IntraSearch 时，用户不会进行测量，这样可以节省电池消耗。

(2) s-NonIntraSearch：开始异频和异系统测量的门限。

(3) q-RxLevMin：小区重选时最小需要的信号接收水平。

(4) 小区重选优先级：绝对频率优先级 E-UTRAN、UTRAN、GERAN、CDMA2000 HRPD 或 CDMA2000 1xRTT。

(5) q-Hyst：计算小区排名标准的本小区磁滞值，用 RSRP 计算。

(6) t-ReselectionEUTRA：E-UTRA 小区重选计数器。t-ReselectionEUTRA 和 q-Hyst 可以配置早或者晚出发小区重选。

## 5. SIB4

SIB4 包含 LTE 同频小区重选的邻区信息，如邻区列表、邻区黑名单、封闭用户群组 (Closed Subscriber Group，CSG)的物理小区标识(Physical Cell Identities，PCI)。CSG 用于支持 Home eNodeB。

### 6. SIB5

SIB5 包含 LTE 异频小区重选的邻区信息，如邻区列表、载波频率、小区重选优先级、用户从当前服务小区到其他高/低优先级频率的门限等。

注：3GPP 规定 LTE 邻区查找可以不明确给出邻区列表，UE 可以做邻区盲检，广播 LTE 邻区列表是可选项而非必选项。

在 E-UTRAN 中，SIB6、SIB7、SIB8 分别包含 UTRAN、GERAN 和 CDMA2000 的异系统小区重选的信息。SIB1 和 SIB3 也承载异系统相关的信息。

### 7. SIB6

SIB6 包含 UTRAN 的异系统切换所需的信息，具体如下：

(1) 载频列表：UTRAN 邻区的载波频率列表。

(2) 小区重选优先级：绝对优先级。

(3) q-RxLevMin：最小所需接收功率水平。

(4) threshX-High/threshX-Low：从当前服务载频重选到优先级高/低的频率时的门限值。

(5) t-ReselectionURTA：UTRAN 小区重选的计数器。

(6) 和速度相关的小区重选参数。

在 UTRAN 网络的 3GPP R8 中新增异系统相关的信息，除了 SIB3、SIB4、SIB19 还会在 SIB6、SIB18、SIB19 上广播。

### 8. SIB7

SIB7 包含 GERAN 的异系统切换所需的信息，具体如下：

(1) 载频列表：GERAN 邻区的载波频率列表。

(2) 小区重选优先级：绝对优先级。

(3) q-RxLevMin：最小所需接收功率水平。

(4) threshX-High/threshX-Low：从当前服务载频重选到优先级高/低的频率时的门限值。

(5) t-ReselectionGETA：GERAN 小区重选的计数器。

(6) 和速度相关的小区重选参数。

GSM 和 GERAN 为 LTE 相关的小区重选参数重新修订了系统消息。

### 9. SIB8

SIB8 包含 eHRPD(evolved High Rate Packet Data)的异系统小区重选信息(如连到 1xEV-DO Rev.A)，具体如下：

(1) 搜寻 eHRPD 的消息：载频，PN 同步的系统时钟，用于查找窗口大小。

(2) 到 eHRPD 的预注册信息(可选)：预注册的目的是尽可能缩小用户服务中断时间，用户在还连载 E-UTRAN 网络连接的时候就进行 CDMA2000 eHRPD 的预注册，从而加快占 eHRPD 系统切换的速度。反之从 eHPRD 到 E-UTRAN 亦然。预注册在异系统切换之前完成。

(3) 小区重选门限和参数：threshX-High、threshX-Low、t-ReselectionCDMA2000，速度相关的重选参数。E-UTRAN 可以通过 UE 不同系统的重选优先级设置小区重选参数。

(4) 用于检测潜在 eHRPDCCH 目标小区的邻区列表。

### 10. SIB9

SIB9 包含 Home eNodeB 的名称。Home eNodeB 是微微小区，用于居民区或小商业区域的小型基站。

### 11. SIB10

SIB10 主要用于公众通知 ETWS。寻呼过程用于有 ETWS 能力的手机，在处于 RRC 空闲或者 RRC 连接状态时监听 SIB10 和 SIB11。

### 12. SIB11

SIB11 用于 ETWS 第二次通知。

### 13. SIB12

当 UE 从寻呼消息中解码发现有 CMAS(Commercial Mobile Alerting System，商用移动告警系统)消息存在时，就需要从 SIB12 中获取具体的 CMAS 内容。

## 4.1.2　系统消息的调度

LTE 通信协议规定了 MIB 和 SIB1 的传输时间和周期，用户确定知道何时去监听 MIB 和 SIB1，其他 SIB 的传输时间和周期由 SIB1 定义。每个信息块如何发送、何时发送，就是系统消息的调度。

### 1. MIB 的调度

MIB 的传输周期是 40 ms，每 40 ms SFN 模 4 等于 0 的时候发送新的 MIB，在 40 ms 周期内，每 10 ms 重复发送一次相同的 MIB(SFN 域内的 MIB 不发生变化，SFN = $4N$、$4N+1$、$4N+2$、$4N+3$)。MIB 只在子帧#0 发送，如图 4-1 所示。在 MIB 的 SFN 域中，10 个比特的前 8 个比特标识实际的 SFN 的前 8 位，后 2 个比特标识重复次数，00 是第一次，01 是第二次，依此类推。

时域上，MIB 固定位于#0 子帧 slot1 的前 4 个 OFDM 符号上；频域上，MIB 位于频段中间的 1.08 MHz 范围。

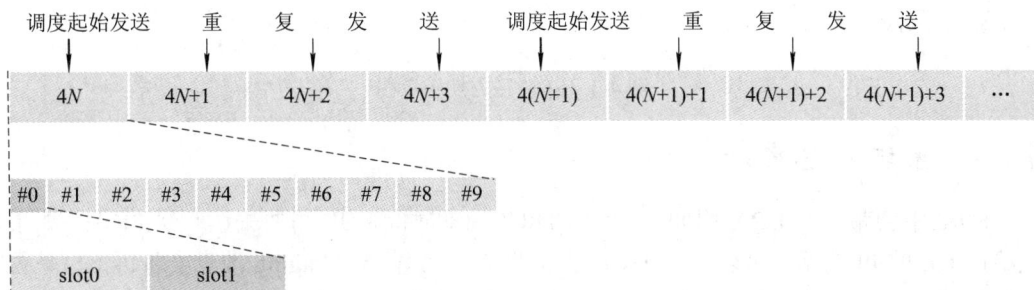

图 4-1　MIB 的调度图

### 2. SIB1 的调度

SIB1 的发送周期是 80 ms，在 SFN 模 8=0 的无线帧上进行起始发送，在 SFN 模 2=0

的无线帧上重复发送。新的 SIB1 每 80 ms 发送一次，在 80 ms 周期内，每 20 ms 重复一次。SIB1 只在子帧#5 上发送，如图 4-2 所示。

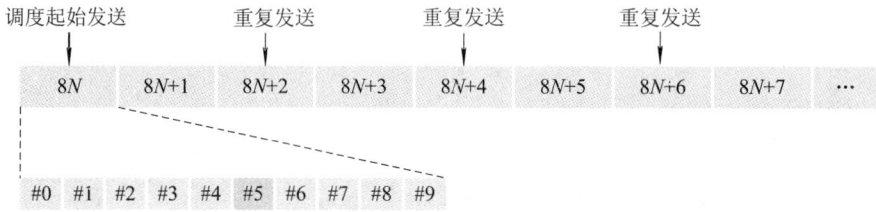

图 4-2  SIB1 的调度图

### 3. SIB2 及其他 SIB 的调度

SIB2 及其他 SIB 的消息周期可配成 8/16/32/64/128/256 或 512 个无线帧。这些 SIB 可以组合成一套 SI(System Information，系统消息)用不同的周期发送，SI 组内的 SIB 消息周期相同。

为了保证 SIB 被用户正确接收，定义了 SI 窗口保证多个传输的 SI 消息都在这个窗口内。SI 窗口的长度可以是 1/2/5/10/15/20 或 40 ms。在一个 SI 窗口内只能传一个 SI 消息，但是可以重复多次。当用户要获取 SI 消息时，它监听 SI 窗口的起始时间直到 SI 被正确接收。

图 4-3 显示了 SIB2、SIB3、SIB6、SIB7 组合的 SI 消息重复周期的配置。这里我们使用两个 SI 消息：SI1 包含 SIB2 和 SIB3，周期是 16 个无线帧；SI2 包含 SIB6 和 SIB7，周期是 64 个无线帧。一个 SI 窗口的长度是 10 ms，即一个无线帧长。

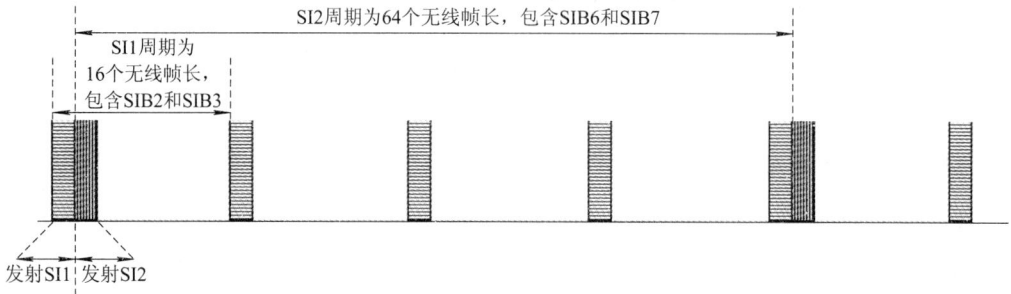

图 4-3  SI 消息周期示意图

## 4.1.3  系统消息更新

SIB2 中会带一个 DRX 周期，每经过 DRX 周期时间，UE 需要去读一次 PICH，如果有发给此 UE 的 PI 的话，就转去 PDSCH 上接收 Paging 消息，Paging 消息会告诉 UE 是否为系统消息变更。如果是系统消息变更，则 UE 启动接收系统消息，首先接收 MIB，比较系统消息的 ValueTag 值，然后接收 ValueTag 发生变化的系统消息。

LTE 系统支持以下两种系统信息变更的通知方式：

(1) 寻呼消息。网络侧使用寻呼消息通知空闲状态和连接状态 UE 系统有信息改变消息，UE 在下一个修改周期开始时监听新的系统消息。另外，网络侧通过在寻呼消息中发送 ETWS-Indication 和 CMAS-Indication 指示信息，指示 UE 进行 SIB10、SIB11、SIB12 的读取。

(2) 系统信息变更标签。SIB1 中携带 Value Tag(系统信息变更标签)信息，如果 UE 读取的变更标签与之前存储的不同，则表示系统信息发生变更，需要重新读取。UE 存储系统信息的有效期为 3 小时，超过该时间，UE 需要重新读取系统信息。

### 4.1.4　系统消息解析

#### 1. MIB 解析

当网络侧设备开机后，会先发送 MIB 消息，然后再发送一系列的 SIB 消息。MIB 消息中承载的是最基本的信息，这些信息涉及 PDSCH 的解码，UE 只有先解码到 MIB，才能利用 MIB 中的参数去继续解码 PDSCH 中的数据，包括解码 SIB 信息。MIB 消息包含的参数如图 4-4 所示。

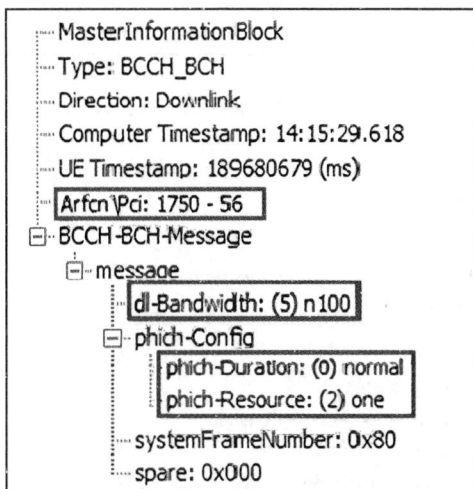

```
···MasterInformationBlock
···Type: BCCH_BCH
···Direction: Downlink
···Computer Timestamp: 14:15:29.618
···UE Timestamp: 189680679 (ms)
···Arfcn \ Pci: 1750 - 56
⊟·BCCH-BCH-Message
  ⊟·message
     ··· dl-Bandwidth: (5) n100
     ⊟·phich-Config
        ···phich-Duration: (0) normal
        ···phich-Resource: (2) one
     ···systemFrameNumber: 0x80
     ···spare: 0x000
```

图 4-4　MIB 消息包含的参数

主信息块(MIB)消息主要是告诉 UE 小区的一些基本信息，具体如下：

(1) 服务小区的频点和 PCI。

(2) 下行的带宽，取值范围为 0～5，对应的六种带宽为 1.4 MHz、3 MHz、5 MHz、10 MHz、15 MHz、20 MHz。

(3) PHICH 的配置信息，如 phich-Duration 的取值(normal、extended)，告诉 UE 系统 PHICH 符号的长度，可选常规和扩展；phich-Resoure 的取值(1/6、1/2、1、2)。

#### 2. SIB1 解析

SIB1 消息包含的参数如图 4-5 所示。

(1) cellBarred：小区禁止接入指示，可选值为 Barred 和 notBarred，对应值为 0 和 1。

(2) intraFreqReseletion：是否可以同频小区重选的指示，可选值为 allowed 和 notAllowed，对应值为 0 和 1。

(3) q-RxlevMin：E-UTRAN 小区选择所需要的最小接收电平，取值范围为 −140～−44 dBm。

```
systemInformationBlockType1
  cellAccessRelatedInfo
    plmn-IdentityList
      PLMN-IdentityInfo
        plmn-Identity
        cellReservedForOperatorUse = notReserved
    trackingAreaCode = 0011110100001001
    cellIdentity = 0011110100110011111000110010
    cellBarred = notBarred
    intraFreqReselection = allowed
    csg-Indication = false
  cellSelectionInfo
    q-RxLevMin = -62
  p-Max = 23
  freqBandIndicator = 3
  schedulingInfoList
  si-WindowLength = ms20
  systemInfoValueTag = 2
  nonCriticalExtension = nonCriticalExtension
```

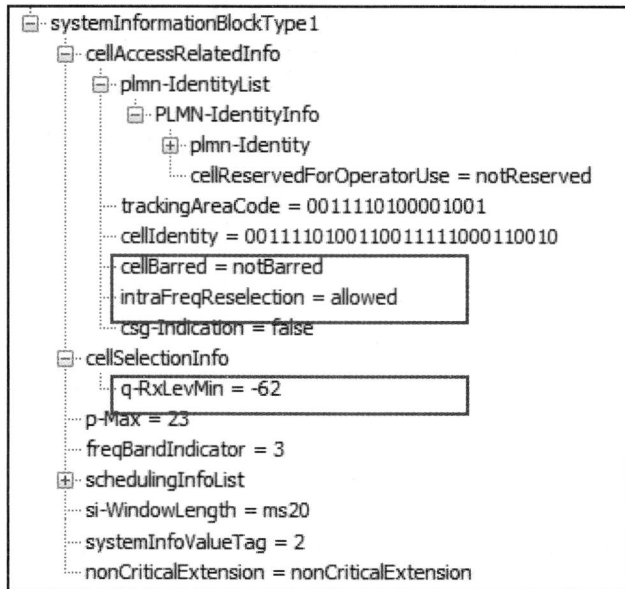

图 4-5　SIB1 解析

### 3. SIB2 解析

SIB2 消息包含的参数如图 4-6 所示。

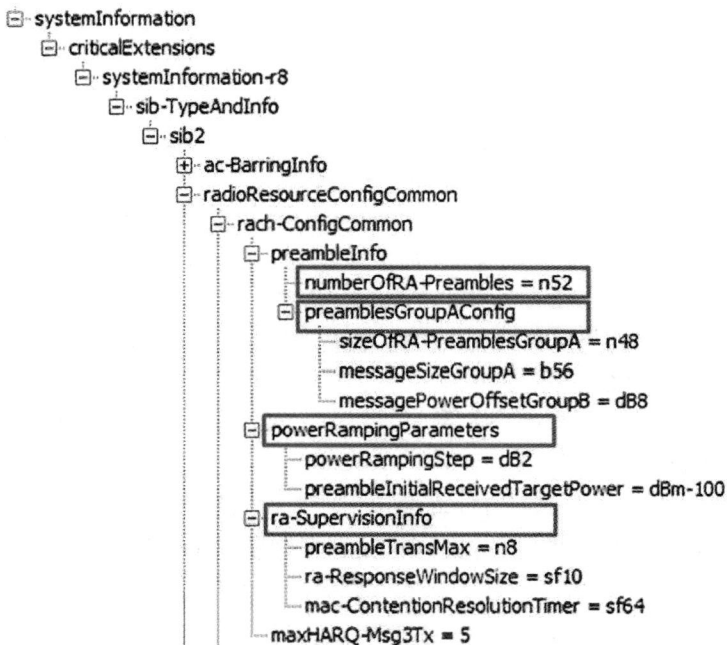

```
systemInformation
  criticalExtensions
    systemInformation-r8
      sib-TypeAndInfo
        sib2
          ac-BarringInfo
          radioResourceConfigCommon
            rach-ConfigCommon
              preambleInfo
                numberOfRA-Preambles = n52
                preamblesGroupAConfig
                  sizeOfRA-PreamblesGroupA = n48
                  messageSizeGroupA = b56
                  messagePowerOffsetGroupB = dB8
                powerRampingParameters
                  powerRampingStep = dB2
                  preambleInitialReceivedTargetPower = dBm-100
                ra-SupervisionInfo
                  preambleTransMax = n8
                  ra-ResponseWindowSize = sf10
                  mac-ContentionResolutionTimer = sf64
              maxHARQ-Msg3Tx = 5
```

图 4-6　SIB2 解析(1)

(1) numberOfRA-Preambles：基于冲突的随机接入前导的签名个数，取值范围为 0～15，显示值对应为 4，8，12，…，64。

(2) sizeOfRA-PreamblesGroupA：Group A 中前导签名个数，取值范围为 0～14，显示

值对应为 4，8，12，…，60。

(3) powerRampingStep：PRACH 的功率攀升步长，取值范围为 0～3，显示值对应为 0、2、4、6。

(4) prembaleInitialReceivedTargetPower：PRACH 初始前缀目标接收功率，取值范围为 0～15，显示值对应为−120，−118，−116，…，−90。

(5) preambleTransMax：PRACH 前缀重传的最大次数，取值范围为 0～10，显示值对应为 3、4、5、6、7、8、10、20、50、100、200。

(6) ra-SupervisionInfo：UE 对随机接入前缀响应接收的搜索窗口，取值范围为 0～10，显示值对应为 3、4、5、6、7、8、10。

(7) referenceSignalPower：单个 RE 的参考信号的功率(绝对值)，取值范围为−60～50，取值步长为 0.1，单位为 dBm。通过公式 $D = (P + 60) \times 10$ 来表示显示值和实际取值的关系($D$ 表示显示值，$P$ 表示实际取值)。如图 4-7 所示，显示值 $D$ 为 18，通过公式可以计算出实际取值 $P = -58.2$ dBm。

(8) pusch-ConfigCommon：PUSCH 配置信息，如 hoppingMode 为 PUSCH 的跳频模式指示，可设置模式为 enumerate(Only inter-subframe，both intra and inter-subframe)。

(9) uplinkPowerControlCommon：上行功率配置信息，其中 p0_NominalPUSCH 为 PUSCH 名义的期望接收功率，一般按照实际环境设置绝对值，如图 4-7 中所示的期望为−75 dBm。

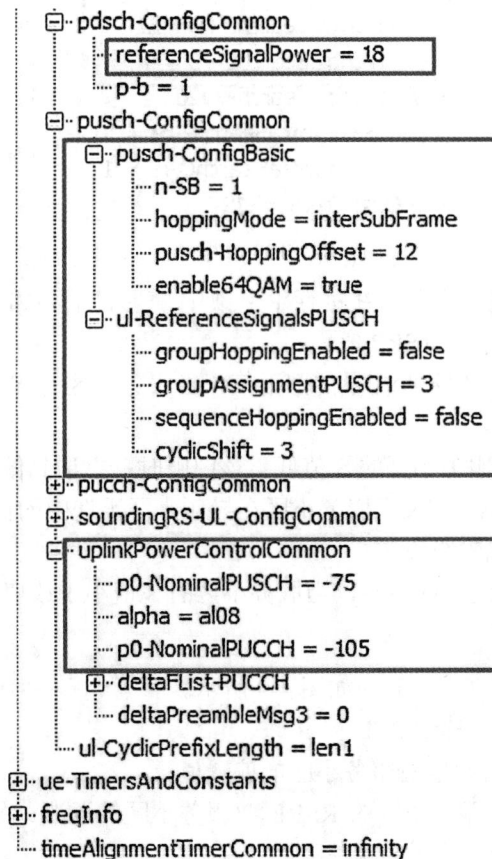

```
⊟ pdsch-ConfigCommon
    ┊ referenceSignalPower = 18
    ┊ p-b = 1
⊟ pusch-ConfigCommon
    ⊟ pusch-ConfigBasic
        ┊ n-SB = 1
        ┊ hoppingMode = interSubFrame
        ┊ pusch-HoppingOffset = 12
        ┊ enable64QAM = true
    ⊟ ul-ReferenceSignalsPUSCH
        ┊ groupHoppingEnabled = false
        ┊ groupAssignmentPUSCH = 3
        ┊ sequenceHoppingEnabled = false
        ┊ cydicShift = 3
⊞ pucch-ConfigCommon
⊞ soundingRS-UL-ConfigCommon
⊟ uplinkPowerControlCommon
    ┊ p0-NominalPUSCH = -75
    ┊ alpha = al08
    ┊ p0-NominalPUCCH = -105
    ⊞ deltaFList-PUCCH
    ┊ deltaPreambleMsg3 = 0
    ┊ ul-CyclicPrefixLength = len1
⊞ ue-TimersAndConstants
⊞ freqInfo
┊ timeAlignmentTimerCommon = infinity
```

图 4-7　SIB2 解析(2)

## 4．SIB3 解析

SIB3 消息包含了小区重选信息(公共参数，适用于同频、异频、异系统)，如图 4-8 所示。

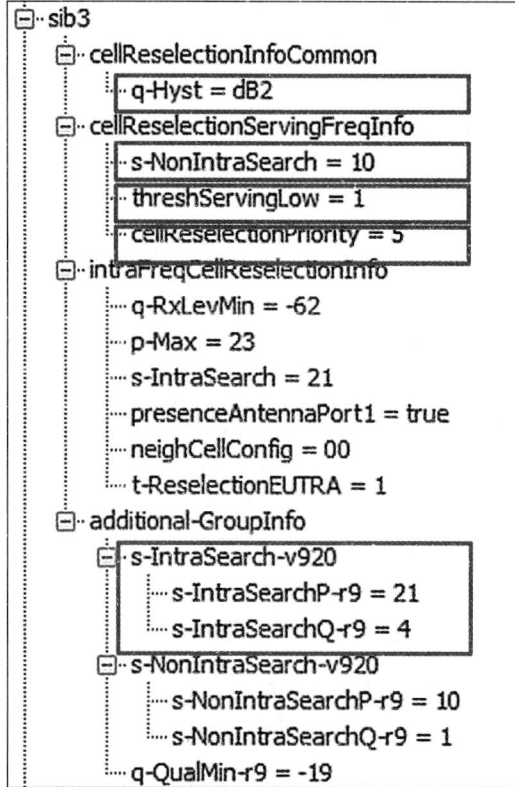

图 4-8　SIB3 解析

(1) q-Hyst：小区重选的迟滞值。在进行 R 准则计算时，需要邻小区的 RSRP 值减去 q-Hyst 值后仍然大于主服务小区 RSRP 值。

(2) s-NonIntraSearch：异频开始测量的门限值，当服务小区的 $S$ 值小于该值时进行异频测量，重选到高优先级。

(3) threshServingLow：服务小区的 S 值低于该门限时，重选到低优先级的小区。

(4) cellReselectionPriority：定义了服务小区在异频小区重选中的优先级，取值为 0～7，0 级的优先级最低，7 级的优先级最高。

(5) s-IntraSearch：同频测量的门限，当服务小区的 S 值小于该值时启动同频测量。

## 5．SIB4 解析

SIB4 主要包含同频小区列表消息，如图 4-9 所示。

(1) physCellId：物理小区标识 PCI。

(2) q-OffsetCell：重选时邻区对服务小区的偏置值。

当 LTE 邻区的 RSRP － 服务小区的 RSRP > (服务小区的迟滞 + 邻区的偏置值)，且持续 $t_{Reselection}$ 时间时，UE 就会重选到同频邻区。

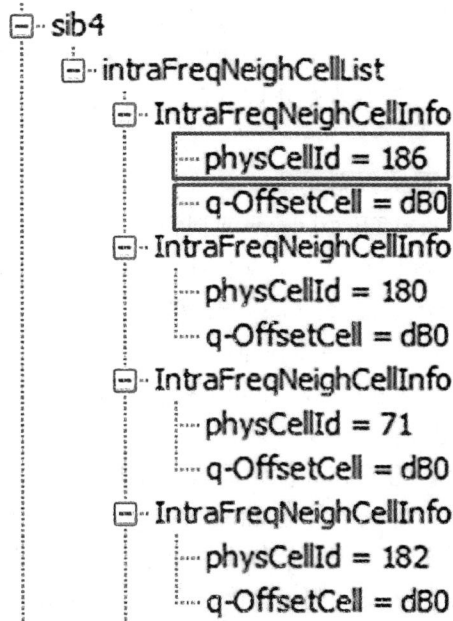

图 4-9 SIB4 解析

### 6. SIB5 解析

SIB5 包含 LTE 异频小区重选信息和异频邻区信息，如：邻区列表，载波频率，小区重选优先级，用户从当前服务小区到其他高/低优先级频率的门限等，如图 4-10 所示。

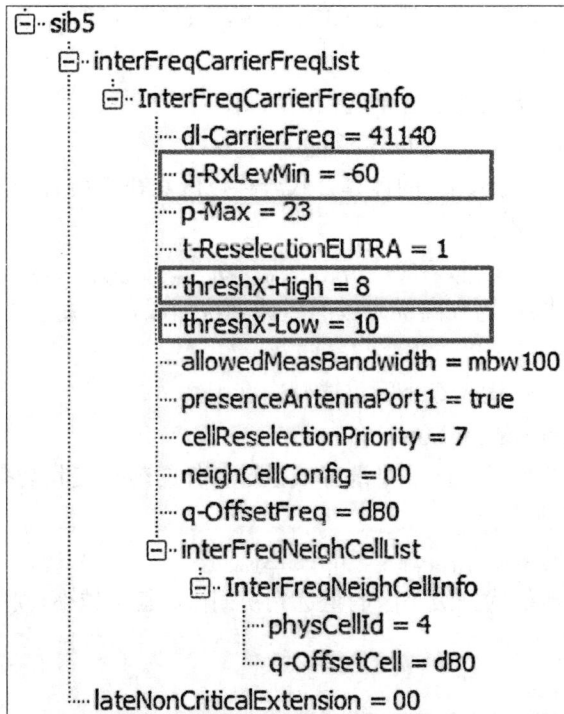

图 4-10 SIB5 解析

(1) dl-CarrierFreq：LTE 异频小区重选的小区频点。

(2) q-RxLevMin：LTE 异频小区重选要求的最小接收功率 RSRP 值。即当 UE 测量小区 RSRP 低于该值时，UE 是无法在该小区驻留的。q-RxLevMin 实际的值为 $q_{RxLevMin} = IE$ value × 2。

(3) p-Max：配置的 UE 最大发射功率。

(4) t-ReselectionEUTRA：LTE 小区重选定时器。

(5) threshX-High：向更高优先级频率重选时使用的门限。高优先级邻区的信号强度大于此门限值一定时间，UE 即会重选到此高优先级频点上。threshX-High 可针对不同频点分别进行设置。threshX-High 的实际值 = 配置值 × 2。

本例中，当接收到的异频小区 RSRP ≥ threshX$_{High}$ + $q_{RxLevMin}$ 时，即 RSRP ≥ 16 + (−120) = −104 dBm 时，UE 可以向更高优先级频率重选。

由于通常我们是希望 UE 驻留在高优先级的小区上的，因此在高优先级的邻区强度稍好的情况下，即可重选，所以建议不要把 threshX-High 设置得太大。

(6) threshX-Low：高优先级频率向低优先级重选时门限。其实际值 = 配置值 × 2。

在主服务小区信号强度低于某一强度值时，且周围没有高优先级邻区和同等优先级邻区的情况下，低优先级邻区强度值大于此门限一段时候后，UE 会重选到此低优先级小区上。

本例中，当接收到的异频小区 RSRP ≥ threshX$_{Low}$ + $q_{RxLevMin}$ 时，即 RSRP ≥ 20 − 120 = −100 dBm 时，UE 可以向更低优先级频率重选。

当 UE 需要尝试重选到优先级较低的小区时，说明已无其他较高和同等优先级的小区可驻留，因此需要把低优先级驻留条件降至最低，保证 UE 仍然可以有合适的小区驻留，所以建议把门限值设置得低一些，比如 0 dB，即只要 UE 测量值大于小区最低接入值即可。

说明：

(1) 低先级小区到高优先级小区重选判决准则：

高优先级邻区的 $s_{NonServingCell}$ > threshX$_{High}$。

这里面的 $s_{NonServingCell}$ 与 $s_{RxLev}$ 的计算公式一样，区别在于前者是邻区，后者是服务小区。$s_{NonServingCell}$ 的计算公式如下：

$$s_{NonServingCell} = q_{RxLevMeas} - (q_{RxLevMin} + q_{RxLevMinOffset}) - p_{compensation}$$

threshX$_{High}$ 是指小区重选到高优先级的重选判决门限，其值越小，则重选至高优先级小区越容易。

(2) 高优先级小区到低优先级小区重选判决准则：

① $s_{ServingCell}$ < threshServingLow。

threshServingLow 为服务小区满足选择或重选条件的最小接收功率级，其值越小，则重选至低优先级小区越困难。

② 低优先级邻区的 $s_{NonServingCell, X}$ > threshX$_{Low}$。

threshX$_{Low}$ 为重选至低优先级小区的重选判决门限，其值越小，则重选至低优先级小区越困难。

### 7. SIB6 解析

SIB6、SIB7、SIB8 分别对应 UTRAN 邻区列表、GSM 邻区列表。CDMA2000 邻区列

表，SIB9 指示 HNB 名称(家庭节点 B)，还有 SIB10、SIB11 与 ETWS 相关的消息。

SIB6 包含到 UTRAN 的异系统切换所需的信息如下：

(1) 载频列表：UTRAN 邻区的载波频率列表。

(2) 小区重选优先级：绝对优先级。

(3) q-RxLevMin：最小所需接收功率水平。

(4) threshX-High/threshX-Low：从当前服务载频重选到优先级高/低的频率时的门限值。

(5) t-ReselectionURTA：UTRAN 小区重选的计数器。

(6) 和速度相关的小区重选参数。

# 知识点/技能点小结

知识点/技能点梳理见图 4-11。

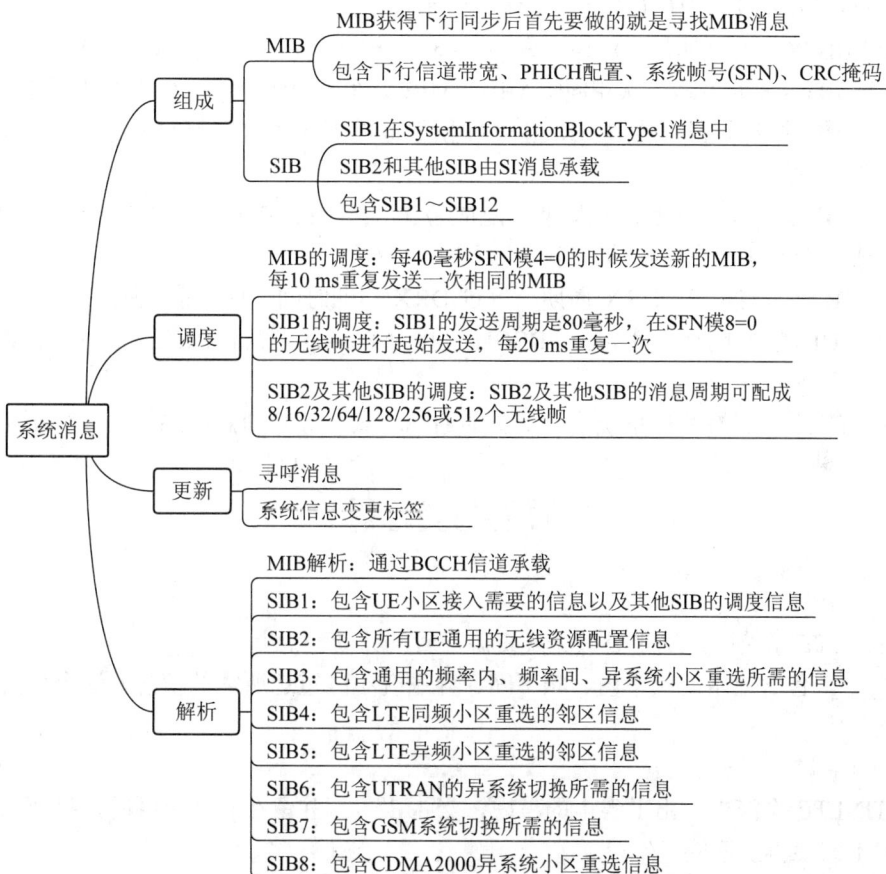

图 4-11　知识点/技能点梳理

知识/技能要点：

(1) 当 UE 选择或重选到一个小区，切换完成后，从其他系统进入 E-UTRAN 或者从覆盖区外返回到覆盖区时，UE 需要捕获系统消息。

(2) 系统消息在整个小区内广播，供 RRC 空闲状态和 RRC 连接状态下的 UE 获取 NAS 和 AS 的信息。

(3) LTE 系统消息包括 1 个主信息块(MIB)和多个系统信息块(SIB)，MIB 消息在 PBCH 上广播，SIB 通过 PDSCH 的 RRC 消息下发。

(4) SIB1 由 SystemInformationBlockType1 消息承载，SIB2 和其他 SIB 由 SystemInformation (SI)消息承载。一个 SI 消息可以包含一个或多个 SIB。

(5) MIB 消息包含下行信道带宽、PHICH 配置、系统帧号(SFN)和 CRC 掩码。

(6) SIB1 包含 UE 小区接入需要的信息以及其他 SIB 的调度信息。

(7) SIB2 包含所有 UE 通用的无线资源配置信息。

(8) SIB3 包含通用的频率内、频率间、异系统小区重选所需的信息。

(9) SIB4 包含 LTE 同频小区重选的邻区信息；SIB5 包含 LTE 异频小区重选的邻区信息。

(10) SIB6 包含 UTRAN 的异系统切换所需的信息；SIB7 包含 GERAN 的异系统切换所需的信息；SIB8 包含 eHRPD 的异系统小区重选信息。

(11) MIB 的传输周期是 40 ms，每 40 ms SFN 模 4 = 0 的时候发送新的 MIB，在 40 ms 周期内，每 10 ms 重复发送一次相同的 MIB，MIB 只在子帧#0 的前 4 个符号上发送。

(12) SIB1 的发送周期是 80 ms，在 SFN 模 8=0 的无线帧进行起始发送，在 SFN 模 2=0 的无线帧重复发送。

(13) SIB2 及其他 SIB 的消息周期可配成 8/16/32/64/128/256 或 512 个无线帧。这些 SIB 可以组合成一套 SI 用不同的周期发送。

(14) SIB2 中会带一个 DRX 周期，每过 DRX 周期时间，UE 需要去读一次 PICH，如果有发给此 UE 的 PI 的话，就转去 PDSCH 上接收 Paging 消息，Paging 消息会告诉 UE 是否为系统消息变更。

(15) LTE 系统支持两种系统信息变更的通知方式：寻呼消息和系统信息变更标签。

# 思考与复习题

一、填空题

1. TD-LTE 系统中，携带公共无线资源配置的系统消息是_____。

2. _____包含通用的频率内、频率间、异系统小区重选所需的信息，这个信息会应用在所有场景中。

二、判断题

1. TD-LTE 系统中，出于省电的考虑，当 UE 一直驻留在一个小区时，只要系统消息不更新就不需要再次读取。(     )

2. SIB4 包含 LTE 同频小区重选的邻区信息。(     )

3. SIB5 包含 LTE 异频小区重选的邻区信息。(     )

4. BCH 的 TTI 为 20 ms，所以 NodeB 每 20 ms 发送一次 SI。(     )

三、单项选择题

1. LTE 系统信息中，其他信息块的调度信息在(　　)系统消息中。

A. MIB　　　　　　　B. SIB1　　　　　　　C. SB1　　　　　　　D. SB2

2. LTE 系统信息中，下行系统带宽和系统帧号信息在(　　)系统消息中。

A. MIB　　　　　　　B. SIB1　　　　　　　C. SIB2　　　　　　　D. SIB3

3. LTE 系统信息中，小区选择和驻留信息在(　　)系统消息中。

A. MIB　　　　　　　B. SIB1　　　　　　　C. SIB2　　　　　　　D. SIB3

4. LTE 系统信息中，小区重选公共参数信息在(　　)系统消息中。

A. MIB　　　　　　　B. SIB1　　　　　　　C. SIB2　　　　　　　D. SIB3

5. LTE 中，SIB1 使用(　　)传输信道进行承载。

A. BCH　　　　　　　B. PBCH　　　　　　　C. DL-SCH　　　　　　　D. DCH

四、多项选择题

1. TD-LTE 系统中，MIB 消息的内容包括(　　)。

A. 系统下行带宽　　　B. 系统上行带宽　　　C. PHICH 配置信息　　D. 系统帧号

2. TD-LTE 系统中，携带异频或异系统邻区的系统消息包括(　　)。

A. SIB5　　　　　　　B. SIB6　　　　　　　C. SIB7　　　　　　　D. SIB8

3. TD-LTE 系统中，UE 获取系统消息更新的方式包括(　　)。

A. 寻呼　　　　　　　　　　　　　　B. SI 中 Value Tag

C. SB 中 Value Tag　　　　　　　　　D. SIB1 中 Value Tag

4. TD-LTE 系统中，UE 需要获取系统消息的过程包括(　　)。

A. 小区选择和重选时　　　　　　　　B. 切换完成时

C. 重新回到服务区时　　　　　　　　D. 接收到系统消息变更指示时

五、问答题

1. 在 LTE 中，当系统消息发生变化时，如何通知 UE?

2. 在 LTE 系统中，UE 在哪些情况下会主动读取系统消息?

# 任务 4.2　LTE 系统移动性管理

## 课前引导

移动性管理是蜂窝移动通信系统必备的机制，能够辅助 LTE 系统实现负载均衡，提高用户体验以及系统整体性能。

移动性管理主要分为两大类：空闲状态下的移动性管理和连接状态下的移动性管理。空闲状态下的移动性管理主要通过小区选择/重选来实现，由 UE 控制；连接状态下的移动性管理主要通过小区切换来实现，由 eNodeB 和 MME 控制。

学习任务

(1) 理解 UE 在空闲态的行为。

(2) 掌握小区选择规则的 S 准则、小区重选的 R 准则，并能利用这两个准则进行负载均衡。

(3) 理解跟踪区和寻呼的含义。

(4) 掌握 LTE 中切换中的测量事件。

(5) 理解 A3 事件中的切换参数对切换的影响。

## 4.2.1　PLMN 选择

当 UE 开机，在某个小区完成了驻留时，UE 没有与无线网络建立 RRC 连接，则称该 UE 进入了"空闲态"或"IDLE 态"。如果该 UE 后续又完成了随机接入过程，那么可以称该 UE 进入了"连接态"或"Connected 态"。

空闲态管理是指 eNodeB 通过系统广播消息下发相关的配置信息，UE 据此选择一个合适的小区驻留并接受服务，提高 UE 接入的成功率和服务质量，保证驻留在一个信号质量最好的小区。空闲态管理能够保障 UE 接入的成功率和服务质量，保证 UE 驻留在一个信号质量更好的小区。

在 LTE 无线网络中，UE 的各种管理过程确保了 LTE 业务的开展和持续，因此每一个过程都环环相扣缺一不可。下面介绍这个链条中的第一环，也是 UE 开机后需要做的第一件事：PLMN(公共陆地移动网)选择。

### 1. PLMN 选择的两个阶段

PLMN 选择的第一阶段是 UE 自主选择 PLMN，第二阶段是 PLMN 注册。

其中第一个阶段 UE 自主选择 PLMN 又可以分成自动选择和手动选择两种方式。

自动选择是指 UE 根据事先设好的 PLMN 优先级准则，自主完成 PLMN 的搜索和选择。绝大多数 UE 采用自动选择方式。

手动选择是指 UE 将满足条件的所有的 PLMN，以列表形式呈现给用户，由用户来选择其中的一个。

PLMN 注册：UE 完成 PLMN 选择后，在后续的网络附着过程中，UE 会把选择的 PLMN 注册到核心网，如果注册成功，则本次 PLMN 选择结束；如果注册失败，则返回自主 PLMN 选择过程，重新选择一个 PLMN。

### 2. PLMN 选择的流程

UE 进行 PLMN 选择的流程如图 4-12 所示。当 UE 开机或者从无覆盖的区域进入覆盖区域时，首先选择最近一次已注册过的 PLMN(已注册过的 PLMN 称为 Registered PLMN，简称 RPLMN)，并尝试在这个 RPLMN 上注册。如果注册最近一次的 RPLMN 成功，则将 PLMN 信息显示出来，开始接受运营商服务；如果没有最近一次的 RPLMN 或最近一次的 RPLMN 注册不成功，UE 会根据 USIM 卡中的关于 PLMN 优先级信息，通过自动或者手动的方式继续选择其他 PLMN。

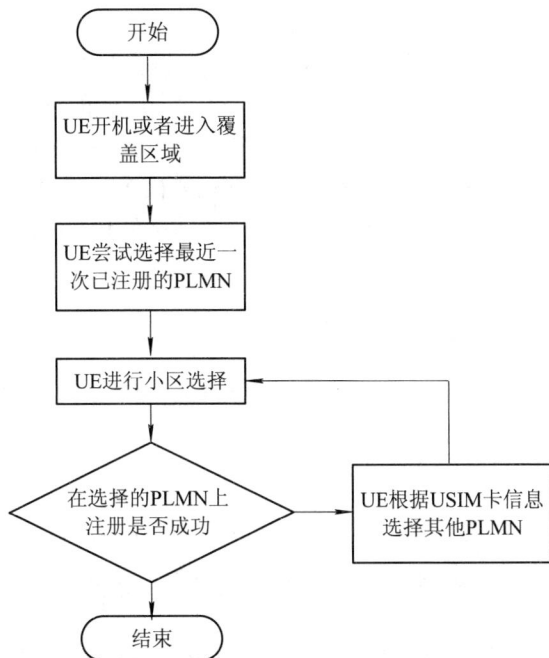

图 4-12　PLMN 选择流程

### 3. PLMN 分类

(1) HPLMN(Home PLMN)：归属 PLMN，也就是 UE 开户的 PLMN。UE 的 HPLMN 只有一个。PLMN 网络代码为 46000 就属于 UE 的 HPLMN。

(2) EHPLMN(The Equivalent Home PLMN)：等价归属 PLMN。等价归属 PLMN 信息存储在 USIM 卡中。以中国移动来说，PLMN 网络代码 46002 和 46007 就属于 EHPLMN。

(3) VPLMN(Visited PLMN)：拜访 PLMN，表示 UE 当前所在的 PLMN。比如对于中国移动的用户，如果他漫游到外国，那么就到了一个拜访 PLMN。

(4) RPLMN(Registered PLMN)：注册 PLMN。UE 通过跟踪区更新过程注册成功的 PLMN。

### 4. PLMN 优先级选择顺序

PLMN 优先级的选择顺序首先是 RPLMN，其次是 HPLMN 或 EHPLMN，最后是 VPLMN。当然，在国内，HPLMN、VPLMN 和 RPLMN 同属于一个网络。

上面讲述了 UE 的 USIM 卡中存储了最近一次已注册过的 RPLMN 的选择过程。下面介绍 UE 在以下两种情景下选择的方法。

情景 1：USIM 卡中没有 RPLMN 信息，UE 初始 PLMN 选择。

这种情况，也就是新的 UE 初次开机，USIM 卡没有 RPLMN 信息。

(1) UE 通过 AS 初始小区查询，从 SIB1 中读取所有的 PLMN，并且它向 UE 的 NAS 报告。

(2) UE 的 NAS 将根据这种被预定义的优先级来选择其中的一个。

情景 2：如果 UE 在上一个 VPLMN 存在于 USIM 卡中。

这种情况下，UE 将选择这个 PLMN，并且开始上一个频率的小区搜索；如果没有找到可用的小区，则 UE 将回到初始的 PLMN 选择。

　　无论是自动模式还是手动模式，UE AS 都需要能够将网络中现有的 PLMN 列表报告给 UE NAS。为此，UE AS 根据自身的能力和设置，进行全频段的搜索，在每一个频点上搜索信号最强的小区，读取其系统信息，报告给 UE NAS，由 NAS 来决定 PLMN 搜索是否继续进行。对于 E-UTRAN 的小区，RSRP≥−110 dBm 的 PLMN 称之为高质量的 PLMN(High Quality PLMN)，对于不满足高质量条件的 PLMN，UE AS 在上报过程中需要同时报告 PLMN ID 和 RSRP 的值。

## 4.2.2　小区搜索及读取广播消息

　　UE 开机后需要做的第一件事就是小区 PLMN 的选择，在 PLMN 的选择之后，UE 将进行小区搜索以及广播消息读取。

### 1. 小区搜索的含义

　　在 LTE 系统中，小区搜索就是 UE 和小区取得时间和频率同步，并检测小区 ID 的过程。

　　UE 使用小区搜索过程来识别小区，并获得下行同步，进而 UE 可以读取小区广播信息并驻留、使用网络提供的各种服务。

　　小区搜索过程是 LTE 系统的关键步骤。它是 UE 与 eNodeB 建立通信链路的前提。小区搜索过程在初始接入和切换中都会用到。

### 2. 小区搜索过程步骤

　　小区搜索过程主要包含四个步骤，如图 4-13 所示。

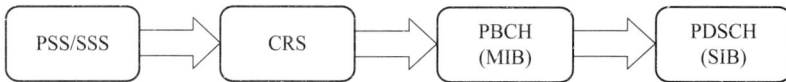

图 4-13　小区搜索过程步骤

　　首先，UE 解调主同步信号(PSS)实现符号同步，并获得小区组内 ID；UE 解调辅同步信号(SSS)完成帧定时，并获得小区组 ID。

　　其次，UE 接收下行参考信号，进行精确的时频同步。

　　然后，UE 接收小区广播信息，得到下行系统带宽、天线配置和系统帧号。

　　最后，UE 接收具体的系统消息，如 PLMN ID、上下行子帧匹配。

#### 1) 时间同步

　　在 LTE 的小区搜索过程中，利用特别设计的两个同步信号(主同步信号和辅同步信号)分别取得小区识别信息，从而得到目前终端所要接入的小区识别码。

　　时间同步检测是小区初搜中的第一步，其基本原理是使用本地同步序列和接收信号进行同步相关，进而获得期望的峰值，根据峰值判断出同步信号的位置。TD-LTE 系统中的时域同步检测分为两个步骤：第 1 个步骤是检测主同步信号，在检测出主同步信号后，根据主同步信号和辅同步信号之间的固定关系，进行第 2 步骤的检测，即检测辅同步信号。

　　当终端处于初始接入状态时，对即将接入的小区带宽是未知的，主同步信号和辅同步信号处于整个带宽的中央，并占用 1.08 MHz 的带宽，因此，在初始接入时，UE 首先在其支持的工作频段内以 100 kHz 间隔的频栅上进行扫描，并在每个频点上进行主同步信道的检测。在这一过程中，终端仅仅检测 1.08 MHz 的频带上是否存在主同步信号。

尽管 TD-LTE 系统支持多种传输带宽，但是 PSS 和 SSS 信号在频域上总是处于整个系统带宽中央 1.08 MHz(6 个 RB)的位置。

图 4-14 给出了 PSS 和 SSS 的位置，其中，PSS 位于特殊子帧，即 DwPTS 的第三个符号，SSS 占用子帧 0、5 的最后一个符号。PSS 和 SSS 信号的位置相对固定，与 TDD 系统的上下行子帧配置、小区覆盖大小等因素无关。

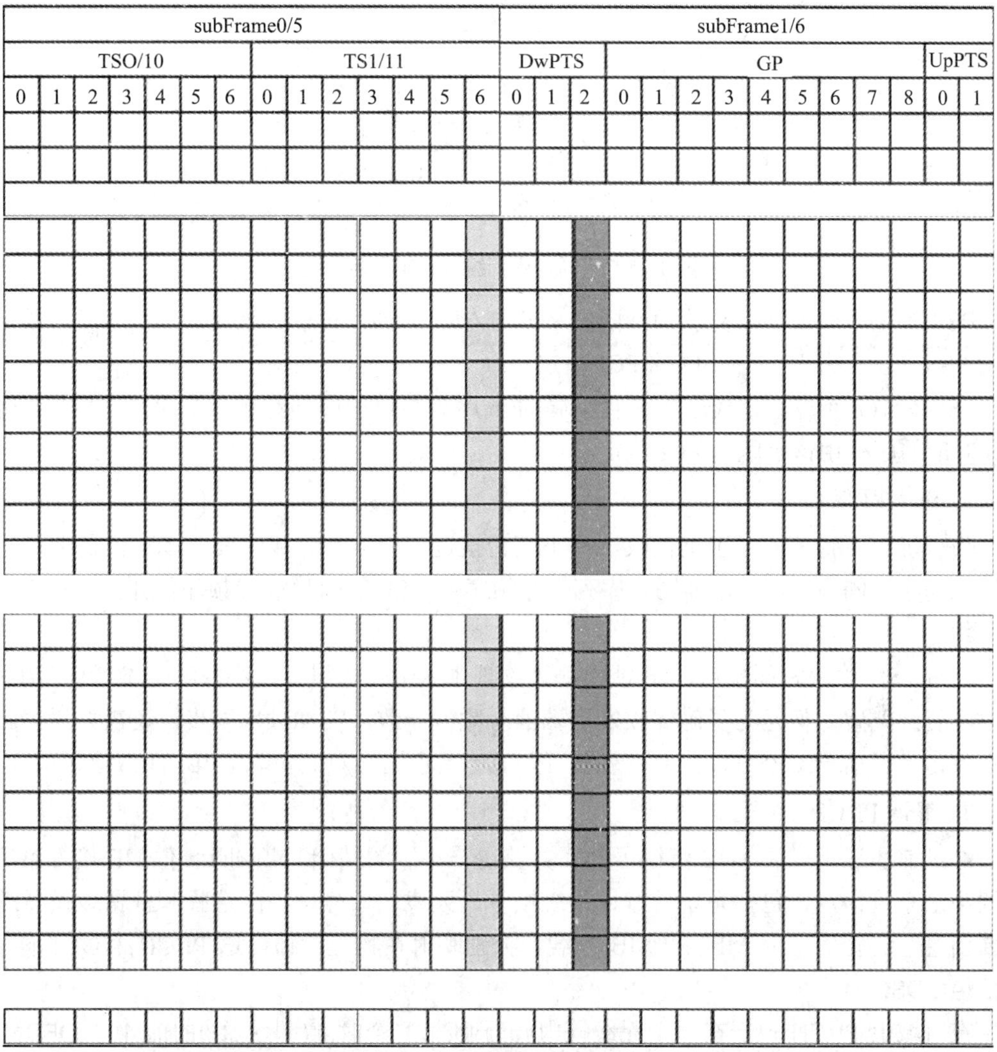

图 4-14　PSS 和 SSS 的位置示意图

TD-LTE 中的主同步信号采用 Zadoff-Chu 序列，辅同步信号采用 m 序列。小区 ID 号 $N_{ID}^{cell}$ 由主同步序列编号 $N_{ID}^{(2)}$ 和辅同步序列编号 $N_{ID}^{(1)}$ 共同决定，具体关系为 $N_{ID}^{cell}=3N_{ID}^{(1)}+N_{ID}^{(2)}$，如图 4-15 所示。$N_{ID}^{(1)}$ 是物理小区标识组(0～167)，它由同步信号采用 m 序列产生；$N_{ID}^{(2)}$ 是组内标识(0，1，2)，它由主同步信号采用 Zadoff-Chu 序列产生。

这样组成了 504 个不同的物理层小区标识。UE 搜索完主同步信号和辅同步信号之后就可以确定本小区的 cell ID 了，也就是物理小区标识(PCI)。

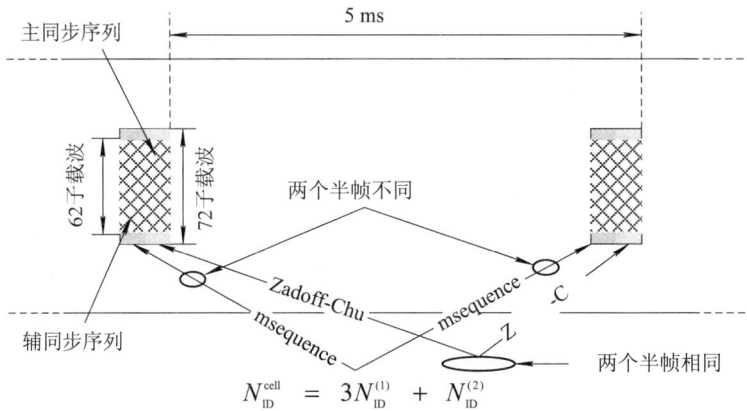

图 4-15　主同步序列编号和辅同步序列

PSS 有 3 个取值，对应三种不同的 Zadoff-Chu 序列，每种序列对应一个 $N_{ID}^{(2)}$。某个小区的 PSS 对应的序列由该小区的 PCI 决定。

SSS 有 168 个取值，对应 168 种不同的 m 序列，每种序列对应一个 $N_{ID}^{(1)}$。某个小区的 SSS 对应的序列由该小区的 PCI 决定。

2) 频率同步

为了确保下行信号的正确接收，在小区初搜过程中，在完成时间同步后，需要进行更精细化的频谱同步，可通过辅同步序列、导频序列、CP 等信号进行频偏估计，对频率偏移进行纠正。

通过 PSS 和 SSS 同步后，UE 能检测到物理小区 ID，可以知道小区特定参考信号(CRS)的时频资源位置。但是为了确保收发两端信号频偏一致，实现频率同步，还需要通过解调小区特定参考信号(CRS)来进一步精确时隙与频率同步，同时为解调 PBCH 做信道估计。

3) 解调 PBCH

经过前述三步以后，UE 获得了 PCI 并获得与小区的精确时频同步，但 UE 接入系统还需要小区系统信息，包括系统带宽、系统帧号、天线端口号、小区选择和驻留以及重选等重要信息，这些信息由 MIB 和 SIB 承载，分别映射在物理广播信道(PBCH)和物理下行共享信道(PDSCH)。

在时域上 PBCH 位于在一个无线帧内#0 子帧第二个时隙(即 Slot1)的前 4 个 OFDM 符号上(对 FDD 和 TDD 都是相同的，除去参考信号占用的 RE)。在频域上，PBCH 与 PSS、SSS 一样，占据系统带宽中央的 1.08 MHz(DC 子载波除外)，全部占用带宽内的 72 个子载波。

PBCH 信息的更新周期为 40 ms，在 40 ms 周期内传送 4 次。这 4 个 PBCH 中的每一个内容相同，且都能够独立解码，首次传输位于 SFN mod 4 = 0 的无线帧，如图 4-16 所示。

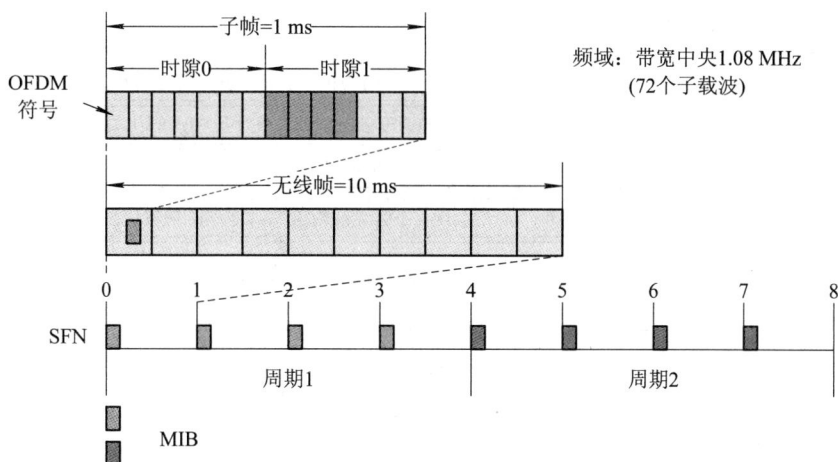

图 4-16　MIB 传输示意图

MIB 携带系统帧号(SFN)、下行系统带宽和 PHICH 配置信息，隐含着天线端口数信息。

4) 解调 PDSCH

要完成小区搜索，仅仅接收 MIB 是不够的，还需要接收 SIB，即 UE 接收承载在 PDSCH 上的 BCCH 信息。UE 在接收 SIB 信息时首先接收 SIB1 信息。SIB1 采用固定周期的调度，调度周期为 80 ms。第一次传输在 SFN 满足 SFN mod 8 = 0 的无线帧的#5 子帧上传输，并且在 SFN 满足 SFN mod 2 = 0 的无线帧(即偶数帧)的#5 子帧上传输，如图 4-17 所示。

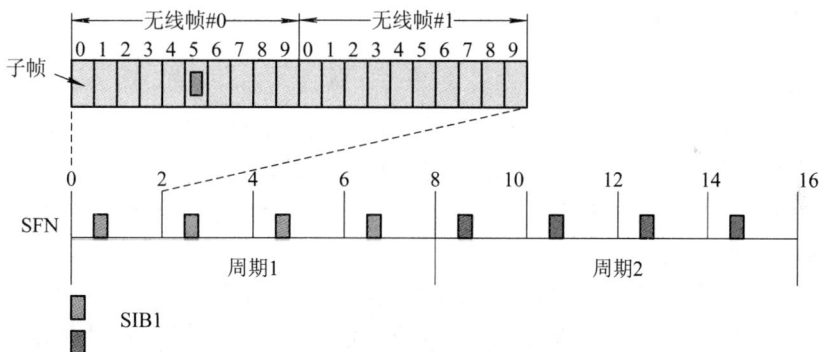

图 4-17　SIB1 传输示意图

SIB1 中的 SchedulingInfoList 携带所有 SI 的调度信息，接收 SIB1 以后，即可接收其他 SI 消息。

除 SIB1 以外，其他 SIB2～SIB11 是如何传送的呢？其他 SIB2～SIB11 是通过系统信息(SI)进行传输的。

每个 SI 消息包含一个或多个除 SIB1 外的拥有相同调度需求的 SIB(这些 SIB 有相同的传输周期)，如图 4-18 所示。一个 SI 消息包含哪些 SIB 是通过 SchedulingInfoList 指定的。每个 SIBx 与唯一的一个 SI 消息相关联。

| System Information Broadcast | | |
|---|---|---|
| | MIB | 主信息块包括有限个最重要、最常用的传输参数，其需要在该小区中获得其他的信息 |
| | SIB1 | 包括其他SIB的调度信息以及其他小区接入的相关信息 |
| | SI | SI承载的是SIB的调度信息，而不是SIB1 |
| | | SIB2　小区无线配置，其他基本配置信息 |
| | | SIB3　小区重选信息，主要与服务小区相关 |
| | | SIB4　同频邻区列表、黑名单 |
| | | SIB5　频间邻区列表 |
| | | SIB6　UTRAN邻区列表 |
| | | SIB7　GSM邻区列表 |
| | | SIB8　CDMA2000邻区列表 |
| | | SIB9　Home eNodeB Identifer |
| | | SIB10　ETWS通知信息 |
| | | SIB11　ETWS辅通知信息 |
| | | SIB12　CMAS辅通知信息 |
| | | SIB13　MBMS控制信息 |

图 4-18　系统消息块示意图

## 4.2.3　LTE 小区选择

### 1. 小区选择含义

当手机开机或从盲区进入覆盖区，并且 UE 从连接态转移到空闲态时，手机将寻找一个 PLMN，并选择合适的小区驻留，这个过程称为小区选择。

所谓合适的小区，就是 UE 可驻留并获得正常服务的小区。小区选择可以分为初始小区选择和储存信息小区选择。

对于初始小区选择的过程，UE 事先并不知道 LTE 信道信息，因此，UE 搜索所有 LTE 带宽内的信道，以寻找一个合适的小区。在每个信道上，物理层首先搜索最强的小区并根据小区搜索过程读取该小区的系统信息，一旦找到合适的小区，则小区选择的过程就终止了。

对于储存信息小区选择的过程，UE 存有先前接收到的小区列表，包括信道信息和可选的小区参数等。UE 搜索小区列表中的第一个小区，并通过小区搜索过程读取该小区的系统信息，如该小区是合适的小区，则终端选择该小区，小区选择的过程完成。如果该小区不是合适的小区，则搜索小区列表中的下一个小区，依此类推。如果列表中的所有小区都不是合适小区，则启动初始小区选择流程。

### 2. 小区选择规则

1) 小区选择规则的前提条件

在小区选择时，LTE 小区特定参考信号的接收功率测量值，即 RSRP 值必须高于配置的小区最小接收电平 $q_{RxLevMin}$，且小区特定参考信号的接收信号质量 RSRQ 必须高于配置的小区最小接收信号质量 $q_{QualMin}$，UE 才能够选择该小区驻留。

2) 小区选择规则

小区选择规则的判决公式为 $s_{RxLev} > 0$ 且 $s_{Qual} > 0$。

其中：

$$s_{RxLev} = q_{RxLevMeas} - (q_{RxLevMin} + q_{RxLevMinOffset}) - p_{compensation}$$

$$s_{Qual} = q_{QualMeas} - (q_{QualMin} + q_{QualMinOffset})$$

表 4-1 详细解释了小区选择各参数的含义。

表 4-1　小区选择各参数含义

| 参数名称 | 参 数 含 义 | 单位 |
|---|---|---|
| $s_{RxLev}$ | UE 在小区选择过程中计算得到的电平值 | dBm |
| $s_{Qual}$ | UE 在小区选择过程中计算得到的质量值 | dB |
| $q_{RxLevMeas}$ | 测量得到的接收电平值，该值为测量到的 RSRP | dBm |
| $q_{RxLevMin}$ | 驻留该小区需要的最小接收电平值，该值在 SIB1 的 q-RxLevMin 中指示 | dBm |
| $q_{RxLevMinOffset}$ | 当正常驻留在一个 VPLMN，进行更高级别 PLMN 周期性搜索时，对 q-RxLevMin 设定一定的偏置值 | dBm |
| $q_{RxLevMinOffset}$ | 小区最小接收信号电平偏置值。当 UE 驻留在 VPLMN 的小区时，将根据更高优先级 PLMN 的小区留给它的这个参数值进行小区选择判决。这个参数只有在 UE 尝试更高优先级 PLMN 的小区时才用到 | dB |
| $p_{compensation}$ | 取值为 max(PEMAX − PUMAX，0)，其中 PEMAX 为终端在接入该小区时系统设定的最大允许发送功率；PUMAX 是指根据终端等级规定的最大输出功率 | dBm |
| $q_{QualMeas}$ | 测量得到的小区接收信号质量，即 RSRQ | dB |
| $q_{QualMin}$ | 在 eNodeB 中配置的小区最低接收信号质量值 | dB |
| $q_{QualMinOffset}$ | 小区最小接收信号质量偏置值。这个参数只有在 UE 尝试更高优先级 PLMN 的小区时才用到，就是当 UE 驻留在 VPLMN 的小区时，将根据更高优先级 PLMN 的小区留给它的这个参数值进行小区选择判决 | dB |

## 4.2.4　小区重选

### 1. LTE 小区重选含义

小区重选(Cell Reselection)是指 UE 在空闲模式下，通过监测邻区和当前小区的信号质量，以选择一个最好的小区提供服务信号的过程。

小区重选包含系统内小区重选和系统间小区重选。

(1) 系统内小区重选：包括同频小区重选和异频小区重选。

(2) 系统间小区重选。LTE 中，系统消息块 SIB3~SIB8 包含了小区重选的相关信息。

### 2. 小区重选时机

小区重选的时机如下：

(1) 开机驻留到合适小区即开始小区重选。

LTE 驻留到合适的小区，停留适当的时间(1 秒钟)后，就可以进行小区重选的过程。通过小区重选，可以最大程度地保证空闲模式下的 UE 驻留在合适的小区。

(2) 处于 RRC_IDLE 状态下 UE 发生位置移动时。

### 3. 重选优先级

与 2/3G 网络不同，LTE 系统中引入了重选优先级的概念。在 LTE 系统中，网络可配置不同频点或频率组的优先级，在空闲态时通过广播在系统消息中告知 UE，对应参数为 cellReselectionPriority，取值为 0～7。在连接态时，重选优先级也可以通过 RRCConnectionRelease 消息告知 UE，此时 UE 忽略广播消息中的优先级信息，以该信息为准。

(1) 优先级配置单位是频点，因此在相同载频的不同小区具有相同的优先级。

(2) 通过配置各频点的优先级，网络能更方便地引导终端重选到高优先级的小区驻留，起到均衡网络负荷、提升资源利用率、保障 UE 信号质量等作用。

### 4. 小区重选测量启动条件

UE 成功驻留后，将持续进行本小区测量。

对于重选优先级高于服务小区的载频，UE 始终对其测量。

对于重选优先级等于或者低于服务小区的载频，为了最大化 UE 电池寿命，UE 不需要在所有时刻都进行频繁的邻小区监测(测量)，除非服务小区质量下降为低于规定的门限值。具体来说，仅当服务小区的参数 $S$($S$ 值的计算方法与小区选择时一致)小于系统广播参数 $s_{\text{IntraSearch}}$ 时 UE 才启动同频测量。

RRC 层根据 RSRP 测量结果计算 $s_{\text{RxLev}}$，并将其与 $s_{\text{IntraSearch}}$ 和 $s_{\text{NonIntraSearch}}$ 比较，作为是否启动邻区测量的判决条件，如图 4-19 所示。

$$s_{\text{RxLev}} = 服务小区 \text{ RSRP} - q_{\text{RxLevMin}} - q_{\text{RxLevMinOffset}} - \max(p_{\text{MaxOwnCell}} - 23, 0)$$

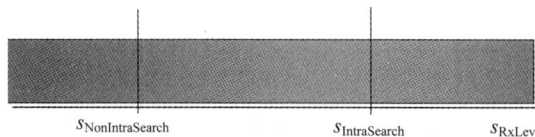

图 4-19　小区重选测量启动示意图

1) 同频小区之间

当服务小区 $s_{\text{RxLev}} \leqslant s_{\text{IntraSearch}}$ 或系统消息中的 $s_{\text{IntraSearch}}$ 为空时，UE 必须进行同频测量。

当服务小区 $s_{\text{RxLev}} > s_{\text{IntraSearch}}$ 时，UE 自行决定是否进行同频测量。

2) 异频小区之间

当服务小区 $s_{\text{RxLev}} \leqslant s_{\text{NonIntraSearch}}$ 或系统消息中的 $s_{\text{NonIntraSearch}}$ 为空时，UE 必须进行异频测量。

当服务小区 $s_{\text{RxLev}} > s_{\text{NonIntraSearch}}$ 时，UE 自行决定是否进行异频测量。

### 5. 同频小区、同优先级异频小区重选判决

对候选小区根据信道质量高低进行 $R$ 准则排序，选择最优小区。

根据 $R$ 值计算结果，对于重选优先级等于当前服务载频的邻小区，同时满足如下两个条件：

(1) 邻小区 $R_n$ 大于服务小区 $R_s$，并持续 $t_{Reselection}$。

(2) UE 已在当前服务小区驻留超过 1 s，则触发向邻小区的重选流程。

R 准则表述如下：

$$服务小区\ R_s = q_{Meas,\ s} + q_{Hyst}$$
$$邻小区\ R_n = q_{Meas,\ n} - q_{Offset}$$

同频小区及同优先级异频小区重选判决如图 4-20 所示，在 $A$ 点处 $q_{Meas,\ n} = q_{Meas,\ s}$，在 $B$ 点处 $R_n = R_s$，在 $C$ 点处发生小区重选。

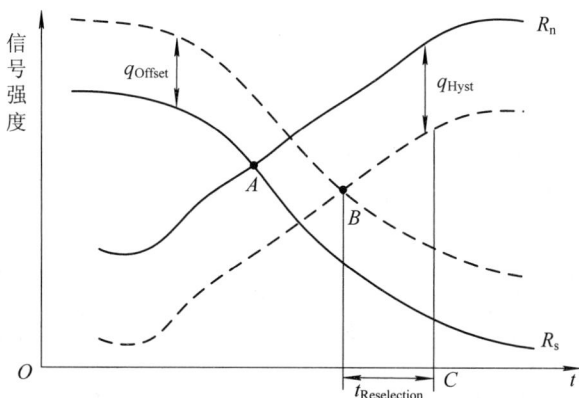

图 4-20　同频小区及同优先级异频小区重选判决

小区重选涉及的参数如表 4-2 所示。

表 4-2　小区重选参数

| 参数名称 | 单位 | 参 数 含 义 |
|---|---|---|
| $q_{Meas,\ s}$ | dBm | UE 测量到的服务小区 RSRP 实际值 |
| $q_{Meas,\ n}$ | dBm | UE 测量到的邻小区 RSRP 实际值 |
| $q_{Hyst}$ | dB | 服务小区的重选迟滞，常用值为 2，可使服务小区的信号强度被高估，延迟小区重选 |
| $q_{Offsets}$ | dB | 被测邻小区的偏移值：包括不同小区间的偏移 $q_{Offsets}$ 和不同频率之间的偏移 $q_{OffsetFrequency}$，常用值为 0，可使相邻小区的信号或质量被低估，延迟小区重选；还可根据不同小区、载频设置不同偏置，影响排队结果，以控制重选的方向 |
| $t_{Reselection}$ | S | 该参数指示了同优先级小区重选的定时器时长，用于避免乒乓效应 |

### 6. 低先级小区到高优先级小区重选判决准则

为平衡不同频点之间的随机接入负荷，LTE 引入了基于优先级的小区重选过程，让 UE 处于空闲状态下进行小区驻留时尽量使其均匀分布，UE 在某个频点上将选择信道质量最好的小区，以便提供更好的网络服务。

当同时满足以下条件时，UE 重选至高优先级的异频小区：

(1) UE 在当前小区驻留超过 1 s。

(2) 高优先级邻区的 $s_{NonServingCell}$ > threshX$_{High}$。

(3) 在一段时间($t_{ReselectionEUTRA}$)内，$s_{NonServingCell}$ 一直好于该阈值(threshX$_{High}$)。

对于异频段且设置高优先级的小区，规定不设置任何测量门限，不考虑当前服务小区信号强度，对高优先级异频小区始终保持测量。

### 7. 高优先级小区到低优先级小区重选判决准则

当同时满足以下条件时，UE 重选至低优先级的异频小区：

(1) UE 驻留在当前小区超过 1 s。

(2) 高优先级和同优先级频率层上没有其他合适的小区。

(3) $s_{ServingCell}$ < threshServingLow。

(4) 低优先级邻区的 $s_{NonServingCell, x}$ > threshX$_{Low}$

(5) 在一段时间($t_{ReselectionEUTRA}$)内，$s_{NonServingCell, x}$ 一直好于该阈值(threshX$_{Low}$)。

当然，对于异频段且设置低优先级的小区，UE 所驻留的服务小区信号强度要低于设置的异频异系统测量启动门限，也就是要满足小区重选启动测量的条件 $s_{RxLev}$ < $s_{NonIntraSearch}$。

高优先级小区到低优先级小区重选判决准则示意图如图 4-21 所示。

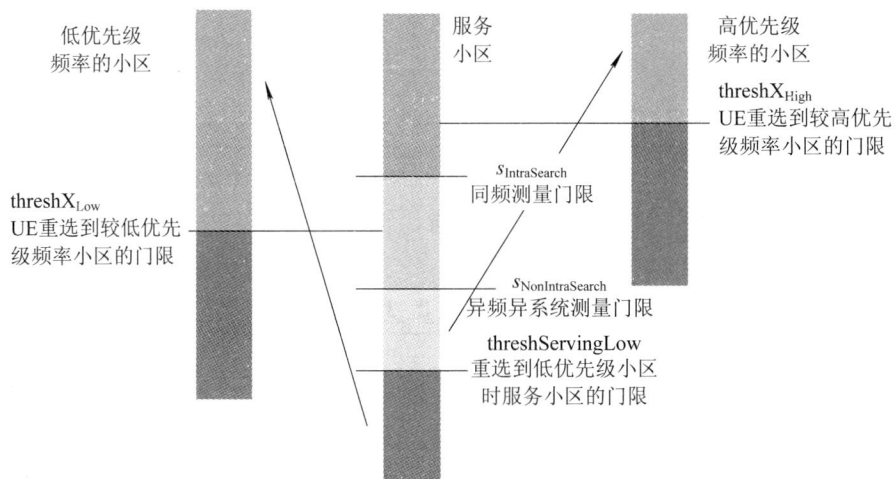

图 4-21　高优先级小区到低优先级小区重选判决准则示意图

高优先级小区到低优先级小区重选判决准则涉及的参数如表 4-3 所示。

表 4-3　高优先级小区到低优先级小区重选判决准则涉及的参数

| 参数名 | 单位 | 意　义 |
|---|---|---|
| threshServingLow | dB | 小区满足选择或重选条件的最小接收功率级别值 |
| threshX$_{High}$ | dB | 小区重选至高优先级的重选判决门限，值越大重选至高优先级小区越容易，一般设置为高于 threshServingLow |
| threshX$_{Low}$ | dB | 重选至低优先级小区的重选判决门限，值越小重选至低优先级小区越困难，一般设置为高于 threshServingHigh |
| $t_{ReselectionEUTRA}$ | S | 该参数指示了优先级不同的 LTE 小区重选的定时器时长，用于避免乒乓效应 |

## 4.2.5 跟踪区 TA

当手机在待机状态时,网络是否知道手机处于什么位置呢?当手机作为被叫时,网络是如何找到手机的呢?带着这些问题我们来学习 LTE 无线网络中的跟踪区管理。

### 1. TAU 的定义

当移动台由一个 TA 移动到另一个 TA 时,必须在新的 TA 上重新进行位置登记以通知网络来更改它所存储的移动台的位置信息,这个过程就是跟踪区更新(Tracking Area Update,TAU)。

跟踪区(Tracking Area,TA)是 LTE 系统为 UE 的位置管理设立的概念。TA 功能与 3G 系统的位置区和路由区类似,通过 TA 信息,核心网能够获知处于空闲态的 UE 位置,并且在有数据业务需求时,对 UE 进行寻呼。

一个 TA 可包含一个或多个小区,而一个小区只能归属于一个 TA;TA 用 TAC 标识,并在小区的系统消息(SIB1)中广播。

TAI(Tracking Area Identity)是 LTE 的跟踪区标识,它由 PLMN 和 TAC 组成,即 TAI=PLMN+TAC。

### 2. TA List

LTE 系统引入了 TA List 的概念,一个 TA List 可包含 1~16 个 TA。MME 为每一个 UE 分配一个 TA List,并发送给 UE 保存。UE 在 MME 为其分配的 TA List 内移动时不需要执行 TA List 更新;当 UE 进入不在其所注册的 TA List 中的区域时,即进入一个新 TA List 区域时,需要执行 TA List 更新,如图 4-22 所示。

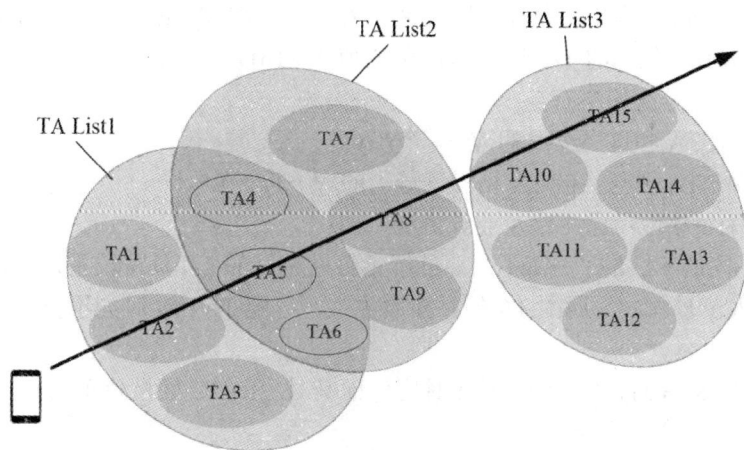

图 4-22 TA List 更新示意图

UE 如何判断进入不在其所注册的 TA List 中的新 TA 区域呢? UE 接收的广播消息 SIB1 中有 TA 信息,UE 将其跟自己存储的 TA List 做比较,如果有不同就知道进入了新的 TA。

只有当 TA List 不要 TA,在两个 Ta List 边缘用户较多的时候(十字路口等密集场所、高铁等快速通行路段),就会存在大量的位置更新。如果有 TA,则可以把 TA 放在两个 TA List 里面,这相当于延长了位置更新的时间,减小了网络负荷。

在 UE 执行 TA List 更新之时，MME 会为 UE 重新分配一组 TA 形成新的 TA List。在有业务需求时，网络会在 TA List 所包含的所有小区内向 UE 发送寻呼消息。

在 LTE 系统中，寻呼和位置更新都是基于 TA List 进行的。

TA List 的引入可以避免在 TA 边界处由于乒乓效应导致的频繁 TAU。

**3. TA 规划原则**

TA 作为 TA List 下的基本组成单元，其规划直接影响到 TA List 规划质量，因此，需要做如下要求：

(1) TA 面积不宜过大。若 TA 面积过大，则 TA List 包含的 TA 数目将受到限制，降低了基于用户 TA List 规划的灵活性，TA List 引入的目的不能达到。

(2) TA 面积不宜过小。若 TA 面积过小，则 TA List 包含的 TA 数目就会过多，MME 维护开销及位置更新的开销就会增加。

(3) TA 边界应尽量设置在低话务区。TA 的边界决定了 TA List 的边界。为减小位置更新的频率，TA 边界不应设在高话务量区域及高速移动等区域，并应尽量设在天然屏障位置，如山川、河流等。

(4) 在市区和城郊交界区域，一般将 TA 区的边界放在外围一线的基站处，而不是放在话务密集的城郊结合部，避免结合部用户频繁位置更新。

同时，TA 划分尽量不要以街道为界，一般要求 TA 边界不与街道平行或垂直，而是斜交。此外，TA 边界应该与用户流的方向(或者说是话务流的方向)垂直而不是平行，避免产生乒乓效应的位置或路由更新。

**4. TA List 使用**

TA List 是由 MME 为用户分配的跟踪区列表，通过在 MME 上设置参数实现的。其主要参数包括：TA List 包含的 TA 数目的上限(取值 1～16)、TA List 分配策略等。

常用的 TA List 分配策略有：

(1) 用户当前 TA 和过去经过的 $N-1$ 个 TA。

(2) 用户当前 TA 和与当前 TA 粘滞度最大的 $N-1$ 个 TA。

TA List 分配策略应考虑网络及业务情况，如：

(1) 由于不同的 TA 寻呼负荷不同，处于话务密集区的 TA 负荷较重，如地铁、大型商城等，此区域人流量大，与周围 TA 的黏滞度也大，分配 TA List 时如不特别考虑可能引发这些区域的信令风暴。

(2) 在使用 CSFB 时，配置 TA List 时应保证其对应的 2G 区域位于同一个 MSC POOL 内，否则回落时可能导致寻呼失败。

## 4.2.6　LTE 寻呼

**1. 寻呼概述**

网络可以向空闲状态发送寻呼，也可以向连接状态的 UE 发送寻呼。寻呼过程可以由核心网触发，也可以由 eNodeB 触发。

在 LTE 无线网络中，发送寻呼主要有如下几种场景：

(1) 发送寻呼信息给 RRC_IDLE 状态的 UE。这种情况下寻呼过程是由核心网触发的，用于通知某个 UE 接收寻呼请求。

(2) 通知 RRC_IDLE/RRC_CONNECTED 状态下的 UE 系统信息改变。这种情况下寻呼过程是由 eNodeB 触发的，用于通知系统信息更新。

(3) 通知 UE 关于 ETWS 信息。寻呼还可以发送地震海啸预警系统信息、商用移动告警系统信息。

(4) 通知 UE 关于 CMAS 通知信息。

### 2. 寻呼过程

处于 IDLE 模式下的终端，根据网络广播的相关参数使用非连续性接收(DRX)的方式周期性地去监听寻呼消息。终端在一个 DRX 的周期内，可以只在相应的寻呼无线帧上的寻呼时刻先去监听 PDCCH 上是否携带有 P-RNTI，进而去判断相应的 PDSCH 上是否有承载寻呼消息。如果在 PDCCH 上携带有 P-RNTI，就按照 PDCCH 上指示的 PDSCH 的参数去接收 PDSCH 上的数据；而如果终端在 PDCCH 上未解析出 P-RNTI，则无需再去接收 PDSCH 物理信道，就可以依照 DRX 周期进入休眠。

表 4-4 列出了 RRC 空闲态寻呼和 RRC 连接态的区别。DRX 是指处在 RRC 空闲状态的 UE 不连续地监测寻呼信道(PCH)。它的主要优点就是实现手机较低的功耗、较低的延迟和较低的网络负荷。

在连接(Connected)模式下，终端需要根据网络配置的相关参数(如 Short DRX Cycle 和 Long DRX Cycle 等)周期性地监听 PDCCH。

表 4-4　RRC 空闲态寻呼和 RRC 连接态的区别

| | RRC 空闲态寻呼 DRX | RRC 连接态 DRX |
|---|---|---|
| 控制网元 | MME：发起寻呼；eNodeB：传输寻呼 | eNodeB |
| 适用范围 | 在一个跟踪区域(TA)内 | 在一个小区内 |
| 指示使用的 UE 标识 | 长标识(如 NAS 分配的 S-TMSI 或 IMSI) | 短标识(如 eNodeB 分配的 C-RNTI 16 bit) |

### 3. 寻呼帧和寻呼时机

RRC_IDLE 状态下的 UE 在特定的子帧(1 ms)监听 PDCCH，这些特定的子帧称为寻呼时机(Paging Occasion，PO)，这些子帧所在的无线帧(10 ms)称为寻呼帧(Paging Frame，PF)。与 PF 和 PO 相关的两个参数是 T 和 nB，这两个参数由系统消息 SIB2 通知 UE。

根据式(4-1)和式(4-2)计算出 PF 和 PO 的具体位置后，UE 开始监听相应子帧的 PDCCH，如果发现有 P-RNTI，则根据 PDCCH 指示的 RB 分配和调制编码方式(MCS)，从同一子帧的 PDSCH 上获取寻呼消息。如果寻呼消息含有本 UE 的 ID，则发起寻呼响应；否则，在间隔 T 个无线帧后继续监听相应子帧的 PDCCH。

寻呼时机的确定由帧级参数 PF 和子帧级参数 PO 共同确定。

PF 的确定：
$$SFN \bmod T = (T \operatorname{div} N) \times (UE\_ID \bmod N) \tag{4-1}$$

PO 的确定：
$$i\_s = floor(UE\_ID/N) \bmod Ns \tag{4-2}$$

**说明：**

(1) floor(x)：有时候也写成 Floor(x)，其功能是向下取整，或者说向下舍入，即取不大于 x 的最大整数。

(2) $T$：UE 的非连续接收周期，值为 32、64、128 和 256，单位是无线帧。该值越大，则 RRC_IDLE 状态下 UE 的电力消耗越少，但是寻呼消息在无线信道上的平均延迟越大。

(3) $N = \min(T, nB)$；$Ns = \max(1, nB/T)$；UE_ID=IMSI mod 1024。其中 nB 的值为 $4T$、$2T$、$T$、$T/2$、$T/4$、$T/8$、$T/16$、$T/32$。该参数主要表征了寻呼的密度。$4T$ 表示每个无线帧有 4 个子帧用于寻呼；$T/4$ 表示每 4 个无线帧有 1 个子帧用于寻呼。nB 值决定了系统的寻呼容量。

(4) i_s 通过查找表 4-5 得到，寻呼时机存在于子帧 0、子帧 1、子帧 5 和子帧 6 中。子帧 0 和子帧 5 是下行子帧，子帧 1 是特殊子帧，子帧 6 是下行子帧或特殊子帧。寻呼时机的安排便于 UE 在不同时隙配置下以相同方式实现寻呼功能；同时优先选择子帧 0 和子帧 5，既兼顾了寻呼容量又尽量减少了对特殊子帧的影响。

表 4-5　TD-LTE 寻呼子帧映射关系

| Ns | PO | | | |
| --- | --- | --- | --- | --- |
| | 当 i_s=0 时 | 当 i_s=1 时 | 当 i_s=2 时 | 当 i_s=3 时 |
| 1 | 0 | — | | |
| 2 | 0 | 5 | — | — |
| 4 | 0 | 1 | 5 | 6 |

下面通过例子说明 TD-LTE 在不连续接收方式下的寻呼过程。

假设 UE 通过系统消息 SIB2 得到 defaultPagingCycle 是 64，即 $T=64$，也就是 DRX 周期是 640 ms；nB=2T，即每帧有 2 个子帧用于寻呼，则 $N=\min(T, nB)=T$；$Ns=\max(1, nB/T)=2$；UE_ID=IMSI mod 1024=68。如何计算 PF 和 PO？

PF 的计算：

由于 $T$ div $N=1$，UE_ID MOD $N=4$，因此 $(T$ div $N) \times (UE\_ID$ MOD $N)=4$，当 SFN=4，64+4，…时，满足 SFN mod $T=4$。

PO 的计算：

i_s=floor(UE_ID/N) mod Ns=1，查表知 Ns=2 且 i_s=1 时 PO=5。

TD-LTE 寻呼帧和寻呼时机示意图如图 4-23 所示。

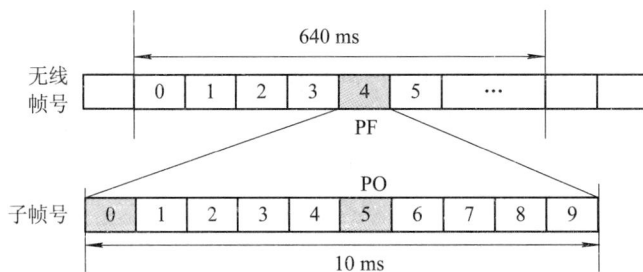

图 4-23　TD-LTE 寻呼帧和寻呼时机示意图

### 4. TD-LTE 寻呼流量

一个寻呼消息由最多 maxPageRec 个 Paging Record 组成，每个 Paging Record 标识 1

个 UE ID。根据 TS36.331 协议，maxPageRec 取值 16，也就是 TD-LTE 的每个寻呼消息最多承载 16 个 UE ID。

PDCCH DCI 格式 1C 指示的 PDSCH 的最大 TBS(Transport Block Size，传输块尺寸)是 1736 bit(ITBS=31)。如果使用 15 个十进制位的 IMSI-GSM-MAP 来进行计算，可以得到 1 个 Paging Record 的长度是 $1 + 3 + 1 + 3 + (15 \times 4 + 4) = 72$ bit(前 8 个 bit 是报头)，则 16 个 Paging Record 的长度是 1152 bit。TD-SCDMA 一个寻呼消息承载的 Paging Record 最多是 5 个，可见 TD-LTE 寻呼消息承载能力有了很大的提高。

采用 ITBS=31 会导致系统采用更高的编码方式或者占用更多的 RB，同时每个寻呼消息承载的 Paging Record 过多会导致随机接入冲突的概率增加，因此系统会根据网络参数和资源情况等因素确定每个寻呼消息承载的 Paging Record，建议以 50%的负荷为准来确定，即每个寻呼消息承载的 Paging Record 不超过 8 个。在满足一定寻呼拥塞率(一般设置为 2%)的情况下，一个寻呼消息能支持的寻呼流量可以通过查询爱尔兰表得到。如果寻呼消息承载的 Paging Record 个数 $M = 16$，则寻呼流量 EPaging = 9.83；如果 $M = 8$，则 EPaging = 3.63。TD-LTE 在 1 s 内支持的寻呼流量 Icell 可由式(4-3)计算得到：

$$Icell = EPaging \times \frac{nB}{T} \times 100 \tag{4-3}$$

TD-LTE 在 1 s 内的最大寻呼流量是 3932($M$ 取值 16，nB 取值 4$T$)，在 1 s 内中等寻呼流量是 726($M$ 取值 8，nB 取值 2$T$)；TD-SCDMA 在 1 s 内的寻呼流量是 54。TD-LTE 的寻呼流量高出 TD-SCDMA 寻呼流量 1 到 2 个数量级，原因在于 TD-LTE 服务于移动互联网，用户需要保持 100%在线，每个用户的忙时寻呼次数急剧增加。

系统最大的寻呼能力和 nB 参数配置有关，如表 4-6 所示。

### 表 4-6　1 秒内寻呼 UE 个数与 nB 关系表

| nB | 4$T$ | 2$T$ | $T$ | 1/2$T$ | 1/4$T$ | 1/8$T$ | 1/16$T$ | 1/32$T$ |
|---|---|---|---|---|---|---|---|---|
| 每秒最多可寻呼 UE 个数 | $400 \times 16$ | $200 \times 16$ | $100 \times 16$ | $50 \times 16$ | $25 \times 16$ | $12.5 \times 16$ | $6.25 \times 16$ | $3.125 \times 16$ |

可以看出，1/2$T$ 的时候可以达到 800 次/秒，1/4$T$ 时可以达到 400 次/秒，具体可以根据不同的城区环境、寻呼需求来确定。

## 4.2.7　切换

### 1. 切换概述

切换是指移动终端从一个小区或信道变更到另外一个小区或信道时能继续保持通信的过程。小区具有一定的覆盖范围，当移动终端 UE 在系统内不断移动时，小区边缘信号质量可能会逐步降低，UE 为了保持连续的通信服务，需要根据服务小区和相邻小区的信号测量结果触发事件上报，以便切换到信号质量更好的小区。

在 LTE 系统中，根据切换过程中存在分支数目、切换控制方式、切换触发原因、切换间小区频点的不同，对切换进行如下分类。

1) 按切换过程中存在分支数目进行分类

(1) 硬切换：先断开和源小区之间的连接，再与目标小区建立连接。

(2) 软切换：先与目标小区建立连接，然后再断开与源小区之间的连接。

(3) 接力切换：利用终端上行预同步技术，预先取得与目标小区的同步。

2) 按切换控制方式进行分类

(1) 网络控制切换：在这种方法中，移动台完全处于被动状态。网络监测来自 MS 的信号强度与信号质量，当满足切换准则时，网络启动切换。

(2) 终端控制切换：在这种方法中，MS 持续监测来自所关联的基站和几个候选基站的信号强度和质量。当满足某些切换准则时，MS 检查一个可用业务信道的"最佳"候选基站，并发出切换请求，启动切换。

(3) 网络辅助切换：网络通知 MS 上行链路的信号质量，MS 基于上行链路和下行链路的信号质量进行切换判决。

(4) 终端辅助切换：网络要求 MS 去测量来自周围基站的信号，网络基于 MS 的测量报告做出切换决定。

3) 按切换触发原因进行分类

按切换触发原因，LTE 的切换可分为基于覆盖的切换、基于负载的切换、基于业务的切换以及基于 UE 移动速度的切换。

4) 按切换间小区频点的不同进行分类

按切换间小区频点的不同，LTE 的切换可分为同频切换、异频切换、异系统切换。

LTE 采用的是终端辅助的硬切换技术。

### 2. 切换测量过程

LTE 切换过程分为四个步骤：测量、上报、判决和执行。切换测量是切换的第一步，而切换测量过程主要包括以下三个步骤：

(1) 测量配置。

测量配置主要由 eNodeB 通过 RRCConnectionReconfigurtion 消息携带的 measConfig 信元，将测量配置消息通知给 UE，包含 UE 需要测量的对象、小区列表、报告方式、测量标识、事件参数等。

(2) 测量执行。

UE 会对当前服务小区进行测量，并根据 RRCConnectionReconfigurtion 消息中的 s-Measure 信元来判断是否需要执行对相邻小区的测量。UE 可以进行以下类型的测量：

① 同频测量。

② 异频测量。

③ Inter-RAT 测量。

(3) 测量报告。

测量报告触发方式分为周期性和事件触发。当满足测量报告条件时，UE 将测量结果填入 MeasurementReport 消息中，并发送给 eNodeB。

满足测量报告条件时，通过事件报告 E-UTRAN，内容包括：测量 ID、服务小区的测量结果(RSRP 和 RSRQ 的测量值)、邻小区的测量结果(可选)。

测量报告方式：按时触发类型，分为周期性和事件触发。

### 3. 测量事件

1) 系统内测量事件

(1) A1 事件。

A1 事件用于停止异频/异系统测量，当服务小区质量高于指定门限时触发。A1 的判决公式如下：

A1 事件触发条件：$Ms - Hysteresis > Thresh$。

A1 事件取消条件：$Ms + Hysteresis < Thresh$。

其中：Ms 为服务小区的测量结果；Hysteresis 为 A1 事件的迟滞参数；Thresh 为 A1 事件的门限参数。Hysteresis 和 Thresh 在测量控制中下发。

(2) A2 事件。

A2 事件用于启动异频/异系统测量，当服务小区信号的电平或者质量低于指定门限时触发。当 UE 上报 A2 事件后，eNodeB 会通过下发异频/异系统测量控制。A2 的判决公式如下：

A2 事件触发条件：$Ms + Hysteresis < Thresh$。

A2 事件取消条件：$Ms - Hysteresis > Thresh$。

其中：Ms 为服务小区的测量结果；Hysteresis 为 A2 事件的迟滞参数；Thresh 为 A2 事件的门限参数。Hysteresis 和 Thresh 在测量配置中下发。

为方便理解 A1、A2 测量事件的触发门限，引入了图 4-24。

| −85 | −86 | −87 | −88 | −89 | −90 | −91 | −92 | −93 | −94 | −95 | −96 | −97 | −98 | −99 | −100 |
|---|---|---|---|---|---|---|---|---|---|---|---|---|---|---|---|

图 4-24 A1、A2 测量时间启动门限示意图

假设 UE 占用 A 小区，且 A 小区异频 A1 RSRP 触发门限、异频 A2 RSRP 触发门限分别设置为−90 dBm、−95 dBm，如图 4-24 所示，则当 UE 测量到的 A 小区 RSRP 值为小于−90 dBm 的左边区域时，UE 不进行异频测量；当 UE 测量到的 A 小区 RSRP 值大于−95 dBm 的右侧区域时，UE 进行异频测量；当 UE 测量到的 A 小区 RSRP 值位于−95～−90 dBm 的中间区域时，UE 是否进行异频测量取决于 UE 之前的状态，即 UE 的测量状态并不改变。

(3) A3 事件。

A3 事件用于触发同频切换。当邻区质量高于服务小区质量一定偏置量时，触发 UE 上报 A3 事件。eNodeB 收到 A3 后进行同频切换判决。A3 的判决公式如下：

A3 事件触发条件：$Mn + Ofn + Ocn - Offset > Ms + Ofs + Ocs + Hysteresis$。

A3 事件取消条件：$Mn + Ofn + Ocn + Offset < Ms + Ofs + Ocs + Hysteresis$。

其中：Mn 为邻区的测量结果，不考虑计算任何偏置；Ofn 为该邻区频率特定的偏置(即 offsetFreq 在 measObjectEUTRA 中被定义为对应于邻区的频率)；Ocn 为该邻区的小区特定偏置(即 cellIndividualOffset 在 measObjectEUTRA 中被定义为对应于邻区的频率)，同时如果没有为邻区配置，则设置为零；Ms 为没有计算任何偏置下的服务小区的测量结果；Ofs

为服务频率上频率特定的偏置(即 offsetFreq 在 measObjectEUTRA 中被定义为对应于服务频率); Ocs 为服务小区的小区特定偏置(即 cellIndividualOffset 在 measObjectEUTRA 中被定义为对应于服务频率)，并设置为 0(没有为服务小区配置的情况下); Hysteresis 为该事件的滞后参数(即 Hysteresis 为 reportConfigEUTRA 内为该事件定义的参数); Offset 为该事件的偏移参数(即 a3-Offset 为 reportConfigEUTRA 内为该事件定义的参数)。

当终端满足 $Mn + Ofn + Ocn - Offset > Ms + Ofs + Ocs + Hysteresis$ 且维持延迟触发时间后，上报测量报告。小区一旦部署好，Ocs、Ocn 就是确定的值。如果在网络规划时将当前服务小区的 Ofs、Ocs 值和邻区的 Ofn、Ocn 值设置成一样，则 A3 事件进入的公式可简化为 $Mn - Offset > Ms + Hysteresis$，如图 4-25 所示，在 $A$ 点之后开始 RSRP 满足 $Mn - Offset > Ms + Hysteresis$，且维持延迟触发时间之后，在 $B$ 点发起 A3 事件的切换，在 $C$ 点完成 A3 事件的切换。

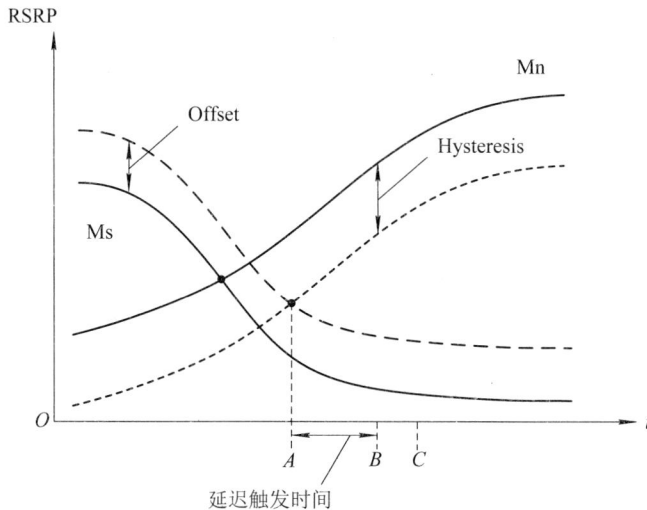

图 4-25　A3 事件切换图

(4) A4 事件。

当 A2 事件上报以后，网络侧下发 A4 事件测量控制。A4 事件用于触发异频切换。当邻区质量高于指定门限时 UE 上报 A4 事件。eNodeB 收到 A4 后进行切换判决，判决公式如下:

A4 事件触发条件: $Mn + Ofn + Ocn - Hysteresis > Thresh$。

A4 事件取消条件: $Mn + Ofn + Ocn + Hysteresis < Thresh$。

其中: Mn 为邻区的测量结果; Ofn 为邻区频率的特定频率偏置，默认为 0; Ocn 为邻区的特定小区偏置(CIO); Hysteresis 为 A4 事件的迟滞参数; Thresh 为 A4 事件的门限参数。

(5) A5 事件。

当服务小区质量低于一个绝对门限 Thresh1，且邻区质量高于一个绝对门限 Thresh2 时，用于频内/频间基于覆盖的切换。A5 的判决公式如下:

A5 事件触发条件: $Ms + Hysteresis < Thresh1$ 且 $Mn + Ofn + Ocn - Hysteresis > Thresh2$。

LTE 中的同频测量事件汇总如表 4-7 所示。

表 4-7　E-UTRAN 测量事件

| 事件类型 | 事 件 含 义 |
|---|---|
| A1 事件 | 服务小区质量高于一个绝对门限，用于关闭正在进行的频间测量和去激活 Gap |
| A2 事件 | 服务小区质量低于一个绝对门限，用于打开频间测量和激活 Gap |
| A3 事件 | 邻区比服务小区质量高于一个相对门限，用于频内/频间基于覆盖的切换 |
| A4 事件 | 邻区质量高于一个绝对门限，主要用于基于负荷的切换 |
| A5 事件 | 服务小区质量低于一个绝对门限 1，且邻区质量高于一个绝对门限 2，用于频内/频间基于覆盖的切换 |

2) 系统间测量事件

系统间测量事件包括 B1 事件和 B2 事件。

(1) B1 事件：异系统邻区质量高于一个绝对门限，用于基于负荷的切换。

(2) B2 事件：服务小区质量低于一个绝对门限 1 且异系统邻区质量高于一个绝对门限 2，用于基于覆盖的切换。

### 4. 常用切换参数

1) A3 迟滞 IntraFreqHoA3Hyst(Hyst)

(1) 参数简要说明。

该参数表示同频切换测量事件的迟滞，可减少由于无线信号波动(衰落)导致的对小区切换评估的频繁解除与触发，降低乒乓切换以及误判，该值越大越容易防止乒乓和误判。其配置步长为 0.5 dB，建议值为 2，即 1 dBm。

(2) 参数使用策略。

增大迟滞 Hyst，将增加 A3 事件触发的难度，延缓切换，影响用户感受；减小该值，将使得 A3 事件更容易被触发，容易导致误判和乒乓切换。

对于信号衰落方差大的小区，可增大该值，减少不必要的切换；反之，减小该值，保证及时切换。

2) 邻区特定小区偏置 CellIndividualOffset(Ocn)

(1) 参数简要说明。

该参数表示邻区的小区偏移量，控制测量事件发生的难易，越大越容易触发切换的测量报告上报。

Ocn 的设置是为了调节切换的难易程度，该值与测量值相加用于事件触发和取消的评估。该参数可取正值或负值，建议值为 dB0(0 dB)。

(2) 参数使用策略。

若加大该值，将降低 A3 事件触发的难度，提前切换；若降低该值，则增加 A3 事件触发的难度，延缓切换。

3) 邻区频率偏置 QoffsetFreq(Ofn)

(1) 参数简要说明。

该参数表示 E-UTRAN 异频频点下邻区的频率偏置。其在系统消息 SIB5 中和测量控制中下发，用于 UE 小区重选和测量事件(包括 A3、A4 及 A5 事件)的进入和退出判断。Ofs、Ofn 的设置是为了根据频点优先级来调节 UE 优先进入哪个频点，该值与测量值相加用于事件触发和取消的评估。该参数取值越大，则该频点优先级越高。

同频切换，邻区与服务小区频率偏置相等，即 Ofs=Ofn。同频测量频率偏置固定为 0 dB，建议值为 0 dB。

(2) 参数使用策略。

若 Ofs 越大，即服务小区优先级越高，触发切换的 A3 事件越难触发，延缓切换；Ofn 越大，A3 事件触发的难度越小，提前切换。

4) 服务小区偏置 CellSpecificOffset(Ocs)

(1) 参数简要说明。

该参数表示服务小区特定偏置，用来确定邻近小区与服务小区的边界，也称为 CIO。Ocs 的设置是为了调节切换的难易程度，该值与服务小区的测量值相加用于事件触发和取消的评估，建议值为 dB0(0 dB)。

(2) 参数使用策略。

若加大该值，将增加 A3 事件触发的难度，延缓切换；若减小该值，则降低 A3 事件触发的难度，提前切换。

5) 服务小区频率偏置 QoffsetFreq(Ofs)

(1) 参数简要说明。

该参数表示服务小区频率偏置。该值与测量值相加用于事件触发和取消的评估。该参数取值越大，则该频点优先级越高。

(2) 参数使用策略。

若 Ofs 越大，即服务小区优先级越高，触发切换的 A3 事件越难触发，延缓切换；Ofn 越大，A3 事件触发的难度越小，提前切换。

6) A3 偏置 IntraFreqHoA3Offset(Offset)

(1) 参数简要说明。

该参数表示同频切换 A3 事件中邻区质量高于服务小区的偏置值，用来确定邻近小区与服务小区的边界，该值越大，表示需要目标小区有更好的服务质量才会发起切换。其配置步长为 0.5 dB，建议值为 1 dBm。

(2) 参数使用策略。

增加该参数，将增加 A3 事件触发的难度，延缓切换；减小该参数，则降低 A3 事件触发的难度，提前进行切换。

7) 时间迟滞(IntraFreqHoA3TimeToTrig)

(1) 参数简要说明。

该参数表示同频切换测量事件的时间迟滞。当 A3 事件满足触发条件时并不立即上报，而是该参数在指定的时间内始终满足事件触发条件才上报该事件，减少此测量结果的偶然性触发过多的事件上报，并降低平均切换次数和误切换次数，防止不必要切换的发生，建议值为 320 ms。

(2) 参数使用策略。

延迟触发时间的设置可以有效减少平均切换次数和误切换次数，防止不必要切换的发生。延迟触发时间越大，平均切换次数越小，但延迟触发时间的增大会增加掉话的风险。协议规定同频测量物理层每隔 200 ms 更新一次测量结果，因此延迟触发时间低于 200 ms 没有实际意义。另外，对于不同速率的移动台对事件延迟触发值的反应是不一致的，高速移动时的掉话率对延迟触发值较敏感，而低速移动对延迟触发值则相对迟钝，且对减少乒乓切换和误切换有一定作用，因此对高速率移动台该值可以设置的小一些，而对低速率移动台可以设置的大一些。

8) 系统内切换 T304 定时器(T304forEutran)

(1) 参数简要说明。

该参数表示系统内切换 T304 定时器，在 UE 收到包含 MobilityControl Info 信元 RRCConnectionReconfiguration 信息后启动。

在超时前如果收到 UE 完成切换，则定时器停止。定时器超时，如果是 E-UTRAN 之间的切换，则 UE 执行 RRC Connection Reestablishment 过程；如果是 RAT 切换到 E-UTRAN，则 UE 执行 RAT 中规定的过程，建议值为 500 ms。

(2) 参数使用策略。

该参数决定 UE 执行切换过程中的接入目标小区的最大时限。增加该参数的取值，可以提高 UE 在目标小区接入的成功率。但是，当 UE 接入的目标小区信道质量较差或负载较大时，可能增加 UE 无谓的接入尝试次数。

减少该参数的取值，当 UE 选择的小区信道质量较差或负载较大时，可减少 UE 的无谓 RA 尝试次数，但是可能会降低 UE 在目标小区接入的成功率。

9) 测量时的 RSRP 层 3 滤波系数(Filter Coefficient for RSRP)

(1) 参数简要说明。

该参数表示在进行事件发生评估之前，对 RSRP 测量进行平均的平滑系数。物理层上报的 RSRP 测量结果需要经过层 3 滤波以消除抖动，RRC 使用的结果都需要经过层 3 滤波后方可使用。滤波公式为

$$F_n = (1 - a) \cdot F_{n-1} + a \cdot M_n$$

其中：$a = 1/2^{(k/4)}$，$k$ 即为层 3 滤波系数；$F_n$ 为更新后的滤波测量结果；$F_{n-1}$ 为旧的滤波测量结果；$M_n$ 为最新收到的来自物理层的测量结果。

(2) 参数使用策略。

该参数数值越大，对测量的平滑越严重，不容易及时反映当时的情况；反之，则无法对抗快衰落。信号快变(拐角、阴影)区域，可以适当减小层 3 滤波系数。

## 知识点/技能点小结

知识点/技能点梳理见图 4-26。

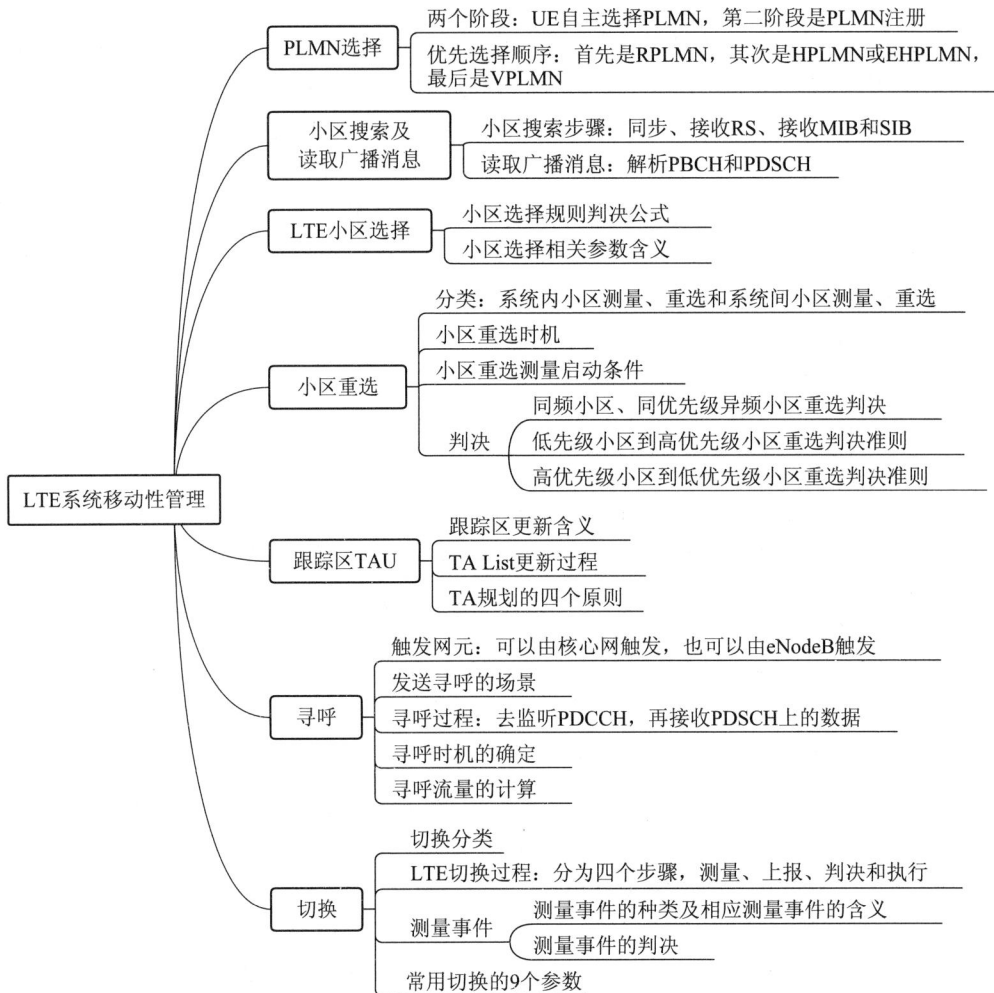

图 4-26　知识点/技能点梳理

知识/技能要点:

(1) 移动性管理主要分为两大类:空闲状态下的移动性管理和连接状态下的移动性管理。空闲状态下的移动性管理主要通过小区选择和重选来实现,由 UE 控制;连接状态下的移动性管理主要通过小区切换来实现,由 eNodeB 和 MME 控制。

(2) PLMN 选择包括两个阶段:第一阶段是 UE 自主选择 PLMN,第二阶段是 PLMN 注册。UE 完成 PLMN 选择后,在后续的网络附着过程中,UE 会把选择的 PLMN 注册到核心网,如果注册成功,则本次 PLMN 选择结束。

(3) 当 UE 开机或者从无覆盖的区域进入覆盖区域时,首先选择最近一次已注册过的 PLMN,并尝试在这个 RPLMN 注册。

(4) PLMN 优先级选择顺序:首先是 RPLMN,其次是 HPLMN 或 EHPLMN,最后是 VPLMN。

(5) UE 开机后需要做的第一件事就是小区 PLMN 的选择,在 PLMN 的选择之后,UE

将进行小区搜索以及广播消息读取，进而 UE 可以读取小区广播信息并驻留、使用网络提供的各种服务。

(6) 小区搜索过程主要包含四个步骤：首先，UE 解调主同步信号(PSS)实现符号同步，并获得小区组内 ID；UE 解调辅同步信号(SSS)完成帧定时，并获得小区组 ID。其次，UE 接收下行参考信号，进行精确的时频同步。然后，UE 接收小区广播信息，得到下行系统带宽、天线配置和系统帧号。最后，UE 接收具体的系统消息。

(7) 主同步信号和辅同步信号处于整个带宽的中央，并占用 1.08 MHz 的带宽。PSS 位于特殊子帧，即 DwPTS 的第三个符号，SSS 占用子帧 0、5 的最后一个符号。

(8) 物理小区标识(PCI)共有 504 个，取值为 0～503，分别对应小区的 PSS 和 SSS。其中，PSS 有 3 个取值(0～2)，对应三种不同的 Zadoff-Chu 序列，SSS 有 168 个取值(0～167)，对应 168 种不同的 m 序列。

(9) 通过解调小区特定参考信号(CRS)来进一步精确时隙与频率同步。

(10) 信息由 MIB 和 SIB 承载，分别映射在物理广播信道(PBCH)和物理下行共享信道(PDSCH)。

(11) 当手机开机或从盲区进入覆盖区时，当 UE 从连接态转移到空闲态时，手机将寻找一个 PLMN，并选择合适的小区驻留，这个过程称为小区选择。

(12) 小区重选是指 UE 在空闲模式下，通过监测邻区和当前小区的信号质量，以选择一个最好的小区提供服务信号的过程。

(13) UE 成功驻留后，将持续进行本小区测量。对于重选优先级高于服务小区的载频，UE 始终对其测量。对于重选优先级等于或者低于服务小区的载频，UE 不需要在所有时刻都进行频繁的邻小区监测(测量)，除非服务小区质量下降为低于规定的门限值。

(14) 当服务小区 $s_{RxLev} \leqslant s_{IntraSearch}$ 或系统消息中 $s_{IntraSearch}$ 为空时，UE 必须进行同频测量。当服务小区 $s_{RxLev} \leqslant s_{NonIntraSearch}$ 或系统消息中 $s_{NonIntraSearch}$ 为空时，UE 必须进行异频测量。

(15) 在市区和城郊交界区域，一般将 TA 区的边界放在外围一线的基站处，而不是放在话务密集的城郊结合部，避免结合部用户频繁位置更新。

(16) 网络可以向空闲状态发送寻呼，也可以向连接状态的 UE 发送寻呼。寻呼过程可以由核心网触发，也可以由 eNodeB 触发。

(17) 测量配置主要由 eNodeB 通过 RRCConnectionReconfigurtion 消息携带的 measConfig 信元，将测量配置消息通知给 UE。

(18) A1 事件用于停止异频/异系统测量，当服务小区质量高于指定门限时触发。A2 事件用于启动异频/异系统测量，当服务小区信号的电平或者质量低于指定门限时触发。

(19) A3 事件用于触发同频切换。当邻区质量高于服务小区质量一定偏置量时，触发 UE 上报 A3 事件。

(20) 邻区特定小区偏置表示邻区的小区偏移量，简称 CIO，控制测量事件发生的难易，越大越容易触发切换的测量报告上报。Ocn 的设置是为了调节切换的难易程度，该值与测量值相加用于事件触发和取消的评估，该参数可取正值或负值。

# 思考与复习题

一、填空题

1. 空闲状态下的移动性管理主要通过_____来实现，由 UE 控制；连接状态下的移动性管理主要通过小区_____来实现，由 eNodeB 控制。

2. 主同步信号和辅同步信号处于整个带宽的中央，并占用_____的带宽。

3. PSS 位于特殊子帧，即 DwPTS 的第_____个符号，SSS 占用子帧 0、5 的最后一个符号。

4. 在时域上，PBCH 位于一个无线帧内#0 子帧第二个时隙(即 Slot1)的前_____个 OFDM 符号上。

5. 小区重选可以分为系统内小区重选和_____两类，其中系统内小区重选又可以分为_____和_____两类。

6. 在寻呼流程中可能使用的用户标识有_____、_____和_____三种。

7. TD-LTE 系统中，切换测量由_____执行。

8. TD-LTE 系统中，切换判决由_____执行。

二、判断题

1. 小区选择规则的前提条件 RSRP 值必须高于配置的小区最小接收电平 $q_{RxlevMin}$。(　　)

2. RSRP 是指在某个符号内承载参考信号的所有 RE(资源粒子)上接收到的信号功率的平均值。(　　)

3. 空闲态的手机会始终对服务小区信号和对高优先级的邻区信号进行测量。(　　)

4. 同频邻区的优先级可以和服务小区的优先级不同。(　　)

5. 向高优先级的邻区重选时，不要判断服务小区的信号质量。(　　)

6. 只要服务小区的信号质量不好，便可以向低优先级的邻区重选。(　　)

7. 在 LTE 无线网络中，UE 在跨越 TA 时不一定发起 TAU，但是在进入不在 TA List 中的 TA 时，一定会发起 TAU。(　　)

8. 硬切换有信号中断过程，会影响用户体验，所以 LTE 无线网络采用的是软切换。(　　)

9. 切换的三个步骤是测量、判决和执行。(　　)

10. 修改 CellIndividualOffset(Ocn)的值能控制测量事件发生的难易，越大越容易触发切换的测量报告上报。(　　)

11. 减小延迟触发时间可以有效减少平均切换次数和误切换次数，防止不必要切换的发生。(　　)

三、单项选择题

1. LTE 跟踪区规划原则，下列选项中，(　　)是不正确的。

A. 保证位置更新信令开销频繁的位置位于话务量较低的区域内，有利于 eNodeB 有足够的资源处理额外的位置更新信令开销

B. 城郊与市区不连续覆盖时，城郊与市区分别用单独的位置区

C. 规划中考虑终端用户和移动行为(如主干道、铁路等话务区域尽量少跨边界)

D. 位置区可以跨 MME/MSC

2. 一个 TA 列表中最多可以包含(　　)TA。

A. 4　　　　　　B. 8　　　　　　C. 16　　　　　　D. 32

3. 目前阶段，(　　)可以触发 LTE 系统内的切换。

A. RSRP　　　　B. CQI　　　　C. RSRQ　　　　D. RSSI

4. 当系统消息改变后，网络会以(　　)方式通知 UE。

A. 小区更新　　　B. 小区重选　　　C. 小区切换　　　D. 寻呼

5. 下列关于 TA 的描述(　　)是错误的。

A. 在 EPS 网络中，位置管理的基本单元 TA 列表

B. 一个 TA 列表包括一个或多个 TA

C. 使用 TA 列表的目的是防止 UE 频繁发起跟踪区更新(TAU)流程

D. TA 列表在承载激活时下发给 UE

6. 以下几种站间切换中，要求必须使用同一 MME 的切换类型是(　　)。

A. S1 切换　　　　　　　　　B. LTE&UMTS 切换

C. X2 切换　　　　　　　　　D. LTE&GERAN 切换

7. TD-LTE 系统中，A2 事件的公式是(　　)。

A. 服务小区测量值大于门限　　　B. 服务小区测量值小于门限

C. 系统内邻小区测量值大于门限　　D. 系统内邻区测量值小于门限

8. TD-LTE 系统中，B2 事件的公式是(　　)。

A. 服务小区测量值大于门限

B. 服务小区测量值小于门限

C. 服务小区测量值小于门限 1，且系统间邻小区测量值大于门限 2

D. 系统间邻区测量值大于门限

四、多项选择题

1. 当(　　)条件满足时，UE 发出跟踪区更新请求，开始跟踪区更新。

A. UE 从其他系统小区重选到 E-UTRAN 小区时

B. 由于负载平衡的原因释放 RRC 连接时

C. 进入新 TA List 时

D. UE 发起呼叫时

2. LTE 中根据触发原因，切换的类型有(　　)。

A. 基于覆盖的切换　　　　　　B. 基于负荷的切换

C. 基于业务的切换　　　　　　D. 基于 UE 移动速度的切换

五、问答与计算题

1. 简述小区重选和切换的区别。

2. 广播消息中，$q_{RxLevMin} = -120$ dBm，$q_{RxLevMinOffset} = 0$ dB，$p_{MaxOwnCell} = 23$ dBm，请计算：

(1) 当前测量到服务小区 RSRP $= -85$ dBm，当前小区的 $s_{RxLev}$ 是多少？

(2) 如果 $s_{IntraSearch} = 39$，则当服务小区 RSRP 值为多少时开启同频测量？

3. 简述 LTE 中层 3 滤波系数的含义，并说明层 3 滤波系数的设置对网络的影响。

# 任务 4.3  随机接入过程

## 课前引导

随机接入技术是移动通信系统中用户与网络建立联系，进行通信的首要步骤。如何有效快速的进行随机接入对 LTE 系统的性能具有重要的意义。

## 学习任务

(1) 掌握 LTE 随机接入的基本过程。

(2) 理解 LTE 随机接入的主要参数。

(3) 掌握一般接入问题的分析思路。

### 4.3.1  随机接入过程定义

随机接入(Random Access，RA)是指 UE 向系统请求接入，收到系统的响应并分配接入信道的过程。一般的数据传输必须在随机接入成功之后进行。随机接入是 UE 与网络之间建立无线链路的必经过程，只有在随机接入过程完成后，eNodeB 和 UE 才可能进行常规的数据传输和接收。

UE 通过随机接入过程实现两个基本功能：

(1) 取得与 eNodeB 之间的上行同步。

(2) 申请上行资源。

### 4.3.2  随机接入分类和应用场景

随机接入(RA)分为基于竞争的随机接入过程和基于非竞争的随机接入过程。

竞争模式随机接入是所有 UE 都可在任何时间使用的随机接入序列接入，它在每种触发条件下都可以触发接入，接入前导的分配是由 UE 侧产生的；非竞争模式随机接入是使用在一段时间内仅有一个 UE 使用的序列接入，接入前导的分配是由网络侧分配的。

大致来说，启动随机接入过程的场景有以下六种：

(1) 初始接入场景。它是基于竞争的随机接入过程，由 UE MAC Layer 发起，多为终端初始入网的时候。

(2) RRC 连接重建场景。它是基于竞争的随机接入过程，由 UE MAC Layer 发起，多为信号掉线重新建立连接的时候。

(3) 连接态时 UE 失去上行同步同时有上行数据到达的场景。它是基于竞争的随机接入过程，由 UE MAC Layer 发起。

(4) 切换场景。它通常是非竞争的随机接入过程，但在 eNodeB 侧没有的专用前导可以分配时，发起基于竞争的随机接入过程，其由 PDCCH order 发起。

(5) 连接态时 UE 失去上行同步同时有下行数据需要发送的场景。它通常是非竞争的随机接入过程，但在 eNodeB 侧没有的专用前导可以分配时，发起基于竞争的随机接入过程，其由 PDCCH order 发起。

(6) LCS(定位服务)触发非竞争的随机接入。

### 4.3.3　随机接入信令流程

如图 4-27 所示，基于竞争的随机接入过程的信令流程包含如下四个步骤：

(1) UE 在 PRACH 上发送随机接入前缀，该条语句称之为 Msg1。

(2) eNodeB 的 MAC 层产生随机接入响应，并在 PDSCH 上发送，该条语句称之为 Msg2。

(3) UE 的 RRC 层产生 RRC Connection Request 并映射到 PUSCH 上发送，该条语句称之为 Msg3。

(4) RRC Connection Setup 由 eNodeB 的 RRC 层产生，并映射到 PDSCH 上发送，该条语句称之为 Msg4。

至此，基于竞争的随机接入冲突解决完成，UE 的 RRC 层生成 RRC Connection Setup Complete 并发往 eNodeB。

基于竞争的随机接入过程使用的接入前导是由网络侧分配的，这样也就减少了竞争和冲突解决过程。基于竞争的随机接入过程的信令流程包含三个步骤，如图 4-28 所示。

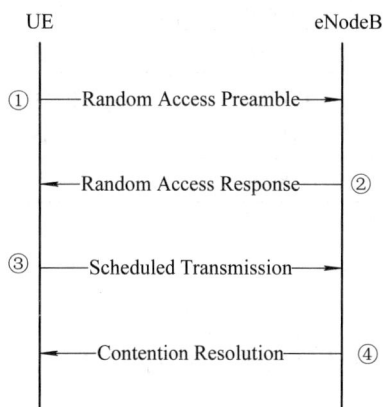

图 4-27　基于竞争的随机接入

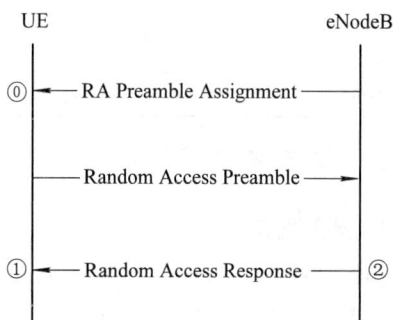

图 4-28　基于非竞争的随机接入

### 4.3.4　随机接入前导

#### 1. 随机接入前导 Preamble 的组成

LTE 随机接入前导 Preamble 为一个脉冲，在时域上，此脉冲包含循环前缀(时间长度为 $T_{CP}$)、前导序列(时间长度为 $T_{Seq}$)和保护间隔(时间长度为 $T_{GP}$)；在频域上，前导带宽占用 6 个 RB，如图 4-29 所示。

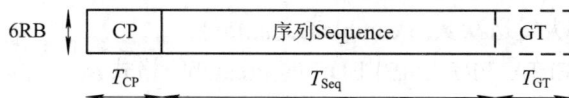

图 4-29　前导码信号格式

1) 循环前缀(CP)

CP 为符号序列的循环复制，即将每个 OFDM 符号的后 $T_g$ 时间内的样点复制到 OFDM 符号的前面，形成前缀，因此称之为 CP。循环前 CP 可以消除多径带来的符号间干扰(ISI)和子载波间的干扰。

2) 序列(Sequence)

每个小区有 64 个随机接入前导信号，它们均由 Zadoff-Chu 序列及其循环移位产生。Zadoff-Chu 序列具有良好的自相关性和较低的互相关性。

3) 保护间隔(GP)

由于在发送 RACH 时，还没有建立上行同步，因此，需要在 Preamble 序列之后预留保护间隔，用来避免对其他用户产生干扰。GP 的大小与系统覆盖距离有关，GP 越大，覆盖距离也越大。最大覆盖距离 = 传输时延 × $c$ = 0.5GT × $c$，其中 $c$ 是光速。

### 2. 随机接入前导 Preamble 的类型

LTE 随机接入前导 Preamble 有五种格式，分别是 Preamble Format 0/1/2/3/4，如表 4-8 所示。

表 4-8　LTE 前导码的五种格式

| 前导码格式 | 时间长度 | CP 长度 | 序列长度 | 保护间隔/μs | 最大小区半径/km |
|---|---|---|---|---|---|
| 0 | 1 ms | $3168T_s$ | $24\,576T_s$ | 96.875 | 14.531 |
| 1 | 2 ms | $21\,024T_s$ | $24\,576T_s$ | 515.625 | 77.344 |
| 2 | 2 ms | $6240T_s$ | $24\,576T_s$ | 196.875 | 29.531 |
| 3 | 3 ms | $21\,024T_s$ | $24\,576T_s$ | 715.625 | 102.65 |
| 4(TDD) | 157.292 μs | $448T_s$ | $4096T_s$ | 18.75 | 4.375 |

## 4.3.5　随机接入过程

### 1. 接入准备

初始随机接入是由 UE MAC sublayer 自己发起的，在进行初始的随机接入过程之前，需要提前通过 SIB2 获取以下信息：

(1) PRACH 参数。通过 Preamble 配置索引(prach-ConfigIndex)可以获知 Preamble Format(见表 4-8)以及 PRACH 位于哪个子帧上；PRACH 频域资源偏移(prach-FreqOffset)，可以确定 PRACH 的频域位置。

(2) 随机接入分组及每组可用的随机接入 Preamble。

(3) 随机接入响应窗口(ra_ResponseWindowSize)的大小。UE 通过窗口机制控制 Msg2 的接收，经过 ra_ResponseWindowSize 子帧停止 Msg2 的接收。

(4) 功率调整步长因子(powerRampingStep)。

(5) Preamble 初始功率(preambleInitialReceivedTargetPower)。

(6) Preamble 的最大发送次数(preambleTransMax)。

(7) 基于偏移量 DELTA_PREAMBLEDE 的 Preamble 格式。

(8) Msg3 最大重传次数(maxHARQ-msg3Tx)。

(9) 竞争解决定时器(mac-ContentionResolutionTimer)。

## 2. UE 发送随机接入前导 RAP

### 1) 前导资源选择

根序列循环移位后共得到 64 个 Preamble ID(一般情况下是 64 个 Preamble ID，但有些特殊情况比如其他厂商或者更大的小区半径范围，Preamble ID 数量可能发生变化)。Preamble Index 从 0 到 63，UE 在其中可以随机选一个，但还是要遵循一个规定的范围。

0～51 这前 52 个 Preamble ID 用于竞争随机接入。这 52 个 Preamble ID 又分为 GroupA 和 GroupB，其中 GroupA 需要的 Preamble Index 范围是 0～27，GroupB 需要的 Preamble Index 范围是 28～51。对于基于竞争的随机接入，UE 要自己先确定选择 GroupA 还是 GroupB，以便确认 Preamble ID 可选范围，然后 UE 再随机选取 Preamble Index 上报给 eNodeB。

UE 如何确定选择 GroupA 还是 GroupB 呢？如果 Msg3 消息未被传输过，Msg3 数据较大、UE 的路损较低，而且 Preamble GroupB 存在，则选 GroupB，否则选 GroupA。UE 通过选择 GroupA 或者 GroupB 里面的前导序列，可以隐式地通知 eNodeB 其将要传输的 Msg3 的大小。eNodeB 可以据此分配相应的上行资源，从而避免资源浪费；如果 Msg3 消息被传输过，则选择第一次传输 Msg3 时所使用的前导序列所在的随机接入前导序列组。

52～63 共 12 个 Preamble ID 用于非竞争随机接入，基站会通过空口消息下发给 UE。

UE 在 PRACH 上发送随机接入前导。前导一般携带有 6 位信息：5 位标识 RA-RNTI，1 位标识 Msg3 上行调度传输时的传输数据大小。UE 使用被选择的 PRACH 资源、相关的 RA-RNTI、前缀索引和 $P_{PRACH}$ 通知物理层发送前导。

### 2) 设置发射功率

$$P_{PRACH} = \text{preambleInitialReceivedTargetPower} + \text{DELTA\_PREAMBLE} + (\text{PREAMBLE\_TRANSMISSION\_COUNTER} - 1) \times \text{powerRampingStep}$$

如果 $P_{PRACH}$ 小于最小功率水平，则设置 $P_{PRACH}$ 为最小功率水平；如果 $P_{PRACH}$ 大于最大功率水平，则设置 $P_{PRACH}$ 为最大功率水平。

如果 PREAMBLE_TRANSMISSION_COUNTER=1，则决定下一个有效的随机接入机会；如果 PREAMBLE_TRANSMISSION_COUNTER>1，则随机接入机会通过 BackOff 进程决定。

## 3. 随机接入响应 RAR

UE 使用 RA-RNTI 这个量来标识 UE 在什么时频资源发送 RA Preamble；而网络端也有和 UE 相同的参数，因此可以计算出与 UE 相同的 RA-RNTI，因此网络端可以根据 RA-RNTI 知道在什么样的时频资源接收 UE 的 RA Preamble。

UE 发出 Msg1 经过一段时间(目前实现采用 3 ms)后，在等待 Msg2 的窗口内(Msg2 的等待窗口 ra-ResponseWindowSize 最大不超过 10 ms)UE 首先会监听 PDCCH 是否有响应指示消息 AI，如果收到与自己发送 Preamble 时相对应的 RA-RNTI，UE 就会去监听 PDSCH 传输随机接入响应信息内容。具体信息内容如下：

(1) 时间调整信息(Timing Advance)，用来调整上行传输定时达到时间同步，长度为 11 bit。

(2) 随机接入允许的内容(UL Grant)，指示上行链路所用的资源，长度为 21 bit。

(3) Temporary C-RNTI，是 UE 在随机接入的时候使用的临时身份标识，长度为 16 bit。

短时间内可能有多个 UE 使用同一个前导同时发起竞争随机接入，将造成前导碰撞。这些 UE 中只能有一个 UE 正常快速完成随机接入，而其他 UE 将在后续时刻在同一个 PRACH 上重新发送前导尝试接入，在 PRACH 上发生碰撞的概率仍然较大，UE 可能再次无法接入，从而接入时延增加。为此，3GPP 协议提供 BackOff 机制，令 UE 在指定的 BackOff 时间内自己选择一个随机时刻再次发送随机接入前导。通过 BackOff 自适应特性，eNodeB 根据小区当前竞争接入的负载，设定合适的 BackOff 值，从而降低 UE 再次随机接入发生碰撞的概率，但是提升了随机接入时延。

如果包括过载指示(OI)，则更新 BackOff 参数，否则 BackOff 参数置为 0；如果在接收窗内没有随机接入响应，或者响应中没有对应的前导，则按照失败处理。

### 4. 上行数据调度传输 Msg3

Msg3 消息是 PUSCH 上开始的第一次调度传输，使用了混合自动重传 HARQ 技术。该消息依据随机接入的触发原因的不同而不同。

不同的场景 Msg3 消息有所不同。Msg3 中主要包含 RRC 连接请求、跟踪区域更新、调度请求或 RRC 连接重建请求等，在空闲模式下还包含 TC-RNTI 和 6 字节(48 bit)的竞争解决标识，而在连接模式下包含 C-RNTI。

(1) 初始接入。以 TM 模式在 CCCH 上发送携带 NAS UE 标识的 RRC_CONNECTION_REQUEST 消息，不包含 NAS 消息；携带的是 TC-RNTI。

(2) 重建。以 RLC TM 模式在 CCCH 上发送 RRC_CONNECTION_REESTABLISHMENT_REQUEST，不包含 NAS 消息；携带的是 C-RNTI。

(3) 切换 HO。在 DCCH 传输加密和完整性保护的 RRC_HANDOVER_CONFIRM 消息，必要时还包括 BSR；携带的是 C-RNTI。

(4) 其他情况。发起的随机接入包含 C-RNTI。

### 5. 冲突解决

eNodeB 接收 UE 的上行消息，并向接入成功的 UE 返回竞争解决消息，该消息直接复制了接入成功 UE 发送的 Msg3 消息。

UE 对比网络反馈的下行消息 Msg4 与其发送的 Msg3 是否一致，若一致，则表明自身随机接入成功；反之，则表明自身随机接入失败，等待下一次随机接入机会。

### 6. 随机接入中的标识

1) RA-RNTI

RA-RNTI 为随机接入无线网络临时标识，是 UE 发起随机接入请求时的 UE 标识，根据 UE 随机接入的时频位置按照协议公式计算得到。随机接入过程中，UE 根据系统消息在对应时频位置发送随机接入请求 Msg1，eNodeB 根据收到随机接入的时频位置按照协议公式计算 RA-RNTI，使用 RA-RNTI 对 Msg2 加扰发送。此次随机接入的相关 UE 也计算 RA-RNTI，解扰 PDCCH 解析出 Msg2，非此次随机接入的 UE 由于 RA-RNTI 不同无法解析此 Msg2。

2) TC-RNTI

TC-RNTI 为临时小区无线网络临时标识，它是在随机接入过程中 eNodeB 分配在 Msg2

中下发的信息,用于竞争解决。UE 在 Msg2 分配的时频资源上发送 Msg3 竞争消息,eNodeB 发送的 Msg4 消息使用 TC-RNTI 加扰,UE 使用 Msg2 中的 TC-RNTI 解扰解析出 Msg4,根据 Msg4 中的用户标识判断是否竞争成功。

3) C-RNTI

C-RNTI 为小区无线网络临时标识,用于 UE 上下行调度。UE 竞争随机接入在竞争成功后 TC-RNTI 升级为 C-RNTI,非竞争随机接入在 UE 发起接入前就已经分配 C-RNTI(比如切换)。UE 随机接入后,eNodeB 下发 UE 相关的 PDCCH 都用 C-RNTI 加扰,UE 解扰获取上下行调度信息。

### 4.3.6　接入无线参数

eNodeB 通过广播 SIB2 发送 RACH-ConfigCommon,告诉 UE Preamble 的分组、Msg3 大小的阈值、功率配置等。UE 发起随机接入时,根据可能的 Msg3 大小以及 Pathloss 等,选择合适的 Preamble。

**1. preambleInitialReceivedTargetPower(初始接收目标功率(dBm))**

(1) 功能含义:preambleInitialReceivedTargetPower 为前导码初始发射功率,表示当 PRACH 前导格式为格式 0 时,eNodeB 期望接收到的目标信号功率水平。其由广播消息下发。

UE 根据此目标值和下行的路径损耗,通过开环功控来设置初始的前导序列发射功率。这样可以使得 eNodeB 接收到的前导序列功率与路径损耗基本无关,从而利于 eNodeB 探测出在相同的时频资源上接收到的接入前导序列。

Preamble 接收的目标功率 PREAMBLE_RECEIVED_TARGET_POWER 通过下面的公式计算:

PREAMBLE_RECEIVED_TARGET_POWER=preambleInitialReceivedTargetPower+
　　DELTA_PREAMBLE+(PREAMBLE_TRANSMISSION_COUNTER−1) ×
　　owerRampingStep

其中:preambleInitialReceivedTargetPower 是 eNodeB 期待接收到的 Preamble 的初始功率;DELTA_PREAMBLE 与 Preamble Format 相关;powerRampingStep 是每次接入失败后,下次接入时提升的发射功率。

而 Preamble 的实际发射功率 $P_{PRACH}$ 的计算公式为

$$P_{PRACH} = \min\{P_{CMAX},\ PREAMBLE\_RECEIVED\_TARGET\_POWER+P_L\}$$

其中:$P_{CMAX}$ 是 UE 在小区上所配置的最大输出功率;$P_L$ 是 UE 通过测量下行路径损耗。

(2) 对网络质量的影响:该参数的设置和调整需要结合实际系统中的测量来进行。该参数设置得偏高,会增加本小区的吞吐量,但是会降低整网的吞吐量;设置偏低,则会降低对邻区的干扰,导致本小区的吞吐量的降低,提高整网吞吐量。

(3) 取值建议:−100～−104 dBm。

**2. PreambleTransMax(前导码最大传输次数)**

(1) 功能含义:该参数表示前导传送最大次数。

(2) 对网络质量的影响:该参数最大传输次数设置得越大,随机接入的成功率越高,但是会增加对邻区的干扰;最大传输次数设置得越小,存在上行干扰的场景随机接入的成功率会降低，但是会减小对邻区的干扰。

(3) 取值建议：n8，n10。

### 3. powerRampingStep(功率调整步长)

(1) 功能含义：该参数表示 PRACH 重新接入时的功率攀升步长。PRACH 经过多次接入都没有接入成功，就需要相应增加功率步长，保证用户的成功接入。

(2) 对网络质量的影响：该参数调整后保证 UE 接入成功率。该参数设置得偏高，会增加本小区的吞吐量，但是会降低整网的吞吐量；设置偏低，则会降低对邻区的干扰，导致本小区吞吐量的降低，提高整网吞吐量。

(3) 取值建议：dB2，dB4。

### 4. Pcmax

(1) 功能含义：该参数配置的 UE 最大发射功率。

(2) 对网络质量的影响：该参数为基本配置参数，若 UE 发射功率偏低，则会导致随机接入失败概率增加。

(3) 取值建议：23 dBm。

### 5. ra-ResponseWindowSize

(1) 功能含义：该参数表示 RAR 时间窗。UE 发送了 Preamble 之后，将在 ra-Response WindowSize 时间窗内监听 PDCCH，以接收对应 RA-RNTI 的 RAR。如果在此 ra-ResponseWindowSize 时间窗内没有接收到 eNodeB 回复的 RAR，则认为此次随机接入过程失败。该时间窗起始于 UE 发送 Preamble 之后的第三个子帧。

(2) 对网络质量的影响：ra-ResponseWindowSize 会影响随机接入的成功率，取值为基站侧收到 Msg1 到发送 Msg2 的处理时延。该参数设置过小会错过随机接入响应信息，导致接入不成功；设置过大会增加随机接入时延。

(3) 取值建议：sf10，即 10 ms。

### 6. Preamble 功率偏置：DELTA_PREAMBLE_Msg3

(1) 功能含义：该参数用来控制随机接入 Msg3 和 Msg1 的 Preamble 发射功率之间的功率偏置，表示发送 Msg3 数据时相对于 PRACH 的功率补偿量。Preamble 存在较大扩频增益，Msg3 只存在编码增益，该功率偏移体现两者增益差。

(2) 对网络质量的影响：该参数设置过高，Msg3 的接收成功率高，但将会对相邻小区产生干扰，特别是当 UE 处于小区边缘时；设置过低则 Msg3 的接收成功率低(或者重传次数增大)。

(3) 取值建议：8 dB。

### 7. 发送组 B 的 Preamble 需要用到的功率参数：messagePowerOffsetGroupB

(1) 功能含义：前导码组 B 相对于前导码组 A 的 Msg3 功率偏移，用于配合判决 Preamble 码组的选择。

(2) 对网络质量的影响：该值的大小决定了系统侧对于用户所处无线环境好坏的界定情况，该值越大，系统侧对判为无线环境好的用户要求越严格。

如果存在 PreambleGroupB，且 Msg3 的大小大于 messageSizeGroupA，且 UE 路损小于

Pcmax-preambleInitialReceivedTargetPower-deltaPreambleMsg3-messagePowerOffsetGroupB，则选择 GroupB；否则选择 GroupA。

(3) 取值建议：10 dB。

### 8. 等待 Msg4 成功完成的定时器：mac-ContentionResolutionTimer

(1) 功能含义:该参数为随机接入过程中 Msg4(Contention Resolution Message)消息的接收时间窗，表示 UE 发送 Msg3 之后等待接收 Msg4 的子帧个数。

(2) 对网络质量的影响：该参数的配置与需要的 Msg4 的重传次数及 HARQ 的 RTT 相关，一般取这两个参数的乘积。

(3) 取值建议：64 个子帧。

### 9. RRC 连接建立的定时器长度 T300

(1) 功能含义：该参数由基站通过广播 SIB2 配置给 UE，该参数用作 UE 发起 RRC 连接建立的定时器长度。

当 UE 发送 RRC 连接建立请求后，启动 T300 定时器；当 UE 接收到 RRC 连接建立、RRC 连接拒绝或进行通过上层的小区重选以及中断 RRC 连接时停止 T300 定时器；当 T300 超时，UE 复位 MAC，释放 MAC 配置并重建所有已建立的 RB 的 RLC，过程结束则通知上层 RRC 连接建立失败。

(2) 对网络质量的影响:该参数的长度影响着 UE 的 RRC 连接建立过程,作为一次 RRC 连接请求过程的时间长度限制使用。该参数可设置得偏大一点。

(3) 取值建议：200 ms。

### 10. RRC 连接重试请求定时器 T301

(1) 功能含义：该参数由基站通过广播 SIB2 或专用信令(R9 新增)配置给 UE。该参数用作 UE 发起 RRC 连接重建立的定时器长度。

当 UE 发送 RRC 连接重建立请求后，启动 T301 定时器；当 UE 接收到 RRC 连接重建立命令时停止 T301 定时器；当 UE 接收到 RRC 连接重建立拒绝或被选小区变得不合适时，停止 T301 定时器，进入 RRC_IDLE 态；当 T301 超时，UE 进入 RRC_IDLE 态。

(2) 对网络质量的影响：该参数的长度影响着 UE 的 RRC 连接重建立过程，作为一次 RRC 连接重建立请求过程的时间长度限制使用。该参数的设置可考虑最大 HARQ 重传情况下接收到 RRC 连接重建立命令的时间。

(3) 取值建议：200 ms。

## 4.3.7 接入问题处理思路

从前台 UE 侧角度来看，随机接入失败的发生主要包含如下三个阶段：

(1) Msg1 发送后是否收到 Msg2。

UE 发出 Msg1 后未收到 Msg2，UE 按照 PRACH 发送周期对 Msg1 进行重发。若收不到 Msg2 的 PDCCH，可分别对上行和下行进行分析。

上行分析：

① 结合后台 MTS(LTE 系统网管 MTS 中的监控测试系统)的 PRACH 收包情况，确认上行是否收到 Msg1。

② 检查 MTS 上行通道的接收功率是否大于 −99 dBm，若持续超过 −99 dBm，则解决上行干扰问题。比如是否存在 GPS 交叉时隙干扰。

③ PRACH 相关参数调整：提高 PRACH 期望接收功率，增大 PRACH 的功率攀升步长，降低 PRACH 绝对前缀的检测门限。

下行分析：

① UE 侧收不到以 RA_RNTI 加扰的 PDCCH，检查下行 RSRP 是否大于 −119 dBm，SINR 大于 −3 dB。下行覆盖问题通过调整工程参数、RS 功率、PCI 等改善。

② PDCCH 相关参数调整：比如增大公共空间 CCE 聚合度初始值。

(2) Msg3 是否发送成功。

根据随机接入流程，UE 收到 Msg2 后若没有发出 Msg3，检查 Msg2 携带的授权信息是否正确；若 UE 已发出 Msg3 的 PUSCH，结合基站侧信令查看 eNodeB 是否收到 RRC Connection Request，若基站侧 RRC Connection Request 未收到，则说明上行存在问题。

① 检查 MTS 上行通道的接收功率是否大于 −99 dBm，若持续超过 −99 dBm，则解决上行干扰问题。

② 检查 RAR 中携带的 Msg3 功率参数是否合适，调整 Msg3 发送的功率。

(3) Msg4 是否正确接收。

① 检查 UE 是否收到 PDCCH，若没有收到 PDCCH，则从下行信号分析及参数两方面解决 PDCCH 接收问题。

② 多次收到 PDCCH 后检查是否收到 PDSCH。确认收到的 PDCCH 是否为重传消息，若是重传消息，则检查重传消息的 DCI 格式填写是否正确。如果 PDSCH 收不到，则检查 PDSCH 采用的 MCS，检查 PA 参数配置，适当增大 PDSCH 的 RB 分配数。

## 知识点/技能点小结

知识点/技能点梳理见图 4-30。

知识/技能要点：

(1) UE 通过随机接入过程实现两个基本功能：①取得与 eNodeB 之间的上行同步；②申请上行资源。

(2) 竞争模式随机接入前导的分配是由 UE 侧产生的；非竞争模式随机接入前导的分配是由网络侧分配的。

(3) LTE 随机接入前导 Preamble 为一个脉冲，在时域上，此脉冲包含循环前缀、前导序列和保护间隔；在频域上，前导带宽占用 6 个 RB。

(4) LTE 随机接入前导 Preamble 有五种格式，分别是 Preamble Format 0/1/2/3/4。

(5) Preamble Index 从 0 到 63，0～51 这前 52 个 Preamble ID 用于竞争随机接入，52～63 共 12 个 Preamble ID 用于非竞争随机接入。

(6) preambleInitialReceivedTargetPower 为前导码初始发射功率，表示当 PRACH 前导格式为格式 0 时，eNodeB 期望接收到的目标信号功率水平。

(7) powerRampingStep(功率调整步长)表示 PRACH 重新接入时的功率攀升步长。

(8) 从前台 UE 侧角度来看，随机接入失败的发生主要包含三个阶段：①Msg1 发送后是否收到 Msg2；②Msg3 是否发送成功；③Msg4 是否正确接收。

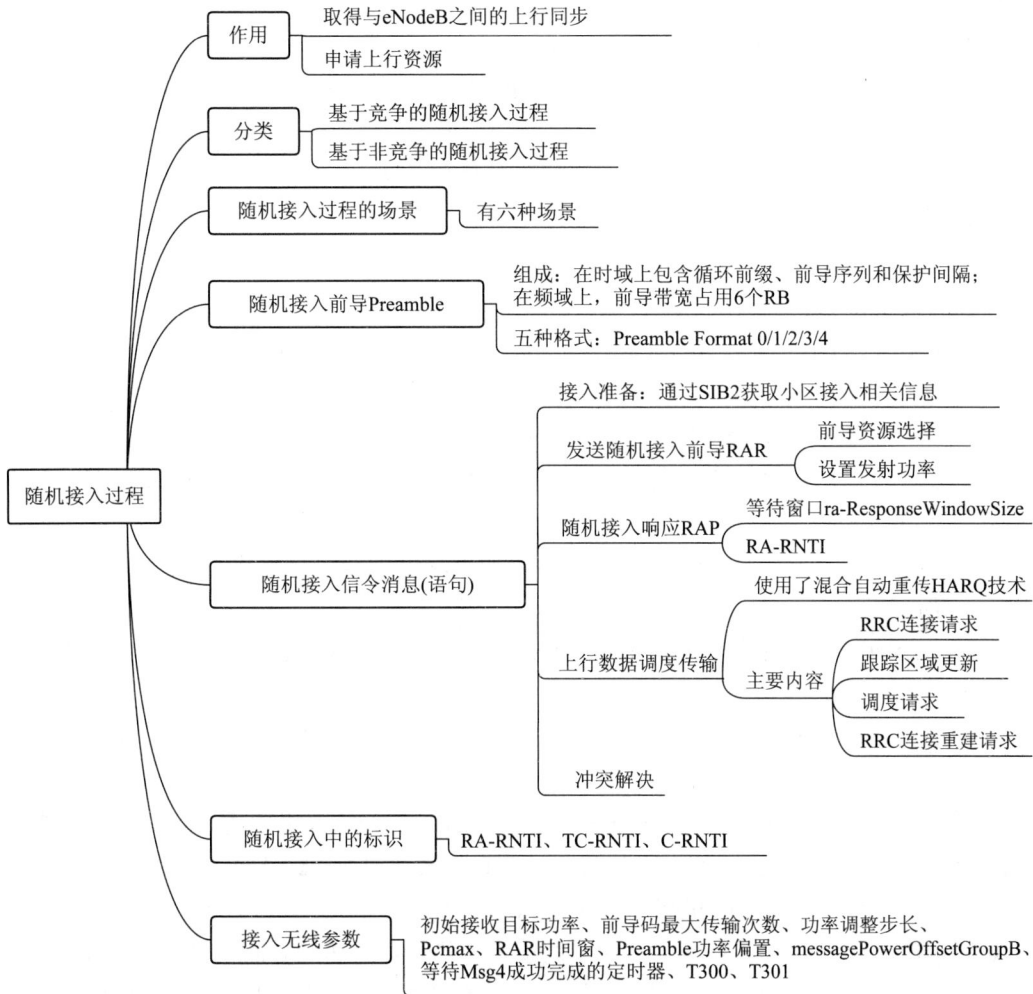

图 4-30 知识点/技能点梳理

# 思考与复习题

一、填空题

1. LTE 系统中 RRC 有两种状态，一种是_____状态，另一种是_____状态。

2. LTE 随机接入分为竞争性随机接入和_____。

3. UE 初始接入时，一般使用_____随机接入。

4. 有 Msg0 消息的随机接入过程是_____随机接入过程。

5. 非竞争模式随机接入是使用在一段时间内仅有一个 UE 使用的序列接入，接入前导的分配是由_____侧分配的，这样也就减少了竞争和冲突解决过程。

6. LTE 随机接入前导 Preamble 为一个脉冲,在频域上占用_____个 RB 带宽。

7. LTE 系统一个小区包括_____个随机接入前导码。

8. TD-LTE 系统随机接入参数信息在系统消息_____中。

9. LTE 随机接入前导 Preamble 为一个脉冲,在时域上,此脉冲包含循环前缀(CP)、前导序列(Sequence)和_____。

10. UE 使用_____来标识 UE 在什么时频资源发送 RA Preamble。

二、判断题

1. 切换过程可以采用竞争接入过程也可以采用非竞争接入过程。(    )

2. Msg3 消息采用 HARQ 技术传输。(    )

3. 每个小区有 64 个随机接入前导信号,它们均由 Zadoff-Chu 序列及其循环移位产生。Zadoff-Chu 序列具有良好的自相关性和较低的互相关性。(    )

4. 初始随机接入是由 UE MAC 子层发起的。(    )

5. 在进行初始的随机接入过程之前,需要提前通过 SIB2 获取随机接入过程信息。(    )

6. Preamble Index 从 0 到 63,UE 在其中可以随机选一个,其中 0～51 这前 52 个 Preamble ID 用于竞争随机接入。(    )

7. PreambleGroupB 用于 Msg3 消息未被传输过,并且 Msg3 数据较大、UE 的路损较低的情况。(    )

8. Preamble Index 从 0 到 63 中的 52～63 共 12 个 Preamble ID 用于非竞争随机接入。(    )

9. 在 Msg2 中,UE 在等待窗口 ra-ResponseWindowSize,最大不超过 10 ms 内首先监听 PDCCH 是否有响应指示消息 AI,如果收到与自己发送 Preamble 时相对应的 RA-RNTI,UE 就会去监听 PDSCH 传输随机接入响应信息内容。(    )

10. Msg2 中包含时间调整信息,用来调整上行传输定时达到时间同步。(    )

11. LTE 提供 BackOff 机制,设定合适的 BackOff 值,从而降低 UE 再次随机接入发生碰撞的概率,但是提升了随机接入时延。(    )

12. Msg2 使用了混合自动重传 HARQ 技术。(    )

13. TC-RNTI 为临时小区无线网络临时标识,它是在随机接入过程中 eNodeB 分配在 Msg2 中下发的信息,用于竞争解决。(    )

14. UE 竞争随机接入在竞争成功后 TC-RNTI 升级为 C-RNTI,非竞争随机接入在 UE 发起接入前就已经分配 C-RNTI(比如切换)。(    )

三、单项选择题

1. LTE 随机接入前导 Preamble 有五种格式,其中小区覆盖半径在 15 km 之内的是(    )格式。

A. Format1　　　B. Format2　　　C. Format3　　　D. Format4

2. 仅适用于 TD-LTE 系统的前导序列格式的是(    )。

A. Format5　　　B. Format4　　　C. Format3　　　D. Format2

3. LTE 中，下列关于随机接入的表述，不正确的是(    )。

A. 分竞争性和非竞争性随机接入

B. 随机接入可在空闲和连接状态发起

C. 随机接入只能在空闲状态发起

D. 随机接入可以在连接状态发起

4. LTE 中，下列关于 RRC 连接重建的表述，不正确的是(    )。

A. 切换失败会触发 RRC 连接重建

B. 无线链路失败触发 RRC 连接重建

C. RRC 连接建立失败会触发 RRC 连接重建

D. RRC 重配置失败

5. TD-LTE 系统中，(    )场景不会触发随机接入过程。

A. 无线链路失败后的初始接入，即 RRC 连接重建过程

B. 从 RRC-IDLE 状态初始接入，即 RRC 连接过程

C. 切换

D. PS 业务正在下载

6. 随机接入响应接收窗 ResponseWindowSize 相关设置说明正确的是(    )。

A. 随机接入响应接收窗最大可设置为 5

B. Msg1 后可设置从第几帧开始监听 RAR

C. RAR 窗起始位置与接入响应接收窗设置有关

D. RAR 窗起始于发送 Msg1 子帧+3 个子帧

四、多项选择题

1. UE 通过随机接入过程实现(    )功能。

A. 取得与 eNodeB 之间的上行同步

B. 申请上行资源

C. 取得与 eNodeB 之间的下行同步

D. 获取上行资源

2. 随机接入的过程分为(    )。

A. 竞争式                                    B. 非竞争式

C. 混合竞争式                              D. 公平竞争式

3. TD-LTE 系统竞争随机接入过程应用场景包括(    )。

A. IDLE 态初始接入                      B. RRC 连接重建

C. 上行、下行数据到达                  D. 切换

4. TD-LTE 系统非竞争随机接入过程应用场景包括(    )。

A. 切换                                        B. RRC 连接重建

C. 上行数据到达                          D. 下行数据到达

5. 可能会影响随机接入时延的参数包括(    )。

A. 前导码最大传输次数                B. 响应接收窗口大小

C. 竞争解决定时器时长　　　　　　　　D. Msg3 最大传输次数

五、问答题

1. UE 进行随机接入的主要目的是什么？

2. 随机接入中的标识主要有哪些？各有什么作用？

# 任务 4.4　空口信令流程

## 课前引导

人们日常用手机拨打电话、发短信、浏览网页的时候，手机都会发起和网络侧的信令交互，当然在空闲状态下手机也是和网络侧有一些必要的系统消息接收交互的。信令交互即终端告诉网络侧我要干什么了，你得给我准备分配资源，下一步我该做什么等，类似这样的交互语言。每条信令中都包含有非常重要的 IE 信息，这些 IE 信息可以简单理解为信令携带的与此信令相关的一些重要信息。

熟练掌握这些典型信令流程对于无线网络优化工程师来说是非常重要的，也是通往系统分析工程师的必备条件。下面我们将介绍一些典型的信令，从手机开机注册网络到发起一个完整的业务流程，以及在发生跟踪区更新、切换业务进行期间服务小区发生变换时的信令流程。

## 学习任务

(1) 掌握附着流程、Service Request 流程、寻呼流程、TAU 流程、切换流程的基本过程。

(2) 理解移动性管理信令流程中关键信元的含义。

(3) 能够使用 LTE 无线网络优化软件对已测试的数据文件进行切换信令分析，并简要地撰写信令分析报告。

### 4.4.1　附着流程

UE 刚开机时，先进行物理下行同步，搜索测量进行小区选择，选择到一个合适或者认可的小区后，驻留并进行附着过程。

一个终端用户需要首先注册到有效的网络上才能够使用网络业务，这个过程被称为网络附着。对于永久在线的 EPS 中的用户来说，就需要在附着过程中建立一个默认承载。在这个附着过程中 UE 也可能触发一个或多个的专用承载。附着流程是用户开机后的第一个过程，是后续所有流程的基础，如图 4-31 所示。

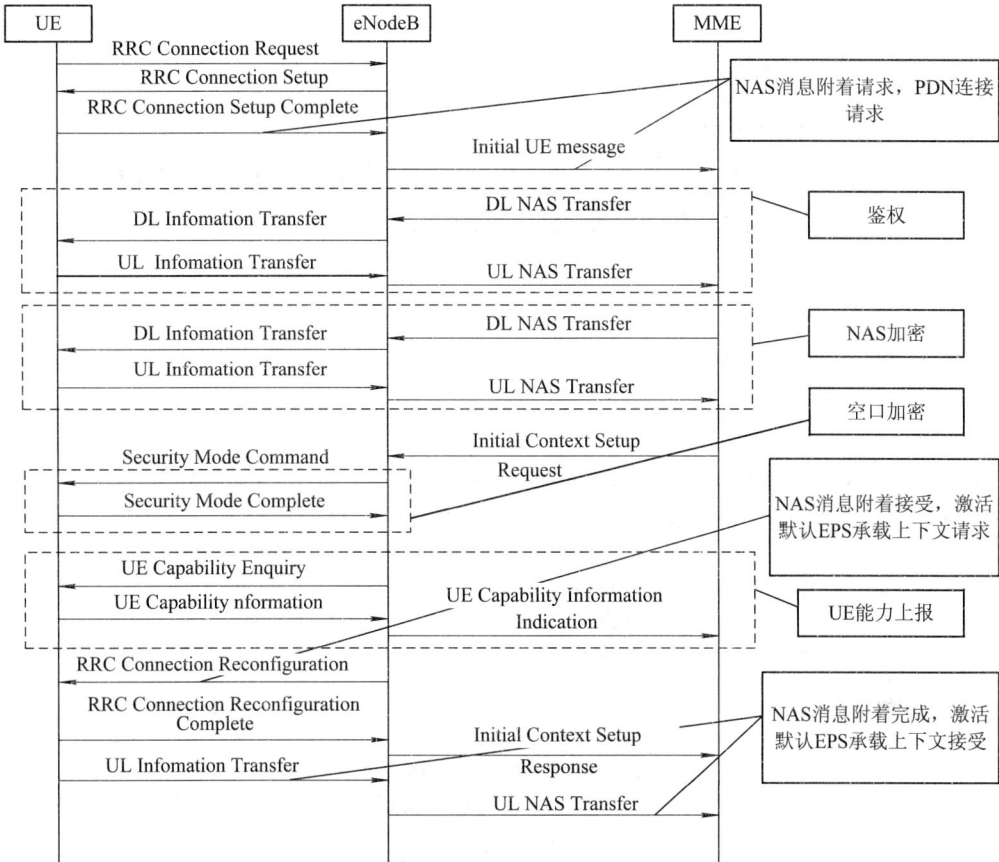

图 4-31　附着流程

## 1. RRC 连接建立

### 1) rrcConnectionRequest

UE 上行发送一条 rrcConnectionRequest 消息给 eNodeB，请求建立一条 RRC 连接。该消息携带的主要 IE 有：

(1) ue-Identity：初始的 UE 标识。如果上层提供 S-TMSI，则该值为 S-TMSI；否则在 $0 \sim 2^{40} - 1$ 中抽取一个随机值，设置为 ue-Identity。

(2) establishmentCause：建立原因。

建立 RRC 连接的原因主要包括 Mo-Data、Mo-Signalling、Mt-Access、HighPriorityAccess concerns、Emergency 五类。

① Mo-Data：即 Mobile Originating Calls，常见场景为终端 IDLE 态。由于要发起业务重新达到 RRC 连接态，于是 rrcConnectionRequest 携带原因值 Mo-Data。

② Mo-Signalling：即 Mobile Originating Signalling，常见场景为初始 Attach 及 TAU。

③ Mt-Access：终端作为被叫时发起 RRC 连接建立。

④ HighPriorityAccess concerns：AC11～AC15 高接入等级用户接入使用，如 119、120 等。

⑤ Emergency：紧急呼叫使用，如 110 等。

rrcConnectionRequest 消息解码如图 4-32 所示。

```
⊟ rrcConnectionRequest
    ⊟ criticalExtensions
        ⊟ rrcConnectionRequest-r8
            ⊟ ue-Identity
                randomValue = 0100110101001010100111100001001001000011
            establishmentCause = mo-Signalling
            spare = 0
```

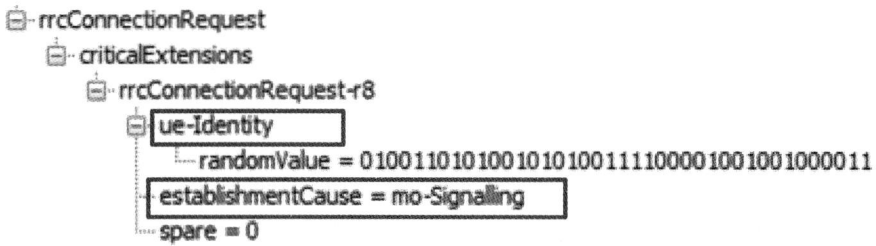

图 4-32　rrcConnectionRequest 消息解码

rrcConnectionRequest 是在 SRB0 上传输的。SRB0 一直存在，用来传输映射到 CCCH 的 RRC 信令。

2) rrcConnectionSetup

UE 接收到 eNodeB 的 rrcConnectionSetup 信令，建立了 UE 与 eNodeB 之间的 SRB1，如图 4-33 所示，eNodeB 为 SRB1 配置 RLC 层和逻辑层信道的属性。

```
⊟ rrcConnectionSetup
    rrc-TransactionIdentifier = 1
    ⊟ criticalExtensions
        ⊟ c1
            ⊟ rrcConnectionSetup-r8
                ⊟ radioResourceConfigDedicated
                    ⊟ srb-ToAddModList
                        ⊟ SRB-ToAddMod
                            srb-Identity = 1
                            ⊞ rlc-Config
                            ⊞ logicalChannelConfig
                    ⊞ mac-MainConfig
                    ⊞ physicalConfigDedicated
```

图 4-33　rrcConnectionSetup 消息解码

3) rrcConnectionSetupComplete

UE 完成 SRB1 承载和无线资源的配置，向 eNodeB 发送 rrcConnectionSetupComplete 消息，包含 NAS Attach Request 信息。其携带的主要 IE 有：

(1) selectedPLMN-Identity：UE 从 SIB1 所包含的 plmn-IdentyList 中挑选出来的 PLMN 识别号。如果从 SIB1 所包含的 plmn-IdentyList 中挑选出来的是第一个 PLMN 识别号，那么设置该值为 1；如果挑选出来的是第二个 PLMN 识别号，则设置该值为 2，依此类推。

(2) registeredMME：UE 所注册的 MME 的 GUMMEI(GUMMEI 由 MMEGI 和 MMEC 组成)，由上层提供。

rrcConnectionSetupComplete 消息解码如图 4-34 所示。

图 4-34　rrcConnectionSetupComplete 消息解码

### 2. S1 口初始直传消息 initialUEMessage

eNodeB 选择 MME，向 MME 发送 initialUEMessage 消息，包含 NAS Attach Request 消息。该消息携带的主要 IE 有：

(1) eNB-UE-S1AP-ID：UE 在 eNodeB 侧 S1 接口上的唯一标识，由 eNodeB 分配。

(2) tAI：Tracking Area Identity，用来标识一个跟踪区(TA)。

(3) eUTRAN-CGI：E-UTRAN Cell Global Identifier，亦简称为 ECGI，小区全球唯一标识。

(4) rRC-Establishment-Cause：RRC 建立原因。

initialUEMessage 消息解码如图 4-35 所示。

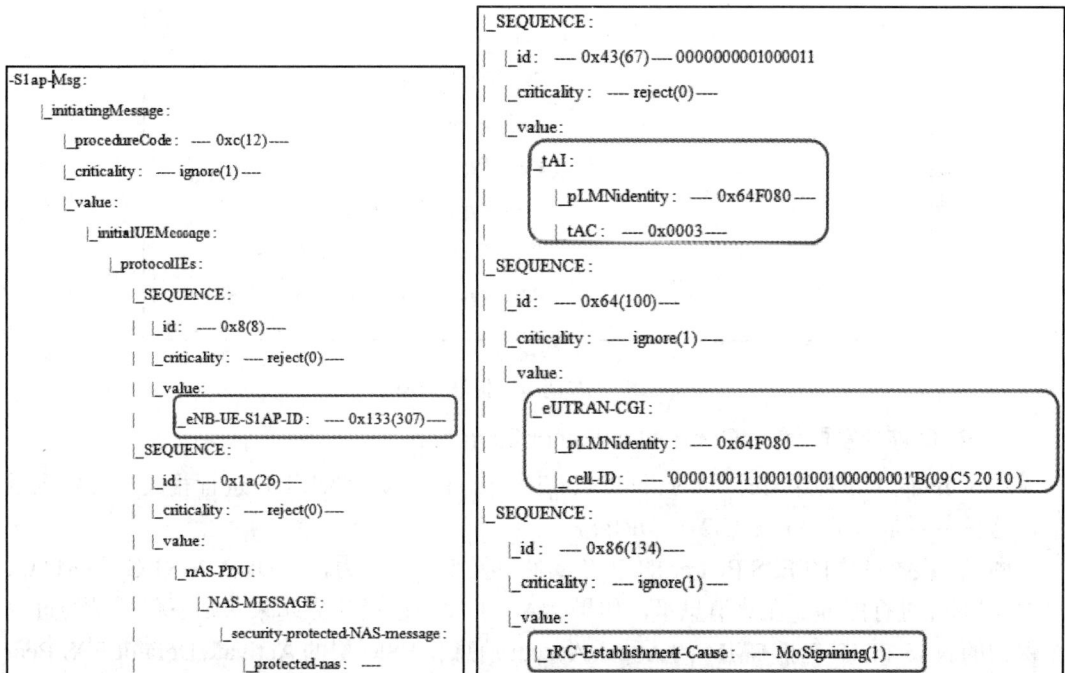

图 4-35　initialUEMessage 消息解码

### 3. 直传消息(鉴权 加密)

鉴权就是通过网络对 UE 进行身份验证以及 UE 对网络进行身份验证的过程，从而达到保护网络资源不被非法用户盗用的目的。

什么叫完整性保护和加密呢？完整性保护保证了数据在传输过程中不被篡改。加密则是发射端根据参数修改了数据内容，使用的参数只有收发两端知道。

### 4. UE 能力上报

eNodeB 发送 ueCapabilityEnquiry 消息给 UE，请求传输 UE 的无线接入性能。eNodeB 向 MME 发送 ueCapabilityInfoIndication，更新 MME 的 UE 能力信息。该消息携带的主要 IE 有 RAT-Type，如图 4-36 所示。

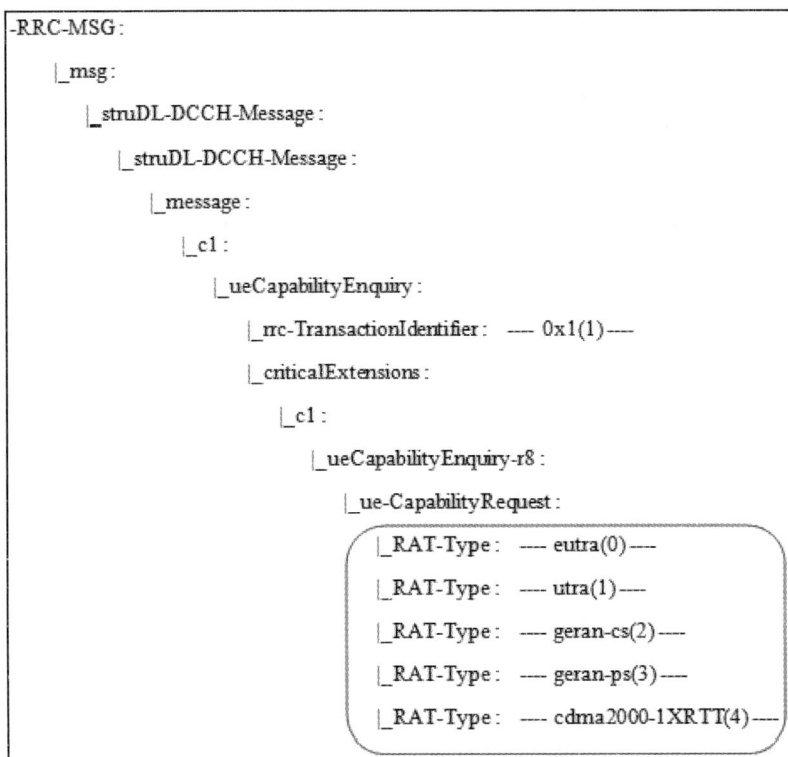

```
-RRC-MSG:
    |_msg:
        |_struDL-DCCH-Message:
            |_struDL-DCCH-Message:
                |_message:
                    |_c1:
                        |_ueCapabilityEnquiry:
                            |_rrc-TransactionIdentifier:  ---- 0x1(1)----
                            |_criticalExtensions:
                                |_c1:
                                    |_ueCapabilityEnquiry-r8:
                                        |_ue-CapabilityRequest:
                                            |_RAT-Type:  ---- eutra(0)----
                                            |_RAT-Type:  ---- utra(1)----
                                            |_RAT-Type:  ---- geran-cs(2)----
                                            |_RAT-Type:  ---- geran-ps(3)----
                                            |_RAT-Type:  ---- cdma2000-1XRTT(4)----
```

图 4-36　UE 能力上报消息解码

### 5. RRC 连接重配置 rrcConnectionReconfiguration

eNodeB 向 UE 发送 rrcConnectionReconfiguration 消息，要求 UE 进行相关无线资源重配，这里主要是为了建立 SRB2 与 DRB1。

同时，根据缺省的 EPS Bearer 的 QoS 属性以及 UE 的能力，对 DRB 的 RLC 及 MAC、PHY 层属性进行配置。在此消息里，如果 NAS 的安全已经建立起来，则还将携带经过安全保护的 NAS PDU，包括 EMM 的 Attach Accept 消息和 ESM 层的 Activate Default EPS Bear Request 消息。在 ESM 消息中，包含了 Default EPS 的 QoS 信息、APN 和分配给 UE 的 IP 地址等。

rrcConnectionReconfiguration 消息解码如图 4-37 所示。

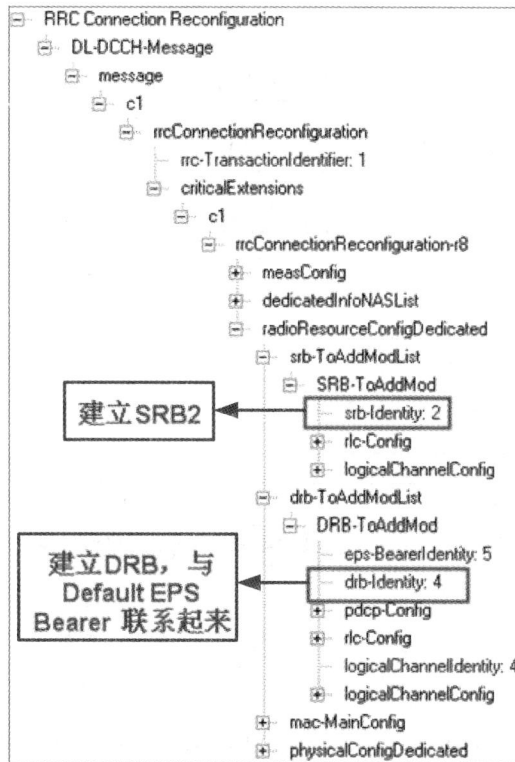

图 4-37　rrcConnectionReconfiguration 消息解码

#### 6. SRB 和 DRB

在 LTE 中，SRB 作为一种特殊的无线承载，其仅仅用来传输 RRC 和 NAS 消息。无线承载有两种，一种是数据无线承载(DRB)，一种是信令无线承载(SRB)。SRB 一共有三种，分别为 SRB0、SRB1、SRB2。

SRB0 对应的是公共控制信道，他不属于具体某个用户。小区一建立就会建立起 SRB0，在信令建立过程中不需要再建立 SRB0。rrcConnectionReqest 是在 SRB0 上传输的。

SRB1 和 SRB2 信令承载是对应专用控制信道的，是对应用户的。UE 收到 NodeB 的 rrcConnectionSetup 信令后，UE 和 NodeB 之间的 SRB1 就建立起来了。SRB2 和 DRB 在 eNodeB 向 UE 发送 rrcConnectionReconfiguration 消息时建立。

LTE 存在 2 层加密和保护，NAS 只对 NAS 控制信令进行加密工作，而 PDCP 同时进行控制平面和数据平面的完整性保护和加密工作。一旦安全模式被激活，所有 SRB1 和 SRB2 的 RRC 消息(包括某些 NAS 或者 3GPP 消息)都会通过 PDCP 来进行完整性保护和加密。

## 4.4.2　UE 发起的 Service Request 流程

UE 在 IDLE 模式下，需要发送或接收业务数据时，发起 Service Request 过程。

Service Request 流程就是完成 Initial Context Setup，在 S1 接口上建立 S1 承载，在 Uu 接口上建立数据无线承载，打通 UE 到 EPC 之间的路由，为后面的数据传输做好准备。

Service Request 流程主要包含九个步骤，如图 4-38 所示。

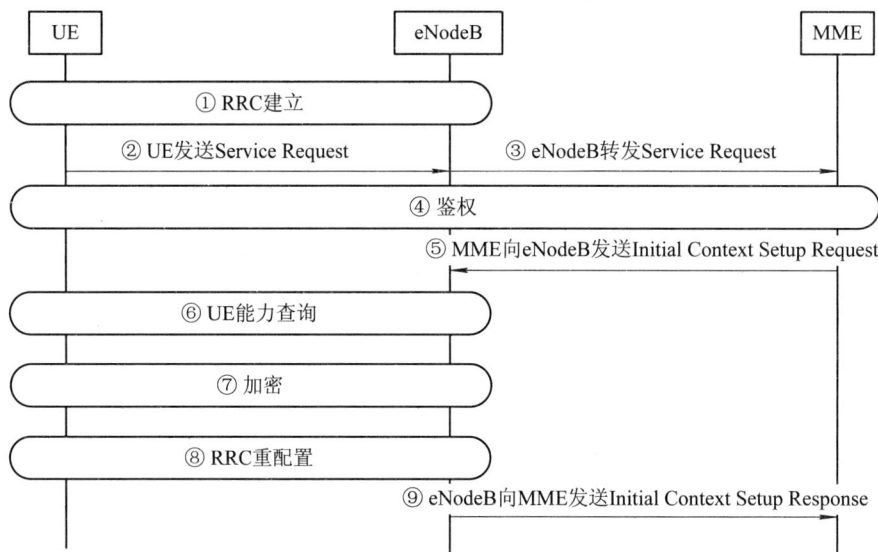

图 4-38　Service Request 流程

(1) RRC 建立。

① 处在 RRC_IDLE 态的 UE 进行 Service Request 过程，发起随机接入过程，即 Msg1 消息。

② eNodeB 检测到 Msg1 消息后，向 UE 发送随机接入响应消息，即 Msg2 消息。

③ UE 收到随机接入响应后，根据 Msg2 的 TA 调整上行发送时机，向 eNodeB 发送 rrcConnectionRequest 消息，即 Msg3 消息。

④ eNodeB 向 UE 发送 rrcConnectionSetup 消息，包含建立 SRB1 承载信息和无线资源配置信息。

⑤ UE 完成 SRB1 承载和无线资源配置，向 eNodeB 发送 rrcConnectionSetupComplete 消息。

通过 RRC 建立流程将 SRB1 建立起来，建立完成消息 rrcConnectionSetupComplete 通过 SRB1 承载在 UL_DCCH 上发送。RRC 连接建立完成消息中带有 NAS 信息，NAS 消息基站侧不解析，直传到 MME。

(2) UE 发送 Service Request。

向 eNodeB 发送的 rrcConnectionSetupComplete 消息中包含 NAS Service Request 信息。

(3) eNodeB 转发 Service Request。

eNodeB 选择 MME，向 MME 发送 initialUEMessage 消息，包含 NAS Service Request 消息。

(4) 鉴权。

UE 与 EPC 间执行鉴权流程。与 GSM 不同的是，LTE 鉴权是双向鉴权流程，提高了网络安全能力。

(5) MME 向 eNodeB 发送 Initial Context Setup Request 消息，请求建立 UE 上下文信息。

(6) UE 能力查询。

① eNodeB 接收到 Initial Context Setup Request 消息，如果不包含 UE 能力信息，则 eNodeB 向 UE 发送 UECapabilityEnquiry 消息，查询 UE 能力。

② UE 向 eNodeB 发送 UE Capability Information 消息，报告 UE 能力信息。

③ eNodeB 向 MME 发送 UE Capability Info Indication 消息，更新 MME 的 UE 能力信息。

④ eNodeB 根据 Initial Context Setup Request 消息中 UE 支持的安全信息，向 UE 发送 SecurityModeCommand 消息，进行安全激活。

(7) 加密。

① 向 UE 发送 SecurityModeCommand 消息，进行安全激活。

② UE 向 eNodeB 发送 SecurityModeComplete 消息，表示安全激活完成。

(8) RRC 重配置。

① eNodeB 根据 Initial Context Setup Request 消息中的 ERAB 建立信息，向 UE 发送 rrcConnectionReconfiguration 消息进行 UE 资源重配，包括重配 SRB1 和无线资源配置，建立 SRB2 信令承载、DRB 业务承载等。

② UE 向 eNodeB 发送 rrcConnectionReconfigurationComplete 消息，表示资源配置完成。

(9) eNodeB 向 MME 发送 Initial Context Setup Response 响应消息，表明 UE 上下文建立完成。流程到此时完成了 Service Request，随后进行数据的上传与下载。

### 4.4.3 寻呼流程

网络可以向空闲状态和连接状态的 UE 发送寻呼。寻呼过程可以由核心网触发，用于通知某个 UE 接收寻呼请求，或者由 eNodeB 触发，用于通知系统信息更新，以及通知 UE 接收地震海啸预警系统(ETWS)或商用移动告警系统(CMAS)等信息。下面以核心网触发寻呼过程为例介绍一下寻呼流程。

被叫寻呼流程说明如图 4-39 所示。

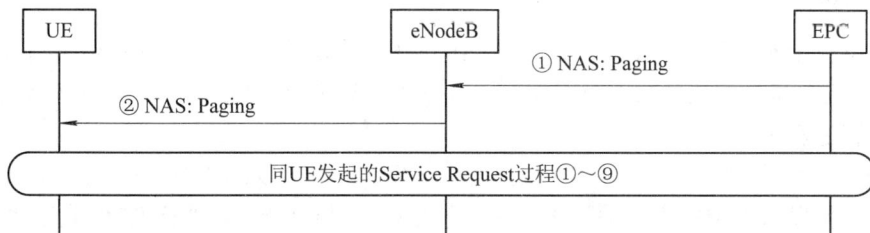

图 4-39 被叫寻呼流程

(1) 当 EPC 需要给 UE 发送数据时，则向 eNodeB 发送 Paging 消息。

(2) eNodeB 根据 MME 发的寻呼消息中的 TA 列表信息，在属于该 TA 列表的小区发送 Paging 消息，UE 在自己的寻呼时机接收到 eNodeB 发送的寻呼消息。

在寻呼消息中，如果所指示的 Paging ID 是 S-TMSI，则表示本次寻呼是一个正常的业务呼叫，如图 4-40 所示；如果 Paging ID 是 IMSI(例如 S-TMSI 不可用)，则表示本次寻呼是一次异常的呼叫，用于网络侧的错误恢复，此种情况下终端需要重新做一次附着(Attach)

过程。

```
┌────────────────────────────────────────────────┐
│ ··· Paging                                       │
│ ··· Type: PCCH                                   │
│ ··· Direction: Downlink                          │
│ ··· Computer Timestamp: 14:28:03.645             │
│ ··· UE Timestamp: 3650273020 (ms)                │
│ ··· Earfcn\Pci: 37900 - 49                       │
│ ⊟·· PCCH-Message                                 │
│    ⊟·· message                                   │
│       ⊟·· c1                                      │
│          ⊟·· paging                              │
│             ⊟·· pagingRecordList                 │
│                ⊟·· PagingRecord                  │
│                   ⊟·· ue-Identity                │
│   ┌─────────────────────────────────────────┐   │
│   │          ⊟·· s-TMSI                       │   │
│   │             ··· mmec: 0x00                │   │
│   │             ─── m-TMSI: 0xC001F8D1        │   │
│   └─────────────────────────────────────────┘   │
│                ─── cn-Domain: (0) ps             │
└────────────────────────────────────────────────┘
```

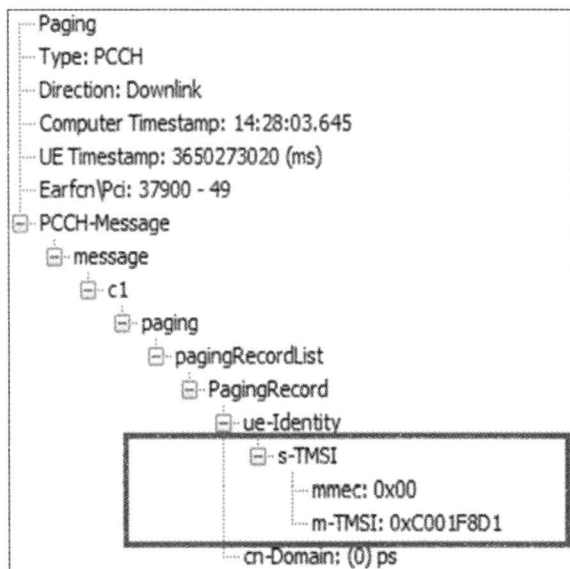

图 4-40    Paging 信令解析

### 4.4.4  移动性管理流程

#### 1. TAU 流程

为了确认移动台的位置，LTE 无线网络覆盖区将被分为许多个跟踪区。TA 是 LTE 系统中位置更新和寻呼的基本单位。网络运营时用 TAI 作为 TA 的唯一标识，TAI 由 MCC、MNC 和 TAC 组成，共计 6 字节，一个 TA 可包含一个或多个小区。TAI List 长度为 8～98 字节，最多可包含 16 个 TAI。

TAU 的流程是当 UE 换了 TA 或者 TA List 后，MME 能够及时更新 UE 所在的 TA 或者 TA List。

下面以空闲态不设置"ACTIVE"的 TAU 流程为例进行介绍，如图 4-41 所示。空闲态不设置"ACTIVE"的这种状态就是 UE 不做业务，只是位置更新，比如周期性位置更新、移动性位置更新等。

(1) 首先 UE 检查到 TA 或者 TA List 发生变化，手机会发起一个 TAU Request，这条信令是手机直接发给 MME 的。当然，UE 在发起 TAU 更新之前，要进行 RRC 连接建立过程，如果 UE 是第一次接入，那么 MME 会做一次鉴权，为 UE 创建一些安全相关的一些参数，如图 4-41 中 15 条语句中的前 8 条语句所示。

(2) MME 收到请求(即 TAU Request)之后，会将 TA 或者 TA List 做一个更新，如图 4-41 中第 9、10 条语句所示。

(3) UE 进行跟踪区更新会给 MME 回复一条 TAU Accept 消息，如图 4-41 中第 11、12 条语句所示。

(4) MME 和 UE 在跟踪区更新之后，释放相关资源，如图 4-41 中第 13～15 条语句所示。

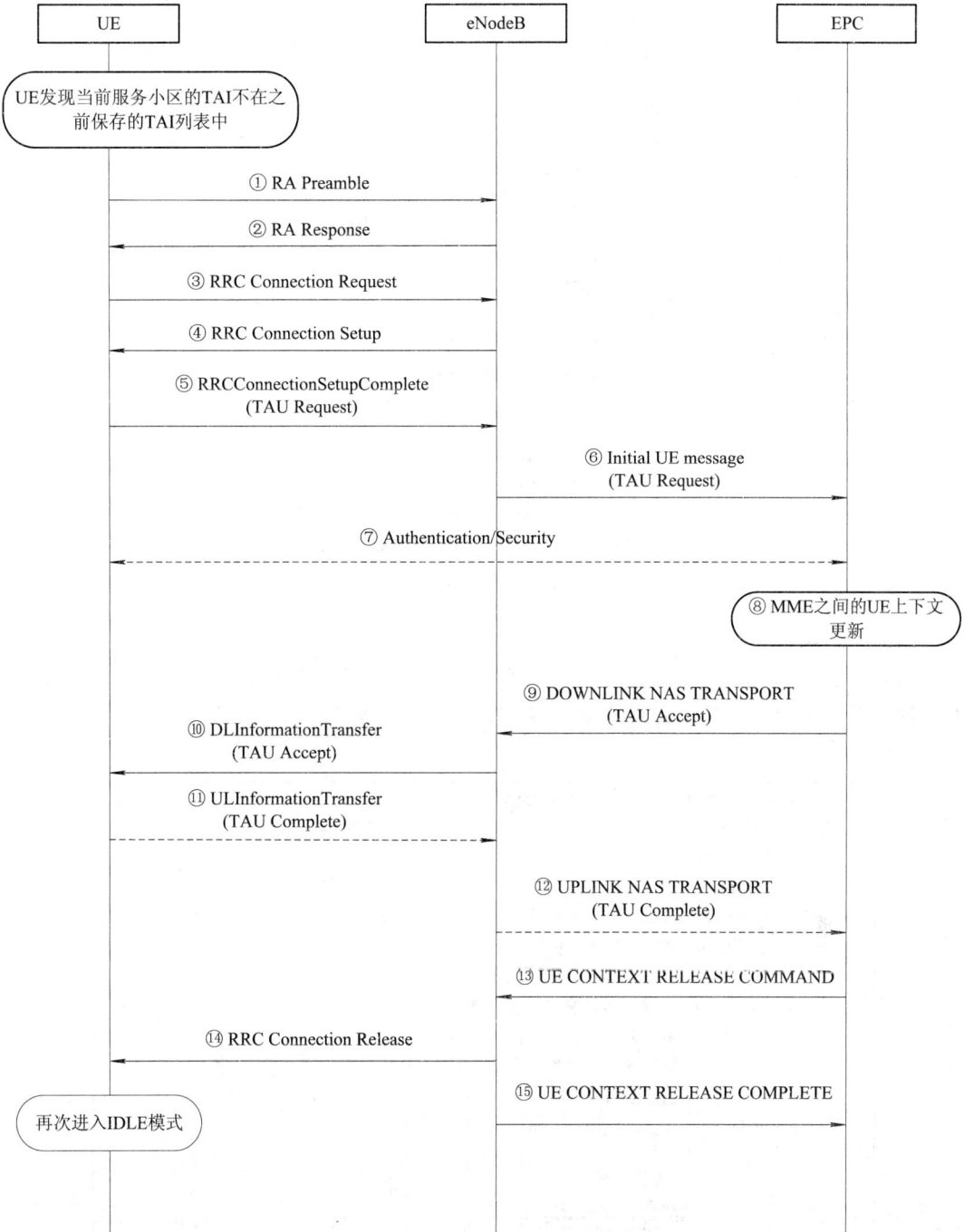

图 4-41　跟踪区更新流程

1)　TAU Request

UE 通过发送 TAU Request 消息来发起 TAU 过程。该消息包括指示旧 GUTI 参数和所选网络，如图 4-42 所示，UE 指示最后注册的 TAC=15619。

```
LTE NAS-->Tracking area update request
  L3Message
    dir = UPLINK
    message
      ProtocolDiscriminator = 7
      SecurityHeaderType = 0
      TRACKING_AREA_UPDATE_REQUEST
        ActiveFlag = (0)Bearer establishment requested
        EPSUpdateTypeValue = (0)TA updating
        NAS_key_Set_identifier
        Old_GUTI
        UE_Network_Capability
        Last_visited_registered_TAI
          MCC = 460
          MNC = 11
          TAC = 15619
        EPS_bear_context_status
        Voice_domain_preference_and_UEs_usage_setting
        Old_GUTI_Type = (0)Native GUTI
```

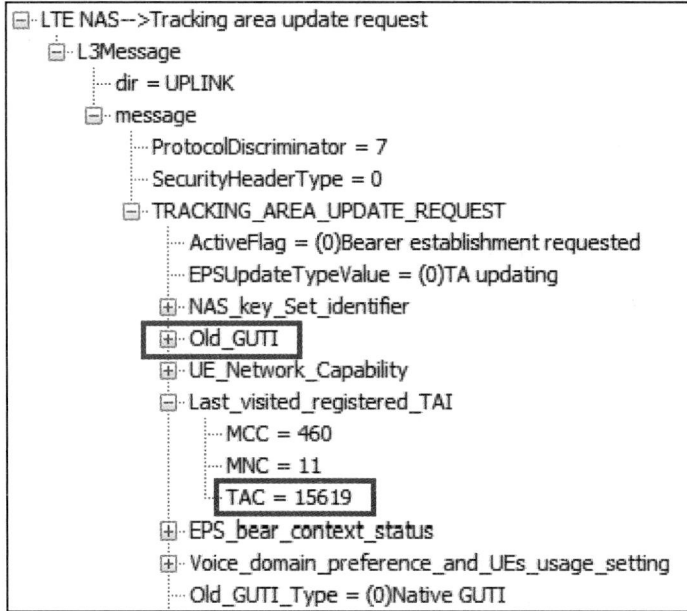

图 4-42　TAU Request

2) TAU Accept

MME 向 UE 发送 TAU Accept 消息。在 TAU Accept 语句中，MME 向 UE 分配新的 GUTI，并发送新的 TAI List。TAI List 中包含了跟踪区更新后新的 TAC，如图 4-43 所示，新的TAC=15616。

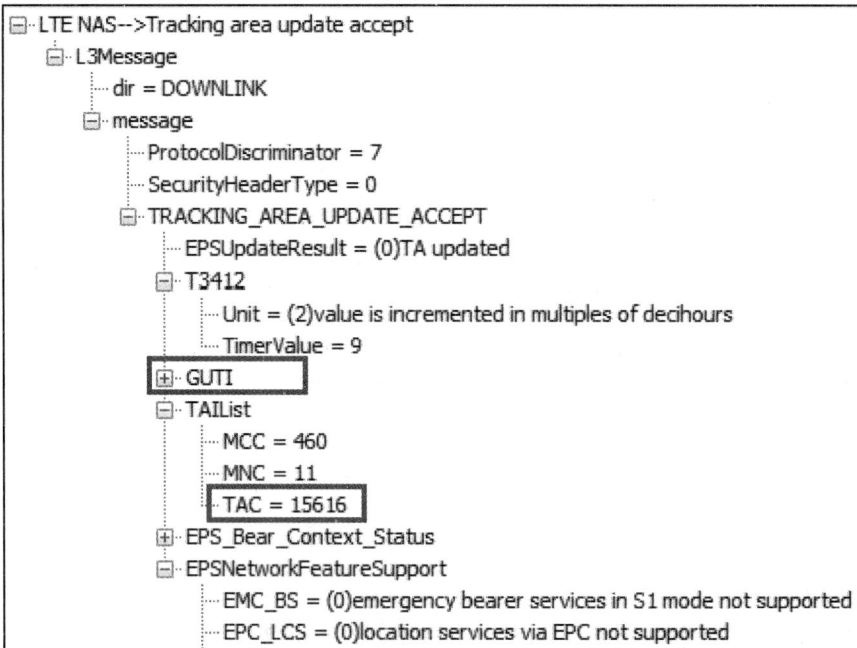

```
LTE NAS-->Tracking area update accept
  L3Message
    dir = DOWNLINK
    message
      ProtocolDiscriminator = 7
      SecurityHeaderType = 0
      TRACKING_AREA_UPDATE_ACCEPT
        EPSUpdateResult = (0)TA updated
        T3412
          Unit = (2)value is incremented in multiples of decihours
          TimerValue = 9
        GUTI
        TAIList
          MCC = 460
          MNC = 11
          TAC = 15616
        EPS_Bear_Context_Status
        EPSNetworkFeatureSupport
          EMC_BS = (0)emergency bearer services in S1 mode not supported
          EPC_LCS = (0)location services via EPC not supported
```

图 4-43　TAU Accept

3) TAU Complete

UE 在收到 TAU Accept 语句之后，会更新存储在手机 USIM 卡里的 TAC 信息，并通过 eNodeB 发送 TAU Complete 消息给 MME 侧，如图 4-44 所示。TAU 完成以后，核心网通知 eNodeB 立即释放 RRC 连接，UE 重新回到空闲态。

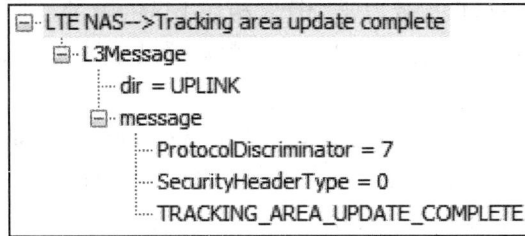

图 4-44　TAU Complete

## 2. 切换流程

eNodeB 发送 rrcConnectionReconfiguration 消息给 UE，该消息中携带切换信息 mobilityControlInfo，其包含目标小区 ID；载频；测量带宽；给用户分配的 C-RNTI；通用无线承载配置信息(包括各信道的基本配置、上行功率控制的基本信息等)；给用户配置的避免用户接入目标小区时有竞争冲突的 dedicated random access parameters 信息。

UE 按照切换信息在新的小区接入，向 eNodeB 发送 rrcConnectionReconfiguration Complete 消息，表示切换完成，正常切入到新小区。

如图 4-45 所示为基于 X2 口两个 eNodeB 之间的切换，MME 不变，切换命令与 eNodeB 内部切换一致，携带的信息内容也一致。

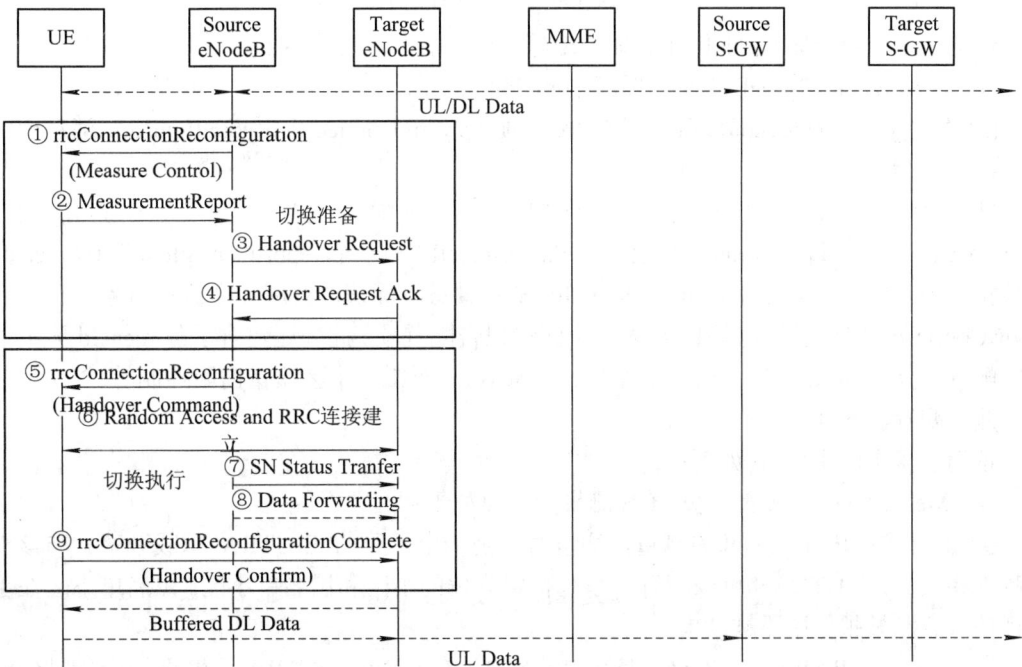

图 4-45　切换示意图

LTE 切换过程主要包括以下四个步骤：

(1) 测量配置。由 eNodeB 通过 rrcConnectionReconfigurtion 消息携带的 measConfig 信元将测量配置消息通知给 UE，即下发测量控制。

(2) 测量报告。UE 会对当前服务小区进行测量，并根据 rrcConnectionReconfigurtion 消息中的 s-Measure 信元来判断是否需要执行对相邻小区的测量。测量报告触发方式分为周期性和事件触发。当满足测量报告条件时，UE 将测量结果填入 MeasurementReport 消息，发送给 eNodeB。

(3) 切换执行。eNodeB 给 UE 发送 rrcConnectionReconfiguration 消息，通知 UE 进行切换操作。rrcConnectionReconfiguration 消息携带了目标小区的 PCI 和空口资源信息。

(4) 切换完成。当 UE 接入到目标小区后向目标小区发送 rrcConnectionReconfiguration Complete 消息，表明切换完成。

1) MeasurementConfiguration 消息

测量配置 MeasurementConfiguration 主要由 eNodeB 通过 rrcConnectionReconfigurtion 消息携带的 measConfig 信元将测量配置消息通知给 UE，包含 UE 需要测量的对象、小区列表、报告方式、测量标识、事件参数等，如图 4-46 所示。

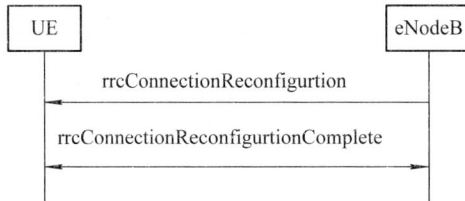

图 4-46 测量配置

当测量条件改变时，eNodeB 通知 UE 新的测量条件，具体如下：

(1) 触发条件：eNodeB 向 UE 发起/修改/删除测量。

(2) 发送网元(eNodeB)处理：将测量配置项填入 rrcConnectionReconfigurtion 消息中的 measConfig 信元。

(3) 接收网元(UE)处理：UE 侧维护一个测量配置数据库 VarMeasConfig，在 VarMeasConfig 中，每个 measId 对应一个 measObjectId 和一个 reportConfigId。其中，measId 是数据库测量配置条目索引；measObjectId 是测量对象标识，对应一个测量对象配置项；reportConfigId 是测量报告标识，对应一个测量报告配置项。此外还包含了与 measId 无关的公共配置项 quantityConfig、测量量配置、s-Measure 及服务小区质量门限控制等。

测量配置内容如图 4-47 所示。

该消息携带的主要 IE 如下：

(1) MeasObject：测量对象。UE 测量的对象如下：

① 对于频率内和频率间的测量，测量对象是一个单一的 E-UTRA 承载频率。与该承载频率相关的，E-UTRAN 可以配置一系列特定频偏的小区和黑名单小区。黑名单小区在事件评估或者测量报告中不被考虑。

② 对于不同 RAT 间的 UTRA 测量，测量对象为在一个单一 UTRA 承载频率上的小区集。

③ 对于不同 RAT 间的 GERAN 测量，测量对象为一个 GERAN 承载频率集。

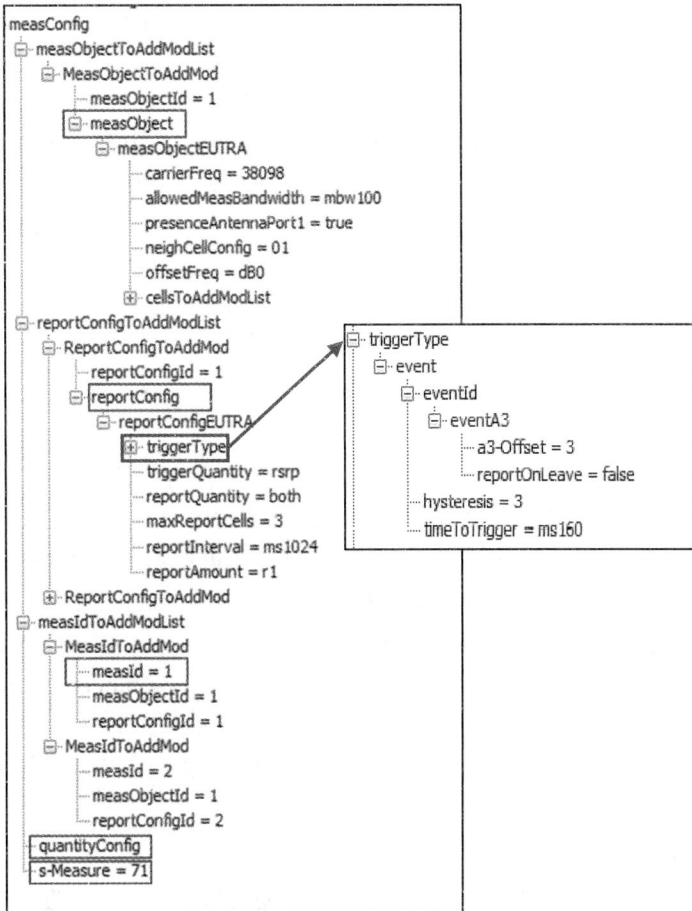

图 4-47　测量配置内容

(2) ReportConfig：报告配置。

① 报告标准：该标准触发 UE 发送一条测量报告，可以是周期性的或者是单一事件的描述。

② 报告格式：在测量报告中 UE 包含的量以及相关的信息(例如报告小区的数量)。

(3) cellsToAddModList：相邻小区添加/修改列表，给出了相邻小区的列表。每个相邻小区包含 cellIndex(邻区列表索引)、physCellID(物理小区标识)和 cellIndivedualOffset(适用于特定邻区的小区各自偏移)三个参数。

(4) MeasId：测量标识。每一个测量 ID 对应着一个测量对象和一个报告配置。对多个测量 ID 来说，可能对应着多个测量对象和同一个报告配置，也可能对应着一个测量对象和多个报告配置。

(5) quantityConfig：测量量配置，定义了测量量和用于所有事件评估和相关测量的报告类型。每个测量量可以配置一个滤波器。

(6) s-Measure：服务小区质量门限控制。如果没有配置 s-Measure 或者配置了 s-Measure 但是服务小区的 RSRP 低于这个值，那么 UE 会执行相关测量。

(7) carrierFreq：E-UTRAN 承载频率。

(8) allowedMeasBandwidth：允许测量带宽，在同频小区选择参数或异频列表上配置。

(9) presenceAntennaPort1：当前天线端口。

(10) neighCellConfig：相邻小区配置，与 MBSFN 有关。

(11) offsetFreq：承载频率的偏移值(同频网络该值不可以配置，异频网络可以在异频列表上配置)。

(12) cellsToAddModList：相邻小区添加/修改列表。cellsToRemoveList 表示相邻小区删除列表。

(13) trigerType：报告触发类型，分为事件型和周期型。周期型测量按照测量目的可分为报告最强小区和小报小区 CGI。

(14) reportOnLeave：当 cellsTriggeredList 中的小区处于离开状态时，UE 是否应该再执行一次测量报告过程。

(15) Hysteresis：滞后参数(0～30)表示事件触发报告条件下进入和离开条件的参数。

(16) timeToTrigger：满足条件是触发测量报告的时间。

(17) triggerQuantity：用来确定评估事件型触发报告的标准，取"RSRP"代表用 RSRP 作为评估标准，取"RSRQ"代表用 RSRQ 作为评估标准。

(18) maxReportCells：包括服务小区在内的测量上报小区最大数。

(19) reportInterval：报告间隔，在切换过程中未收到 rrcConnectionReconfiguration 时 UE 发送测量报告的间隔。

(20) reportAmount：满足上报条件的测量报告数目(对切换未成功的限制，与切换时的回切次数无关)。

2) MeasurementReport 消息

当 UE 完成测量后，会依照测量报告配置对报告条件进行评估。当设定条件满足时，UE 会将测量结果填入 MeasurementReport 消息，发送给 eNodeB。该消息携带的主要 IE 如下：

(1) measId：上报测量报告的测量标识，与 MeasurementControl 消息一致。

(2) measResultPCell：服务小区测量结果，包括 rsrpResult 和 rsrqResult。

(3) measResultNeighCells：邻小区测量结果。

MeasurementReport 信令解析如图 4-48 所示。

3) rrcConnectionReconfiguration 消息

eNodeB 给 UE 发送 rrcConnectionReconfiguration 消息，通知 UE 进行切换操作。该消息携带 mobilityControlInfo，表示切换命令。其他主要 IE 如下：

(1) targetPhysCellId：目标小区的物理小区标识。

(2) dl-CarrierFreq：下行使用的载频。

(3) t304：T304 定时器。当 UE 收到携带 IE mobilityControlInfo 的 rrcConnection Reconfiguration 消息时启动此定时器，成功切换到目标小区时停止此定时器，超时则表示切换失败。

(4) newUE-Identity：新的 UE 标识。

(5) handoverType：切换类型，此处指出该切换为 LTE 内切换。

切换命令语句 rrcConnectionReconfiguration 信令解码如图 4-49 所示。

```
─ LTE RRC-->Measurement Report
   ─ UL-DCCH-Message
      ─ message
         ─ c1
            ─ measurementReport
               ─ criticalExtensions
                  ─ c1
                     ─ measurementReport-r8
                        ─ measResults
                           ─ measId = 3
                           ─ measResultPCell
                              ─ rsrpResult = -80
                              └ rsrqResult = -9.0
                           ─ measResultNeighCells
                              ─ measResultListEUTRA
                                 ─ MeasResultEUTRA
                                    ─ physCellId = 277
                                    ─ measResult
                                       ─ rsrpResult = 55
                                       └ rsrqResult = 17
                                 ⊞ MeasResultEUTRA
                                 ⊞ MeasResultEUTRA
                                 ⊞ MeasResultEUTRA
```

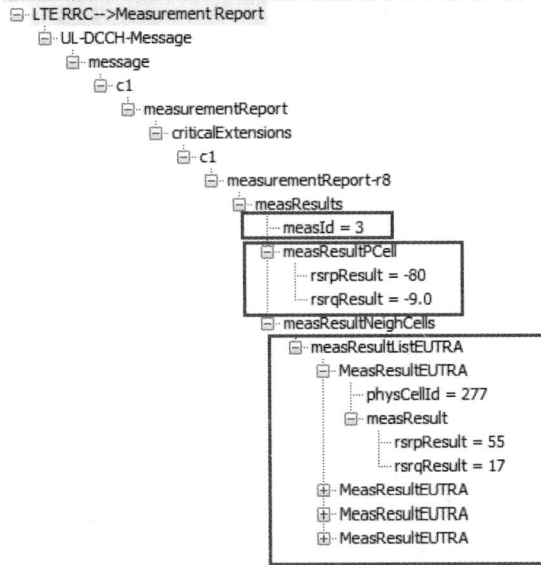

图 4-48　MeasurementReport 信令解析

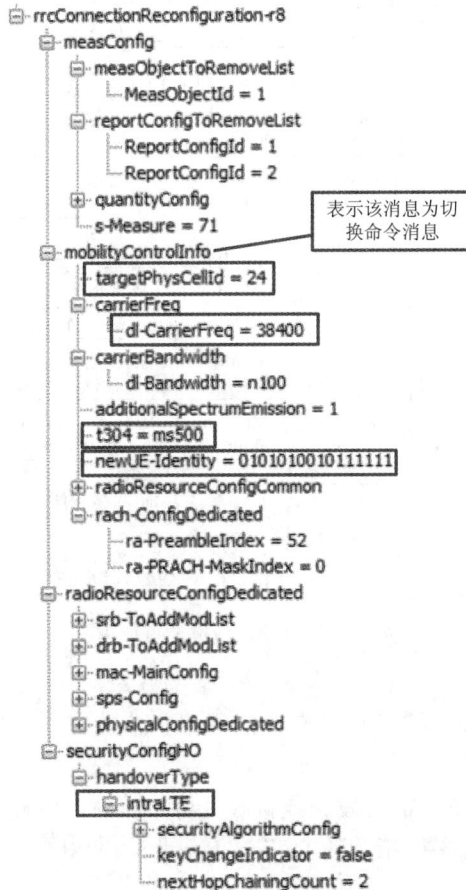

```
─ rrcConnectionReconfiguration-r8
   ─ measConfig
      ─ measObjectToRemoveList
         └ MeasObjectId = 1
      ─ reportConfigToRemoveList
         ─ ReportConfigId = 1
         ─ ReportConfigId = 2
      ⊞ quantityConfig
      └ s-Measure = 71
   ─ mobilityControlInfo            表示该消息为切
      ─ targetPhysCellId = 24        换命令消息
      ─ carrierFreq
         └ dl-CarrierFreq = 38400
      ─ carrierBandwidth
         └ dl-Bandwidth = n100
      ─ additionalSpectrumEmission = 1
      ─ t304 = ms500
      ─ newUE-Identity = 0101010010111111
      ⊞ radioResourceConfigCommon
      ─ rach-ConfigDedicated
         ─ ra-PreambleIndex = 52
         └ ra-PRACH-MaskIndex = 0
   ─ radioResourceConfigDedicated
      ⊞ srb-ToAddModList
      ⊞ drb-ToAddModList
      ⊞ mac-MainConfig
      ⊞ sps-Config
      ⊞ physicalConfigDedicated
   ─ securityConfigHO
      ─ handoverType
         ─ intraLTE
            ⊞ securityAlgorithmConfig
            ─ keyChangeIndicator = false
            └ nextHopChainingCount = 2
```

图 4-49　切换命令语句信令解码

4) rrcConnectionReconfigurationComplete 消息

当 UE 接入到目标小区后，UE 向目标小区发送 rrcConnectionReconfigurationComplete 消息，指示切换进行对于 UE 已经完成。

## 知识点/技能点小结

知识点/技能点梳理见图 4-50。

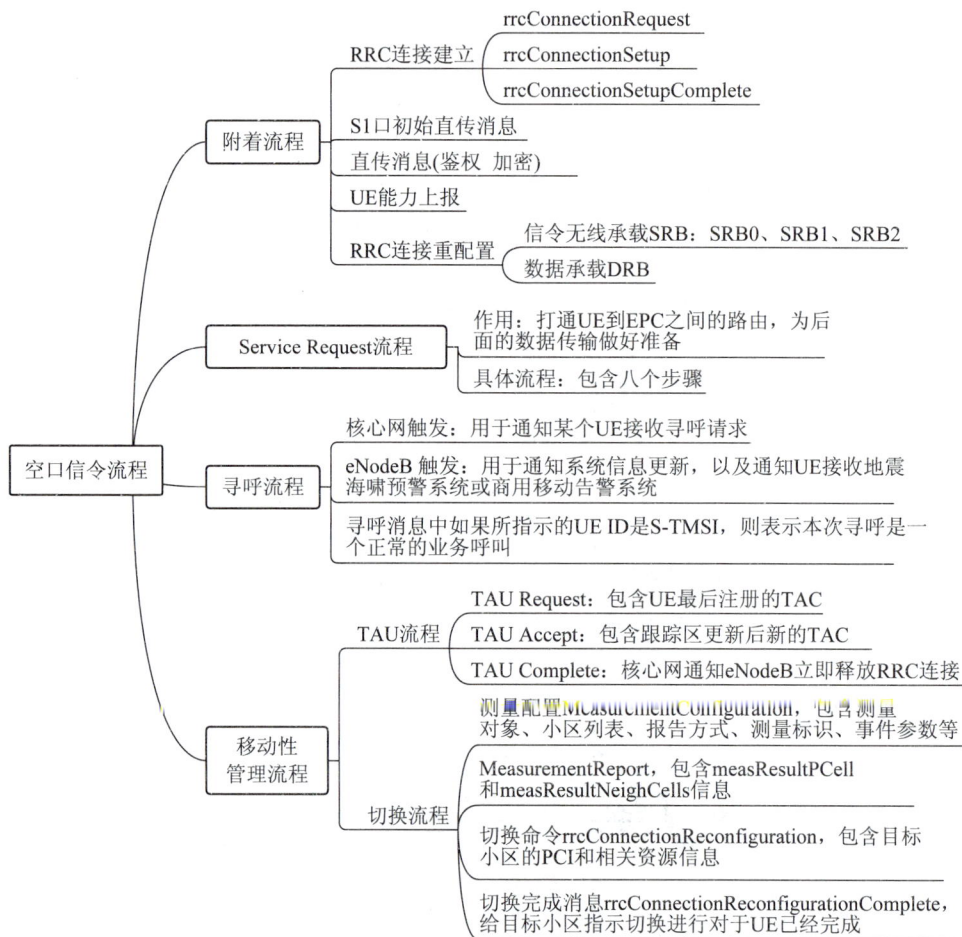

图 4-50　知识点/技能点梳理

知识/技能要点：

(1) 一个终端用户需要首先注册到有效的网络上才能够使用网络业务，这个过程被称为网络附着。

(2) UE 在 IDLE 模式下，需要发送或接收业务数据时，发起 Service Request 过程。

(3) 在寻呼消息中，如果所指示的 Paging ID 是 S-TMSI，则表示本次寻呼是一个正常的业务呼叫。

(4) 在 TAU Accept 语句中，MME 向 UE 分配新的 GUTI，并发送新的 TAI List，TAI List

中包含了跟踪区更新后新的 TAC。

(5) 测量配置的 CellsToAddModList 信元中给出了相邻小区的列表。每个相邻小区包含 cellIndex(邻区列表索引)、physCellID(物理小区标识)和 cellIndivedualOffset(适用于特定邻区的小区各自偏移)三个参数。

(6) 当设定条件满足时，UE 会将测量结果填入 MeasurementReport 消息，发送给 eNodeB。该消息携带的主要 IE 有：measId、measResultPCell 和 measResultNeighCells 信息。

# 思考与复习题

一、填空题

1. 一个终端用户需要首先注册到有效的网络上才能够使用网络业务，这个过程被称为网络_____。

2. UE 在 IDLE 模式下，需要发送或接收业务数据时，发起_____过程。

3. Service Request 流程就是完成 initial Context Setup，在 S1 接口上建立 S1 承载，在 Uu 接口上建立数据无线承载，打通 UE 到_____之间的路由，为后面的数据传输做好准备。

4. TD-LTE 系统中，进行 E-RAB 建立时发起的 RRC 连接过程是_____过程。

二、判断题

1. TD-LTE 系统中，UE 可以自行释放 RRC 连接，而不通知网络侧。(　　)

2. 在 UE 发起的 Service Request 信令流程中，rrcConnectionSetupComplete 消息中包含 NAS Service Request 信息。(　　)

3. eNodeB 向 MME 发送 Initial Context Setup Response 响应消息，表明 UE 上下文建立完成。流程到此时完成了 Service Request，随后进行数据的上传与下载。(　　)

4. LTE 鉴权是双向鉴权。(　　)

5. 在寻呼消息中，如果所指示的 Paging ID 是 S-TMSI，则表示本次寻呼是一个正常的业务呼叫。(　　)

6. eNodeB 给 UE 发送 rrcConnectionReconfiguration 切换消息包含 targetPhysCellId(目标小区的物理小区标识)和 dl-CarrierFreq(下行使用的载频)。(　　)

7. TAU 过程是由 MME 发起的。(　　)

8. LTE 因为一附着就分配 IP 地址所以具有永久在线的特性，对 IP 地址的需求量非常大，因此只能使用 IPv6 协议栈。(　　)

三、单项选择题

1. LTE/EPC 网络中，手机成功完成初始化附着后，移动性管理的状态变为(　　)。
A. EMM-Registered　B. ECM Connected　C. ECM Active　D. EMM-Deregisted

2. 下列关于 UE 完成初始化附着过程的说法，不正确的是(　　)。
A. UE 与 MME 建立 MM 上下文　　　　　B. MME 为 UE 建立默认承载
C. UE 获得网络侧分配的 IP 地址　　　　　D. UE 一定要携带 APN

3. 下列 RRC 信令中，可以承载 NAS 消息的信令是(　　)。
A. rrcConnectionSetupComplete　　　　　B. rrcConnectionRequest
C. rrcConnectionSetup　　　　　　　　　D. rrcConnectionReestablishment

4. LTE 中，开机时 UE 通过 Attach 过程完成网络注册，并建立用户面的(　　)。

A. SRB0 承载　　B. SRB1 承载　　C. 专用 DRB 承载　　D. 默认 DRB 承载

5. LTE 中，有关附着过程的说法，正确的是(　　)。

A. 附着不一定是 UE 发起

B. 附着可以是 MME 发起

C. 附着过程只进行登记注册

D. 附着过程不但进行登记注册还需建立业务面默认承载

6. LTE 中，有关 RRC 连接重建的表述，不正确的是(　　)。

A. 切换失败会触发 RRC 连接重建

B. 作用是恢复 SRB1

C. eNodeB 中需有 UE 的上下文信息

D. 作用是恢复 SRB2

7. LTE/EPC 网络中，手机完成业务请求后，状态变为(　　)。

A. EMM-Registered　　　　　　B. ECM Connected

C. ECM IDLE　　　　　　　　D. EMM-Deregisted

8. RRC 层的加密和完整性保护终止于(　　)。

A. eNodeB　　B. MME　　C. S-GW　　D. P-GW

9. 周期性 TAU 更新定时器为(　　)。

A. T3412　　B. T3213　　C. T310　　D. T301

10. LTE 中，RRC 重配消息中如包含 measConfig IE，则该 IE 主要功能是描述(　　)。

A. 建立、修改和释放测量　　　B. 执行切换

C. 建立、修改和释放无线承载　　D. NAS 信息传递

11. LTE 中，RRC 重配消息中如包含 radioResourceConfigDedicated IE，则该 IE 主要功能是描述(　　)。

A. 建立、修改和释放测量

B. 执行切换

C. 建立、修改和释放无线承载

D. NAS 信息传递

12. LTE 中，RRC 重配消息中如包含 mobilityControlInfo IE，则该 IE 主要功能是描述(　　)。

A. 建立、修改和释放测量

B. 执行切换

C. 建立、修改和释放无线承载

D. NAS 信息传递

13. LTE 中，RRC 重配消息中如包含 DedicatedInfoNASList IE，则该 IE 主要功能是描述(　　)。

A. 建立、修改和释放测量

B. 执行切换

C. 建立、修改和释放无线承载

D. NAS 信息传递

四、多项选择题

1. TD-LTE 系统中，使用 SRB0 的 RRC 连接过程包括(　　)。

A. RRC 连接建立　　　　　　　　B. RRC 连接重建

C. RRC 连接重配　　　　　　　　D. RRC 连接释放

2. TD-LTE 系统中，使用 RRC 连接重建的原因包括(　　)。

A. 开机附着　　B. 切换失败　　C. 无线链路失败　　D. 测量控制下发

3. 下列选项(　　)属于 RRC 功能。

A. 寻呼　　　　B. 测量控制　　C. 动态资源分配　　D. 完整性保护

4. RRC 连接重配置的场景有(　　)。

A. 测量控制下发　　　　　　　　B. 切换执行

C. TM 模式切换　　　　　　　　D. 激活 SRB2

5. RRC 连接重建立的场景有(　　)。

A. 切换失败　　　　　　　　　　B. 无线链路失败

C. RRC 重配置失败　　　　　　　D. 底层完整性保护失败

6. 以下使用 RRC 连接重配置信令的场景有(　　)。

A. 测量控制下发　　　　　　　　B. 切换执行

C. TM 模式切换　　　　　　　　D. SRB1 的建立

五、问答题

1. 简述 LTE 切换测量过程的主要步骤。

2. 在 LTE 系统中，MeasurementReport 信令消息包含哪些重要内容？

# 项目五　LTE 无线网络典型案例的分析

## 任务 5.1　LTE 无线网络覆盖问题优化

**课前引导**

良好的无线覆盖是保障移动通信质量的前提。无线网络优化的第一步往往就是进行覆盖的优化。对 LTE 无线网络而言，由于其多采用同频组网方式，同频干扰严重，覆盖与干扰问题对网络性能影响重大，故覆盖优化也是非常关键的。

**学习任务**

(1) 理解覆盖问题产生的原因和覆盖常用参数。

(2) 理解弱覆盖、越区覆盖、重叠覆盖等覆盖类问题的重要特征。

(3) 掌握覆盖类问题的分析方法和处理措施。

(4) 能够利用 LTE 无线网络优化软件对覆盖类问题进行数据分析，并能撰写覆盖问题的优化报告。

### 5.1.1　覆盖优化的概念

覆盖优化主要消除网络中存在的四种问题：覆盖空洞、弱覆盖、越区覆盖和导频污染。覆盖空洞可以归入到弱覆盖中，越区覆盖和导频污染都可以归为重叠覆盖，所以，从这个角度和现场可实施角度来讲，优化主要有两个内容：消除弱覆盖和重叠覆盖。

覆盖优化目标的制定，就是结合实际网络建设，最大限度地解决上述问题。

### 5.1.2　覆盖问题产生的原因

无线网络覆盖问题产生的原因主要有如下五类：

(1) 无线网络规划不合理。无线网络规划直接决定了后期覆盖优化的工作量和未来网络所能达到的最佳性能。从传播模型选择、传播模型校正、电子地图、仿真参数设置以及仿真软件等方面保证规划的合理性，避免规划导致的覆盖问题，确保在规划阶段就满足网络覆盖要求。

(2) 实际站点与规划站点位置偏差。规划的站点位置是经过仿真能够满足覆盖要求的，实际站点位置由于各种原因无法获取到合理的站点，导致网络在建设阶段就产生覆盖问题。

(3) 实际工参和规划参数不一致。由于安装质量问题，出现天线挂高、方位角、下倾角、天线类型与规划的不一致，使得原本规划已满足要求的网络在建成后出现了很多覆盖问题。虽然后期网络优化可以通过一些方法来解决这些问题，但是会大大增加项目的成本。

(4) 覆盖区无线环境的变化。一种是无线环境在网络建设过程中发生了变化，个别区域增加或减少了建筑物，导致出现弱覆盖或越区覆盖。另外一种是由于街道效应和水面的反射导致形成越区覆盖和导频污染。

(5) 增加新的覆盖需求。覆盖范围的增加、新增站点、搬迁站点等原因，导致了网络覆盖发生变化。

实际的网络建设中，尽量从上述五个方面规避网络覆盖问题的产生。

## 5.1.3　覆盖指标分析

### 1. 覆盖常用参数

1) RSRP

RSRP 在协议中的定义为在测量频宽内承载 RS 的所有 RE 功率的线性平均值。UE 的测量状态包括系统内、系统间的 RRC_IDLE 态和 RRC_CONNECTED 态。

在链路预算中，RSRP 根据下式计算：

RSRP = RS 信号发射功率 + 扇区侧天线增益 − 传播损耗 − 建筑物穿损 − 人体损耗 −
线缆损失 − 阴影衰落 + 终端天线增益

小区的边缘覆盖要求 RSRP>−105 dBm。通过链路预算和仿真，这个值对应在 20 MHz 带宽组网，单小区 10 个用户同时接入时，小区边缘覆盖用户下行速率约 1 Mb/s。如果边缘覆盖用户要求更高的承载速率，则需要适当调整 RSRP 的边缘覆盖目标。

RSRP 在道路上应大于−95 dBm(天线放置车外)，这个指标已经考虑了一定的阴影衰落余量和一定的穿透损耗。阴影衰落余量主要是为了在有阴影衰落情况下保证一定的无线接通率。而穿透损耗主要是考虑建筑物内的用户也能够得到服务。在优化道路时，优先考虑 RSRP 达到−100 dBm 以上的要求，如果 RSRP 达不到−100 dBm，则再考虑满足−105 dBm 的要求。在密集城区、一般城区和重点交通干线上，RSRP 要达到−100 dBm 以上，其他地方 RSRP 要达到−105 dBm 以上，并且 RSRP 测量值均由置于车内的测试手机测得。

2) RSSI

RSSI 是指 UE 探测带宽内一个 OFDM 符号在所有 RE 上的总接收功率，包括服务小区、非服务小区信号、相邻信道干扰、系统内部热噪声等。由于 RSSI 包括了外部信号和噪声功率，因此通常测量的 RSSI 平均值要比带内真正有用信号 RSRP 的平均值高。

3) SINR

SINR 是 UE 探测带宽内的参考信号功率与干扰噪声功率的比值。SINR 反映当前信道的链路质量，是衡量 UE 性能参数的一个重要指标，其计算公式如下：

$$SINR = \frac{S}{I+N}$$

其中：$S$ 为 CRS 的接收功率；$I$ 包含参考信号上非服务小区信号功率和相邻信道干扰功率；$N$ 为系统内部热噪声功率。

SINR 取值范围为 0~30，其值越大，表明 UE 当前信道的链路质量越好。

SINR 是指示信道覆盖质量好坏的参数。按照中国移动各个实验局的测试结果表明，在 SINR > 0 dB 的环境下，其业务性能达到要求。

### 2. 覆盖优化目标

在开展无线网络覆盖优化之前，首先需要确定优化的 KPI 目标。TD-LTE 网络覆盖优化的目标 KPI 主要包括：

(1) RSRP：在覆盖区域内，TD-LTE 无线网络覆盖率应满足 RSRP>−105 dBm 的概率大于 95%。

(2) SINR：在覆盖区域内，TD-LTE 无线网络覆盖率应满足 SINR>0 dB 的概率大于 95%。

RSRP 的测试建议采用反向覆盖测试系统或者 Scanner 在测试区域的道路上测试，当测试天线放在车顶时，要求 RSRP>−95 dBm 的覆盖率大于 95%；当天线放在车内时，要求 RSRP>−105 dBm 的覆盖率大于 95%。SINR 建议采用 Scanner 和专用测试终端路测获得，无论天线放在车内还是车外，均需满足上述第(2)条的要求。

## 5.1.4  弱覆盖

### 1. 弱覆盖判断手段

(1) 路测：采用测试工具进行现场测试。路测是发现弱覆盖最直接、最有效的方法。路测分 DT、CQT 两种，前者主要针对道路，了解"线"的连续覆盖情况；后者主要针对室内，了解"点"的深度覆盖情况。路测覆盖图如图 5-1 所示，图中椭圆形区域中，RSRP<−110 dBm，处于弱覆盖区。

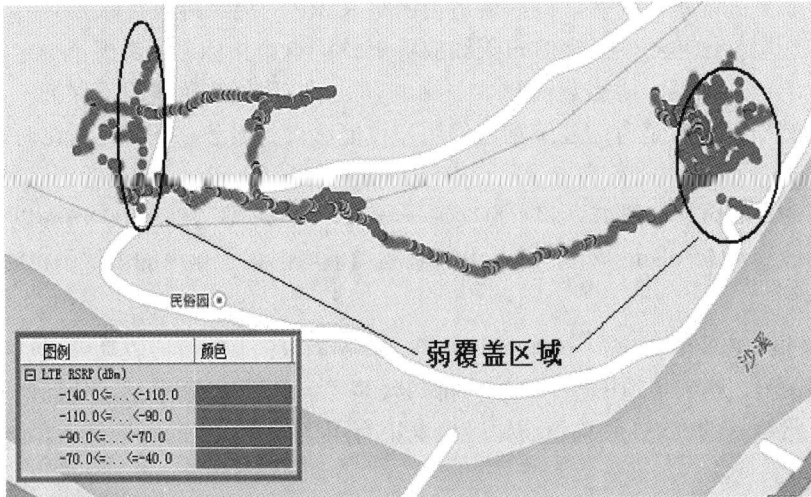

图 5-1　路测覆盖图

(2) KPI 指标统计：主要对重定向次数及 LTE 向 2G、3G 高倒流比例进行统计。对于 4G 小区向 2G 小区的重定向，当前事件判决的 RSRP 门限为−122 dBm。因此，若 LTE 小区向 2G 小区发起重定向，一般认为是 LTE 无线网络弱覆盖所致。高倒流小区为 LTE 用户占用 2G、3G 网络产生较高数据流量的小区。弱覆盖为产生高倒流的原因之一。统计指标如表 5-1 和表 5-2 所示。表 5-1 列出了异系统重定向比例较高小区，表 5-2 列出了 LTE 用户占用 3G 网络产生数据流量比例较高的小区。

表 5-1　异系统重定向比例较高小区

| 归属区域 | 室内/外 | 经度 | 纬度 | 覆盖区域类型 | CELLNAME | LTE 数据流量/MB | 正常的 eNodeB 请求释放的 E-RAB 数目 | 异系统重定向成功次数 (2G+3G) | 异系统重定向比例 |
|---|---|---|---|---|---|---|---|---|---|
| 主城区 | 室内 | 117.6314 | 26.269 22 | 商业中心 | sanmingkait | 140.995 906 8 | 106 | 33 | 31.13% |
| 主城区 | 室内 | 117.6402 | 26.278 664 | 企事业单位 | sanmingrenmi | 49.841 745 26 | 667 | 199 | 29.84% |
| 主城区 | 室内 | 117.6313 | 26.272 39 | 写字楼 | sanmingmeili | 5.223 348 214 | 542 | 118 | 21.77% |
| 主城区 | 室外 | 117.6298 | 26.2652 | 医院 | sanmingdiyiy | 1405.811 318 | 14 658 | 3008 | 20.52% |
| 主城区 | 室内 | 117.6304 | 26.2646 | 医院 | sanmingdiyiy | 900.885 118 6 | 11 590 | 1837 | 15.85% |

表 5-2　LTE 用户占用 3G 网络产生数据流量比例较高的小区

| 归属区域 | 室内/外 | 经度 | 纬度 | 语音话务量 | TD 系统分组域业务流量/MB | G3 手机终端数据流量(含智能和非智能手机) | LTE 手机终端数据流量 | LTE 手机数据流量比例 |
|---|---|---|---|---|---|---|---|---|
| 主城区 | 室内 | 117.640 43 | 26.280 78 | 34.124 157 14 | 660.961 286 3 | 8646.71 | 3734.28 | 30.16% |
| 县城城关 | 室内 | 117.783 26 | 26.397 96 | 46.488 742 86 | 733.280 376 2 | 16 320.02 | 7113.29 | 30.36% |
| 主城区 | 室内 | 117.635 85 | 26.276 49 | 66.3243 | 1715.334 343 | 29 415.18 | 12 933.63 | 30.54% |
| 主城区 | 室内 | 117.6315 | 26.268 52 | 36.178 857 14 | 895.711 326 6 | 12 437.27 | 5520.36 | 30.74% |
| 县城城关 | 室外 | 117.346 05 | 25.966 64 | 16.250 785 71 | 692.748 951 2 | 8527.44 | 4058.18 | 32.24% |

(3) MR(Measurement Report，测量报告)数据分析：通过对 MR 数据的采集、解析，可栅格化地显示全网弱覆盖的区域。MR 数据栅格化示意图如图 5-2 所示。

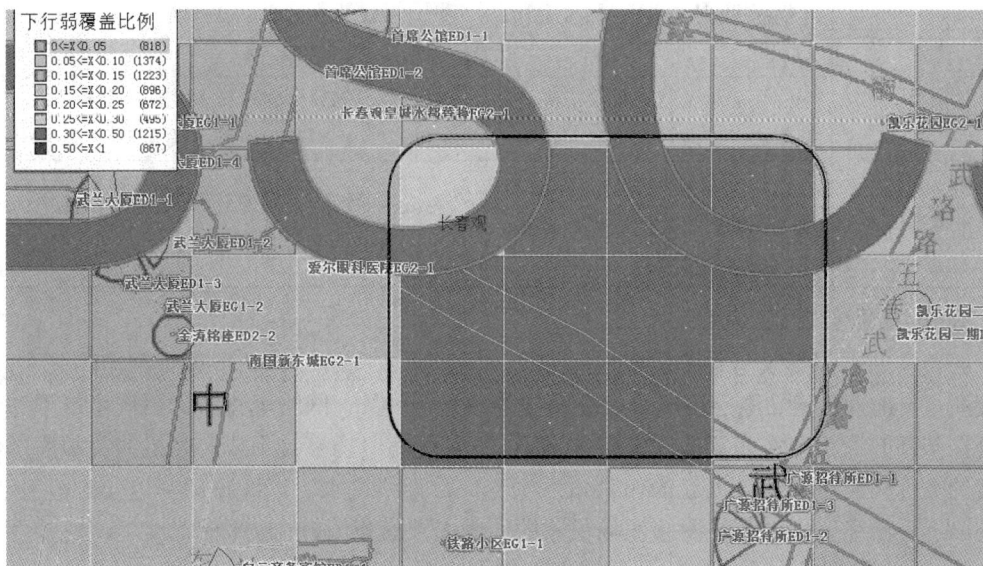

图 5-2　MR 数据栅格化示意图

(4) 站点覆盖仿真：结合基站站高、方位角、下倾角、地理环境等，应用仿真工具，可模拟出现网可能存在弱覆盖的区域。站点覆盖仿真图如图 5-3 所示。

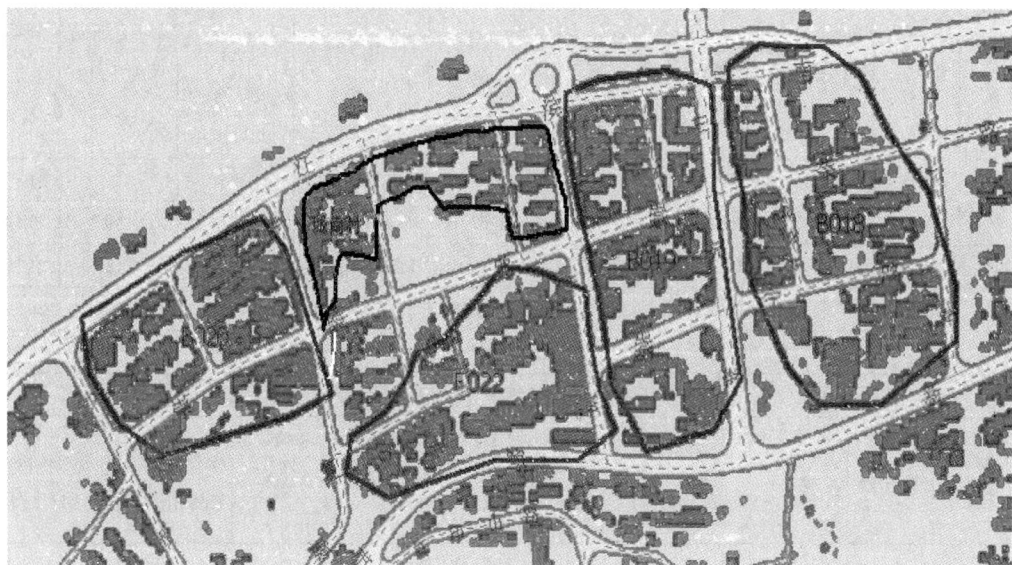

图 5-3　站点覆盖仿真图

上述四种判断弱覆盖的手段各有缺点，具体情况如表 5-3 所示。

表 5-3　弱覆盖判断手段比较

| 发现手段 | 优　点 | 缺　点 |
|---|---|---|
| 路测 | 目前最直接、最有效的方法 | 只能发现所测区域是否存在问题，较耗费人力、物力 |
| KPI 指标统计 | 能够随时提取全网小区的 KPI | 统计粒度为小区级，具体的弱覆盖点需进行现场测试 |
| MR 数据分析 | 能够显示全网的覆盖情况，涉及面广，可涉及整个"面" | 需用专门的分析软件对 MR 数据进行解析，具体的弱覆盖点需进行现场测试 |
| 站点覆盖仿真 | 在站点规划阶段即可发现可能存在的弱覆盖问题，为周边站点的规划提供参考 | 无法全面综合基础信息和地理环境，结果可能存在偏差，具体的弱覆盖点需进行现场测试 |

## 2. 弱覆盖问题产生原因

弱覆盖的原因不仅与系统技术指标如系统的频率、灵敏度、功率等有直接的关系，与工程质量、地理因素、电磁环境等也有直接的关系。另外，网络规划考虑不周全或不完善，也会在基站开通后存在弱覆盖或者覆盖空洞。发射机输出功率减小或接收机的灵敏度降低、天线的方位角发生变化、天线的俯仰角发生变化、天线进水、馈线损耗等也会对覆盖造成影响。综上所述，引起无线网络弱场覆盖的原因主要有以下几个方面：

(1) 网络规划考虑不周全或无线网络结构不完善。

(2) 设备故障。

(3) 工程质量问题。

(4) RS 发射功率配置低,无法满足网络覆盖要求。

(5) 建筑物等引起的阻挡。

### 3. 弱覆盖解决措施

改变弱覆盖主要可以通过调整天线方位角、下倾角等工程参数以及修改功率参数,还可以通过在弱场引入 RRU 拉远从根本上解决问题。总之,解决弱覆盖的目的是在弱场覆盖地区找到一个合适的信号,并使之加强,从而使弱场覆盖有所改善。弱覆盖的主要解决方法有以下几个方面:

(1) 调整工程参数。

(2) 调整 RS 的发射功率。

(3) 改变波瓣赋形宽度。

(4) 使用 RRU 拉远。

### 4. 弱覆盖优化案例 1

1) 数据准备

(1) 启动 Pilot Pioneer。

在安装好的电脑中,启动 Pilot Pioneer 软件。

(2) 导入数据。

① 导入基站数据库。

启动 Pilot Pioneer 之后,在主菜单的【配置】菜单中选择【基站数据库管理】,在弹出的对话框中选择基站栏目下的【LTE】选项,再点击【导入】按钮,将文件名为"实训 7 基站工程参数"的文件导入到 Pilot Pioneer 中,如图 5-4 所示。

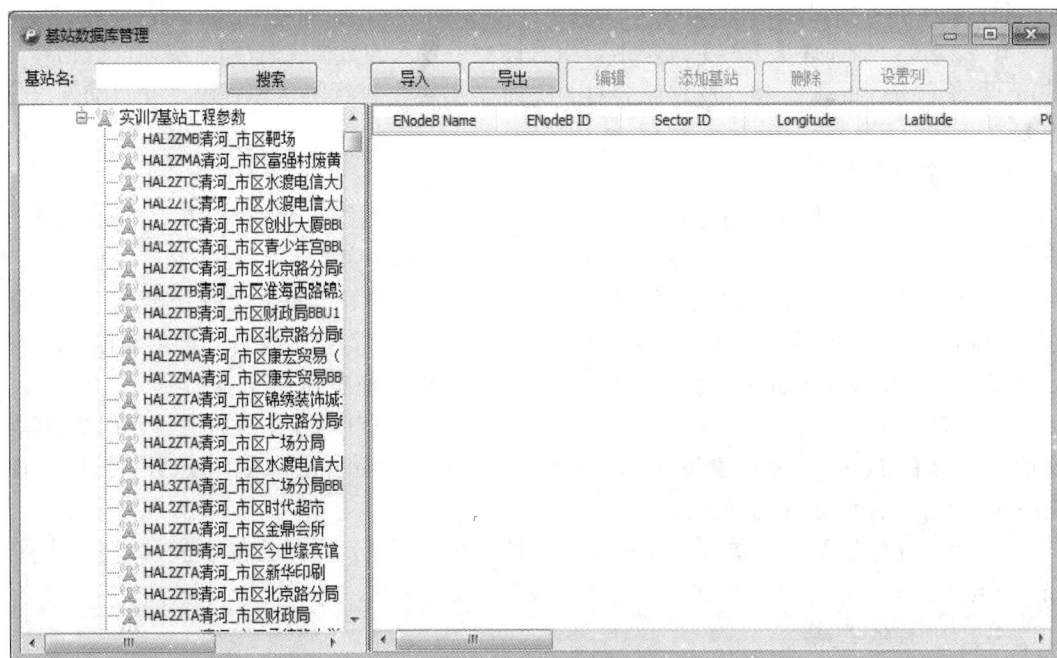

图 5-4  导入基站数据

② 打开数据文件。

在 Pilot Pioneer 软件主菜单的【文件】中选择【导入测试数据】子菜单，再选择【常规】，在弹出的对话框中选择文件的路径，将文件名为"实训 7 数据"的文件导入到 Pilot Pioneer 中，如图 5-5 所示。

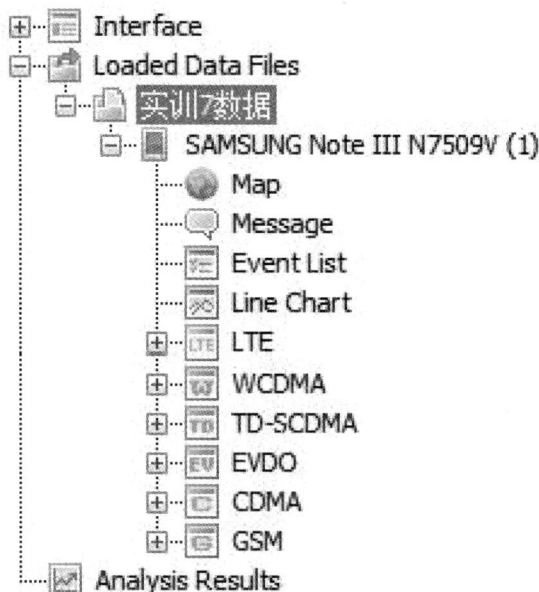

图 5-5　打开数据文件

(3) 解压和解码数据文件。

在工程窗口中选择【工程】选项卡，用鼠标双击导入的数据文件(即"实训 7 数据"文件)下面的【Message】选项，软件就会对"实训 7 数据"进行解压和解码，并自动弹出信令窗口。

(4) 打开常用的窗口。

在日常的网优分析中，除了打开信令窗口之外，还需要打开 Map 窗口、Graph 窗口、Line chart 窗口、事件窗口、LTE Serving+Neighbor Cell List 窗口等常用窗口。

① Map 窗口。选择导航栏中的【工程】选项卡，双击导入的"实训 7 数据"文件下面的 Map 图标。点击导航栏【工程】，选择导入的"实训 7 数据"文件下面的【LTE】，然后选择下面的 Serving Cell Info 图标，将其中的 LTE SINR 拖曳到 Map 窗口。

② LTE Serving+Neighbor Cell List 窗口。右击导航栏【工程】中导入的"实训 7 数据"文件下面的【LTE】，在弹出的菜单中选择【LTE Serving+Neighbor Cell List】，打开【LTE Serving+Neighbor Cell List】窗口。

③ 点击【配置】主菜单，再点击【小区设置】子菜单，在弹出的小区设置窗口选择 LTE 无线网络，设置小区的形状，固定类型取值为 symbol3。

④ 打开播放工具。

2) 数据分析

(1) 问题描述。

UE 在位于东经 119.059 188°、北纬 33.592 63° 附近区域的 RSRP 总体信号较差，平均 RSRP 低于 −105 dBm，如图 5-6 所示。

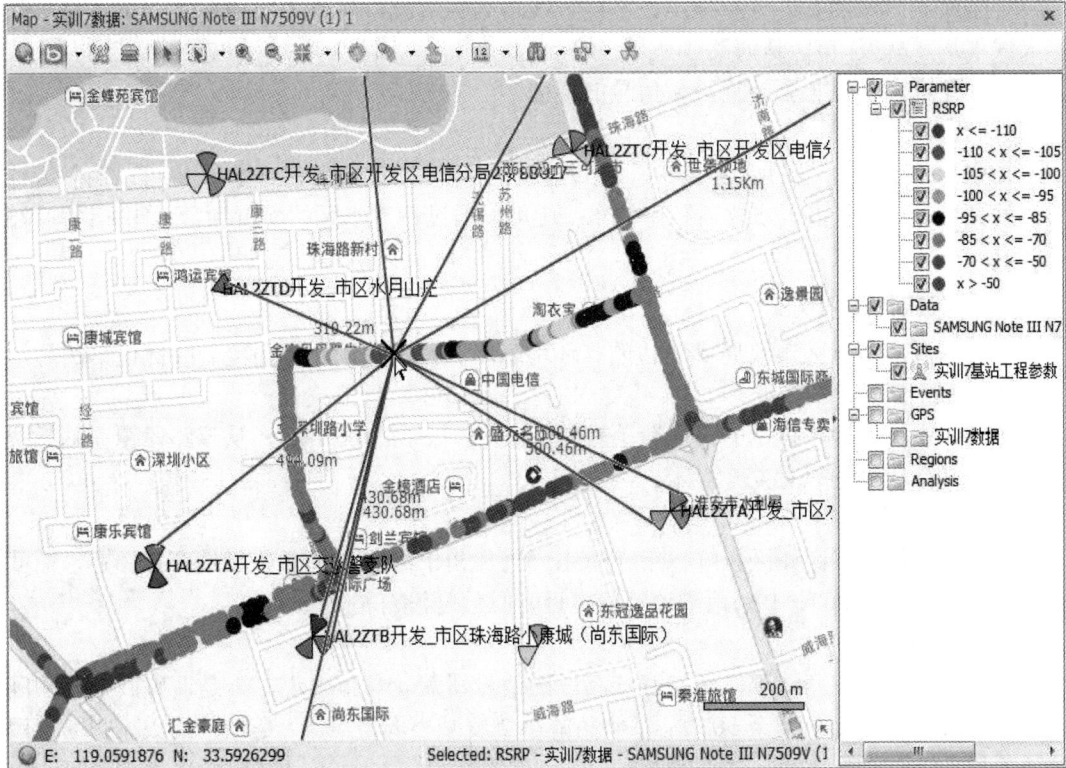

图 5-6　弱覆盖问题 RSRP 轨迹图

(2) 问题分析。

通过【LTE Serving+Neighbor Cell List】窗口查看覆盖较差区域的服务小区和邻区的 RSRP 普遍低于 −105 dBm，测试手机在附近并没有检测到较强小区信号，如图 5-7 所示。

| EARFCN | PCI | RSRP(dBm) | RSRQ(dB) | RSSI(dBm) | ECI | TAC | Distance(m) | Cell Name |
|---|---|---|---|---|---|---|---|---|
| **1825** | **45** | **-109.62** | **-11.75** | **-78.68** | **250670...** | **15625** | **430.68** | **HAL2ZTB开发_市区珠海路小康城（尚东国际...** |
| 1825 | 250 | -105.06 | -11.12 | -84.93 | | | 1904.42 | HAL2ZTD清浦_市区人民小学浦东校区_室外_50 |
| 1825 | 243 | -111.37 | -15.18 | -85.56 | | | 500.46 | HAL2ZTA开发_市区水利大厦_49 |
| 1825 | 270 | -110.25 | -15.43 | -85.75 | | | 494.09 | HAL2ZTA开发_市区交巡警支队_49 |
| 1825 | 145 | -110.00 | -12.56 | -88.43 | | | 665.32 | HAL2ZTC开发_市区茂华国际1号楼_室外_50 |
| 1825 | 91 | -113.56 | -16.75 | -83.68 | | | 1146.39 | HAL2ZTC开发_市区维科格兰公馆_室外_50 |
| 1825 | 245 | -108.87 | -16.43 | -83.37 | | | 500.46 | HAL2ZTA开发_市区水利大厦_51 |
| 1825 | 258 | -122.75 | -30.00 | -83.68 | | | 1012.33 | HAL2ZUB开发_市区钵池山_49 |
| 1825 | 249 | -120.25 | -18.50 | -84.81 | | | 310.22 | HAL2ZTD开发_市区水月山庄_49 |
| 1825 | 46 | -119.25 | -17.81 | -87.50 | | | 430.68 | HAL2ZTB开发_市区珠海路小康城（尚东国际）_50 |

图 5-7　【LTE Serving+Neighbor Cell List】窗口

通过 Map 窗口的标尺工具测量弱覆盖信号的距离累计长度约为 130m，由此可以判断是弱覆盖。

(3) 解决措施。

根据路测区域的基站分布情况、基站天线塔高等情况，建议采用 RF 优化的方法，调整天线现场"开发_市区珠海路小康城(PCI=45)""开发_市区水月山庄(PCI=249)"的挂高、方位角、俯仰角，以加强掉话区域信号的覆盖。

(4) 经验总结。

加强 LTE 无线信号的措施很多，可以增加硬件设备，比如新建 RRU；也可以调整天线的工程参数，比如挂高、方位角和俯仰角；还可以通过调整小区的配置参数，比如调整 RS 功率。

### 5. 弱覆盖优化案例 2

下面以武威凉州区市政局-1 北边的二环南东路弱覆盖为例介绍弱覆盖的优化案例。

(1) 问题描述。

图 5-8 中圆角矩形框出的路段覆盖较差，RSRP 低于−100 dBm，从该路段覆盖基站位置看，离基站较近的只有 430 多米。

(2) 问题分析。

该路段占用武威凉州区新鲜七组-1(PCI：50；RSRP)小区，而且是天线旁瓣覆盖，而武威凉州区市政局-1(PCI：199)距离该路段更近，且信号没有覆盖。

(3) 问题解决。

调整天线的方位角或下倾角增强该路段的信号覆盖。具体来说，一是调整武威凉州区新鲜七组-2 小区的方位角至 90 度；下倾角减小 2 度减小弱覆盖。二是调整武威凉州区市政局-1 小区的下倾角至 4 度，增强覆盖。

调整天线方位角是解决弱覆盖问题的日常方法。

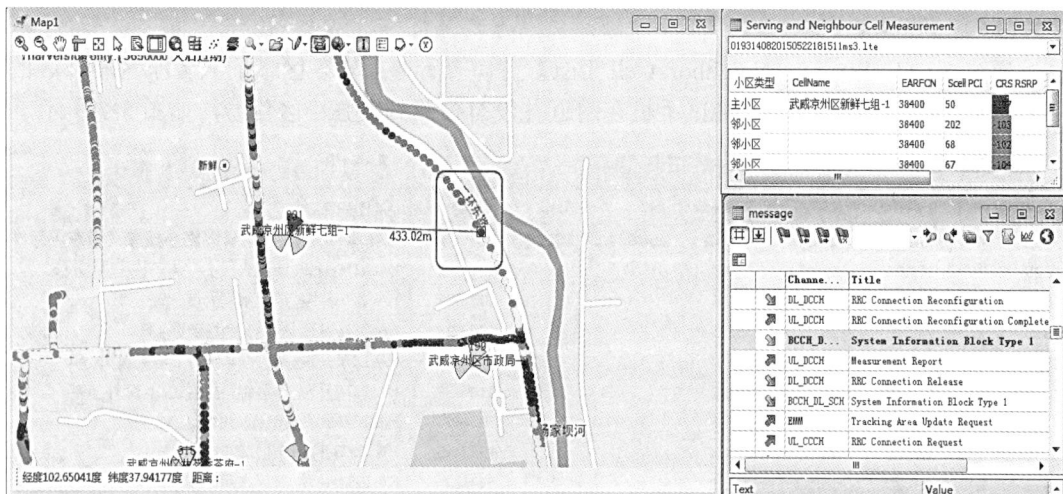

图 5-8　武威凉州区市政局-1 北边的二环南东路弱覆盖示意图

## 5.1.5　越区覆盖的优化

越区覆盖一般是指某些基站的覆盖区域超过了规划的范围，在其他基站的覆盖区域内形成不连续的满足全覆盖业务的要求的主导区域。越区覆盖很容易导致手机上行发射功率饱和、切换关系混乱等问题，从而严重影响下载速率甚至导致掉线。

### 1. 越区覆盖产生原因

越区覆盖往往由于基站天线挂高过高、俯仰角过小、街道效应、水面反射等原因，引起该小区覆盖距离过远，从而越区覆盖到其他站点覆盖的区域，并且在该区域手机接收到的信号电平较好。

天线挂高引起的越区覆盖主要是站点选择或者在建网初期只考虑覆盖引起的。一般为了保证覆盖，初期站址选择在高大建筑物或者郊区的高山之上，但是在后期会带来严重的越区现象；通常在市区内，站间距较小、站点密集的情况下，下倾角设置不够大会使该小区信号覆盖比较远；站点选择在比较宽阔的街道旁边，由于波导效应使信号沿着街道传播很远；城市中有大面积的水域，如穿城而过的江河等，由于信号在水面的传播损耗很小，因此一般在此环境下覆盖非常远。

### 2. 越区覆盖解决措施

越区覆盖的解决思路就是减弱越区覆盖小区的覆盖范围，使之对其他小区的影响减到最小。

通常最为有效的措施就是对天馈系统参数进行调整，主要是调整下倾角。在实际的优化工作当中，进行下倾角调整之前要对路测数据进行分析，调整后再验证。对功率等参数的调整也能够有效消除越区覆盖。越区覆盖的解决处理一般要经过两到三次调整验证。如果调整天线的下倾角和方位角、调整 RS 的发射功率仍然解决不了问题，则可以考虑调整天线的高度和更换天线型号。所有的调整都要在保证小区覆盖目标的前提下进行。解决越区覆盖主要以下四种措施：

(1) 调整天线的下倾角和方位角。

(2) 调整 RS 的发射功率。

(3) 调整天线高度。

(4) 更换天线型号。

### 3. 越区覆盖优化案例

下面以将军岭 5-2 小区越区覆盖为例介绍一下弱覆盖的优化案例，如图 5-9 所示。

(1) 问题描述。

从测试软件可以看出，将军岭 5-2 小区越区覆盖至桂岗西站点往南的方向，在图 5-9 椭圆形的区域中，RSRP 仍然比较强，达到−84.74 dBm，造成明显的越区，导致 RSRQ 变差，从而影响数据下载速率。

(2) 问题分析。

经现场勘察将军岭 5-2 小区发现，该小区的天线方位角为 160°，电子下倾角为 0°，机械下倾角为 2°，信号覆盖过远。

(3) 问题解决。

把将军岭 5-2 小区方位角调整为 130°，电子倾角调整为 4°，机械倾角调整为 8°。

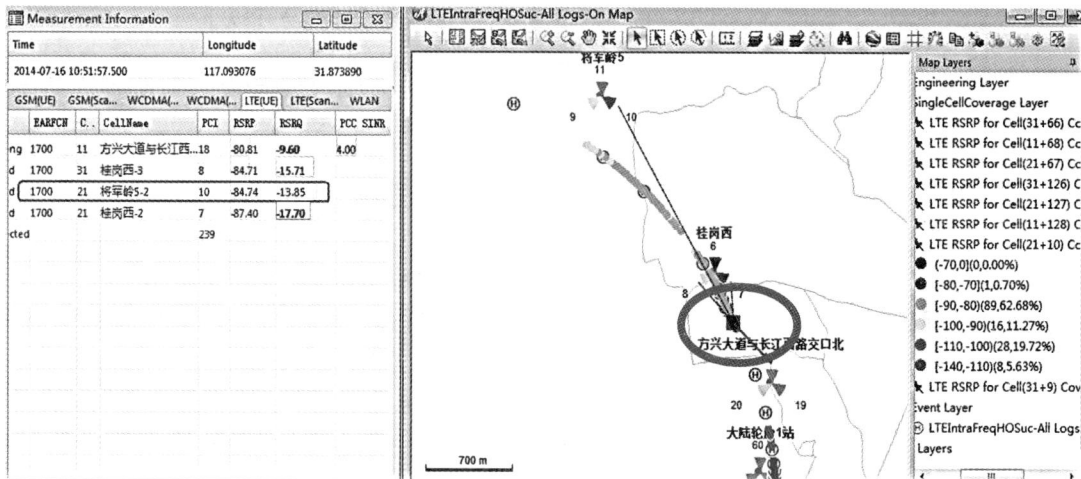

图 5-9　将军岭 5-2 小区越区覆盖示意图

## 5.1.6　重叠覆盖

在 TD-LTE 同频网络中，将弱于服务小区信号强度 6 dB 以内且 CRS RSRP 大于 −100 dBm 的重叠小区数目超过 3 个(含服务小区)的区域，定义为重叠覆盖区域。重叠覆盖给 TD-LTE 网络带来了严重的同频干扰，造成 SINR 低、小区吞吐量低，极大降低了受影响区域的用户性能。

### 1. 重叠覆盖解决措施

重叠覆盖问题可从以下三种常用方法解决：

(1) 调节基站下倾角或方位角，控制基站覆盖范围。

(2) 现网通过扫频数据定位出主动干扰基站，对这类站点采取更换或取消站址策略。

(3) 对于影响比较大但又无法通过以上两种方法解决的站点可以考虑更换频点。

### 2. 重叠覆盖优化案例 1

1) 数据准备

(1) 启动 Pilot Pioneer。

在安装好的电脑中，启动 Pilot Pioneer 软件。

(2) 导入数据。

① 导入基站数据库。启动 Pilot Pioneer 之后，在主菜单的【配置】菜单中选择【基站数据库管理】，在弹出的对话框中选择基站栏目下的【LTE】选项，再点击【导入】按钮，将文件名为"基站工程参数"的文件导入到 Pilot Pioneer 中。

② 打开数据文件。在 Pilot Pioneer 软件主菜单的【文件】中选择【导入测试数据】子菜单，再选择【常规】，在弹出的对话框中选择文件的路径，将文件名为"重叠覆盖数据"的文件导入到 Pilot Pioneer 中。

(3) 解压和解码数据文件。

在工程窗口中选择【工程】选项卡，用鼠标双击导入的数据文件(即"重叠覆盖数据"

文件)下面的【Message】选项，软件就会对"重叠覆盖数据"进行解压和解码，并自动弹出信令窗口。

(4) 打开常用的窗口。

打开 Map 窗口、LTE Serving Cell Info 窗口、Message 窗口、LTE Serving+Neighbor Cell List 窗口等常用窗口。

(5) 打开播放工具。

在工具栏中，用鼠标点击【选择文件】按钮，选择相应的测试数据。

2) 使用 Pioneer 软件进行数据分析

点击 Pioneer 软件分析主菜单，选择重叠覆盖分析子菜单，在弹出的窗口中点击工程文件，然后将"重叠覆盖数据"文件选中，如图 5-10 所示。

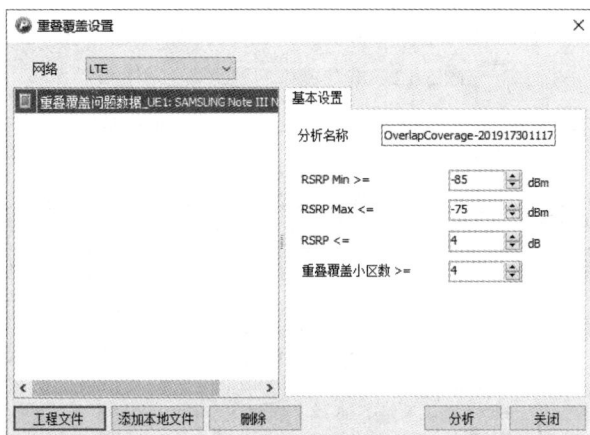

图 5-10　重叠覆盖设置图

用鼠标右键点击软件生成的重叠覆盖文件图标，选择【地图】，如图 5-11 所示。这样，Pioneer 软件就可以直观地显示出现重叠覆盖问题点的位置了，如图 5-12 所示。

图 5-11　打开生成的重叠覆盖地图

图 5-12 重叠覆盖问题点覆盖图

然后选取重叠覆盖问题的点比较集中的区域进行详细分析。如图 5-12 所示的椭圆形区域，其对应的小区信号列表如图 5-13 所示。

- 重叠覆盖问题: SAMSUNG Note III N7509V (1) 1

Table Chart Statistics

| Source Data | CellName | Logitude | Latitude | EARFCN | PCI | RSRP | RSRQ |
|---|---|---|---|---|---|---|---|
| 重叠覆盖问题_UE1.ddib | 市区水韵天成21幢_1 | 119.03925141 | 33.59394895 | 1825 | 267 | -79.12 | |
| 重叠覆盖问题_UE1.ddib | 市区水韵天成21幢_1 | 119.03924646 | 33.59395362 | 1825 | 267 | -79.56 | |
| 重叠覆盖问题_UE1.ddib | 市区水韵天成21幢_1 | 119.039245 | 33.593955 | 1825 | 267 | -80.75 | |
| 重叠覆盖问题_UE1.ddib | 市区水韵天成21幢_1 | 119.039245 | 33.593955 | 1825 | 267 | -78.81 | |
| 重叠覆盖问题_UE1.ddib | 市区水韵天成21幢_1 | 119.03922286 | 33.59397536 | 1825 | 267 | -74.87 | |
| 重叠覆盖问题_UE1.ddib | 市区水韵天成21幢_1 | 119.03920107 | 33.5939956 | 1825 | 267 | -77.68 | |
| 重叠覆盖问题_UE1.ddib | 市区水韵天成21幢_1 | 119.039198 | 33.59399867 | 1825 | 267 | -77.93 | |
| 重叠覆盖问题_UE1.ddib | 市区水韵天成21幢_1 | 119.03919013 | 33.59400653 | 1825 | 267 | -77.37 | |
| 重叠覆盖问题_UE1.ddib | 市区水韵天成21幢_1 | 119.03918307 | 33.59401063 | 1825 | 267 | -77.62 | |
| 重叠覆盖问题_UE1.ddib | 市区水韵天成21幢_1 | 119.03917333 | 33.59401333 | 1825 | 267 | -78 | |
| 重叠覆盖问题_UE1.ddib | 市区水韵天成21幢_1 | 119.03917333 | 33.59401333 | 1825 | 267 | -76.25 | |
| 重叠覆盖问题_UE1.ddib | 市区水韵天成21幢_1 | 119.03917333 | 33.59401333 | 1825 | 267 | -76.5 | |
| 重叠覆盖问题_UE1.ddib | 市区水韵天成21幢_1 | 119.03917167 | 33.59401333 | 1825 | 267 | -77.68 | |
| 重叠覆盖问题_UE1.ddib | 市区水韵天成21幢_1 | 119.03917167 | 33.59401333 | 1825 | 267 | -77.68 | |
| 重叠覆盖问题_UE1.ddib | 市区水韵天成21幢_1 | 119.03917167 | 33.59401333 | 1825 | 267 | -77.81 | |
| 重叠覆盖问题_UE1.ddib | 市区水韵天成21幢_1 | 119.03917167 | 33.59401333 | 1825 | 267 | -77.56 | |
| 重叠覆盖问题_UE1.ddib | 市区水韵天成21幢_1 | 119.03917167 | 33.59401333 | 1825 | 267 | -77.87 | |
| 重叠覆盖问题_UE1.ddib | 市区人民银行_1 | 119.03917167 | 33.59401333 | 1825 | 179 | -77.25 | |
| 重叠覆盖问题_UE1.ddib | 市区人民银行_1 | 119.03917167 | 33.59401333 | 1825 | 179 | -77.18 | |
| 重叠覆盖问题_UE1.ddib | 市区水韵天成19号... | 119.03916994 | 33.59401333 | 1825 | 30 | -75.37 | |

| Source Data | CellName | EARFCN | PCI | RSRP | RSRQ | RSSI | Distance |
|---|---|---|---|---|---|---|---|
| 重叠覆盖问题_UE1.ddib | 市区水韵天成21幢_1 | 1825 | 267 | -77.37 | -15.12 | -42.06 | 128.15 |
| 重叠覆盖问题_UE1.ddib | 市区水韵天成19号... | 1825 | 30 | -79 | -18.68 | -51.31 | 116.45 |
| 重叠覆盖问题_UE1.ddib | 市区人民银行_1 | 1825 | 179 | -77.93 | -17.37 | -51.56 | 437.58 |
| 重叠覆盖问题_UE1.ddib | 市区水韵天成21幢_0 | 1825 | 269 | -80.37 | -19.87 | -51.43 | 128.15 |

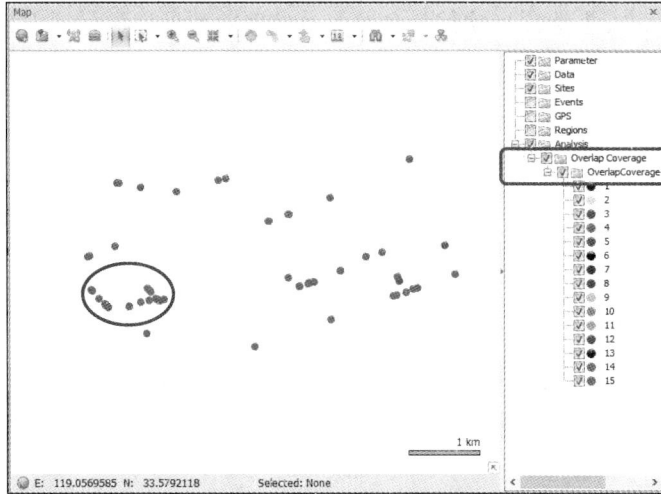

图 5-13 重叠覆盖问题的点对应的小区信号列表

3) 撰写分析报告

下面以市区会展中心的第 1 小区(PCI=201)覆盖的区域为例，介绍一下重叠覆盖问题的分析和处理措施。

(1) 问题描述。

如图 5-14 所示，车辆在沿东南方向行驶，UE 在市区水韵天成 21 幢_1(PCI=267)附近的 SINR = -2.60 dB，信干噪比较低，在一定程度上会影响 UE 的下载速率。

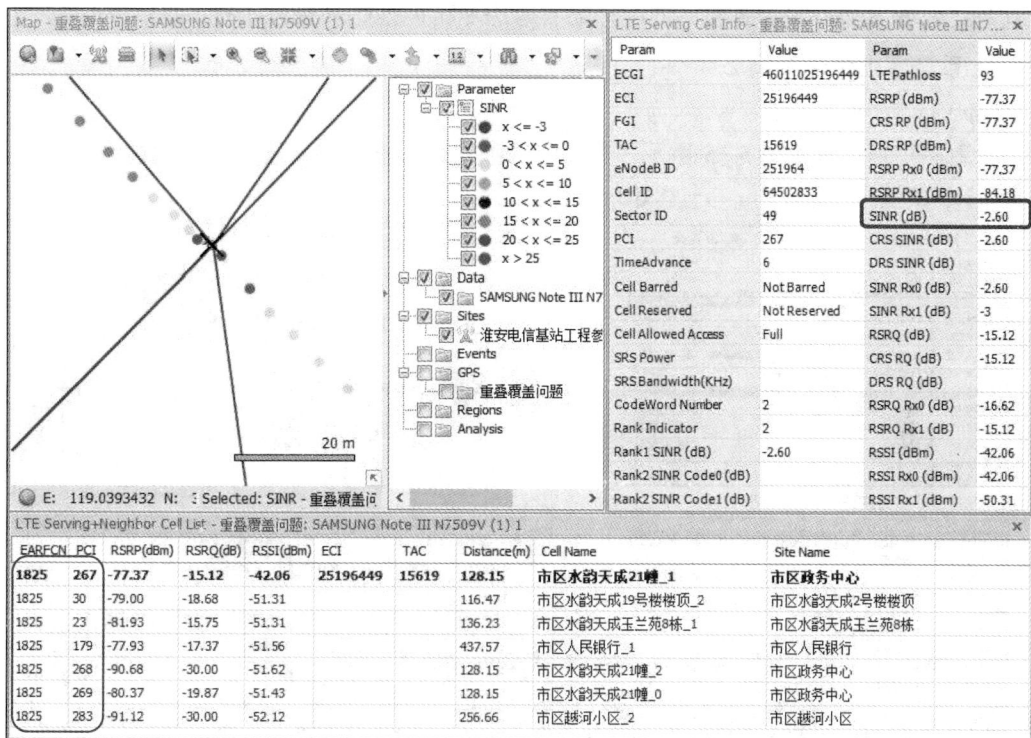

图 5-14　问题点区域 SINR 示意图

(2) 问题分析。

通过 Pioneer 软件中的 Map 窗口，可以看出市区会展中心第 1 小区覆盖区域的信干噪比较低，难以满足通信的要求。通过 LTE Serving Cell Info 窗口显示 SINR = -2.60 dBm，再通过 LTE Serving+Neighbor Cell List 窗口可以看出，UE 使用 PCI=267 的小区信号，其 RSRP = -77.37 dBm，而此时，UE 能检测到 PCI 分别为 30、23、179、268、269、283 小区的信号。通过 UE 检测到的这些小区的 RSRP 可以看出，PCI = 267 的小区的 RSRP = -77.37 dBm；PCI=30 的小区的 RSRP = -79.00 dBm；PCI=23 的小区的 RSRP = -81.93 dBm；PCI=269 的小区的 RSRP = -80.37 dBm。这四个小区的信号相对而言都比较强，且 RSRP 的值相差在 6 dB 之内，满足重叠覆盖的条件。

(3) 解决措施。

① 天线参数调整。从 Map 地图可以看出，该区域应该由 PCI=267 小区的信号覆盖，而在此区域 PCI 分别为 30、23、269 小区的信号都比较强，因此首先考虑控制 PCI 分别为 30、23、269 小区信号的覆盖，调整这些小区的下倾角 2°～5°。

② RS 参考信号调整。在不影响该区域周边信号覆盖的情况下，可以 PCI 分别为 30、23、269 小区的 RS 信号的配置功率，缩小这些小区的覆盖范围，这也是简单易行的好方法。

(4) 经验总结。

在 LTE 无线网络中，处理重叠覆盖问题的思路就是借助 Pioneer 软件的重叠覆盖分析功能，找到重叠覆盖的问题点，然后对重叠覆盖问题区域的相关小区进行调整。

处理重叠覆盖问题的方法就是让较强小区的信号更强，较弱小区的信号更弱，通俗地讲就是让强者更强，弱者更弱。同时，还要考虑尽可能地削弱模三干扰。

### 3. 重叠覆盖优化案例 2

(1) 问题描述。

在地图窗口中，如图 5-15 所示，左下角的圆角矩形框选的路段有 5 个较强小区信号的覆盖，RSRP 位于 $-82$ dBm 与 $-88$ dBm 之间。

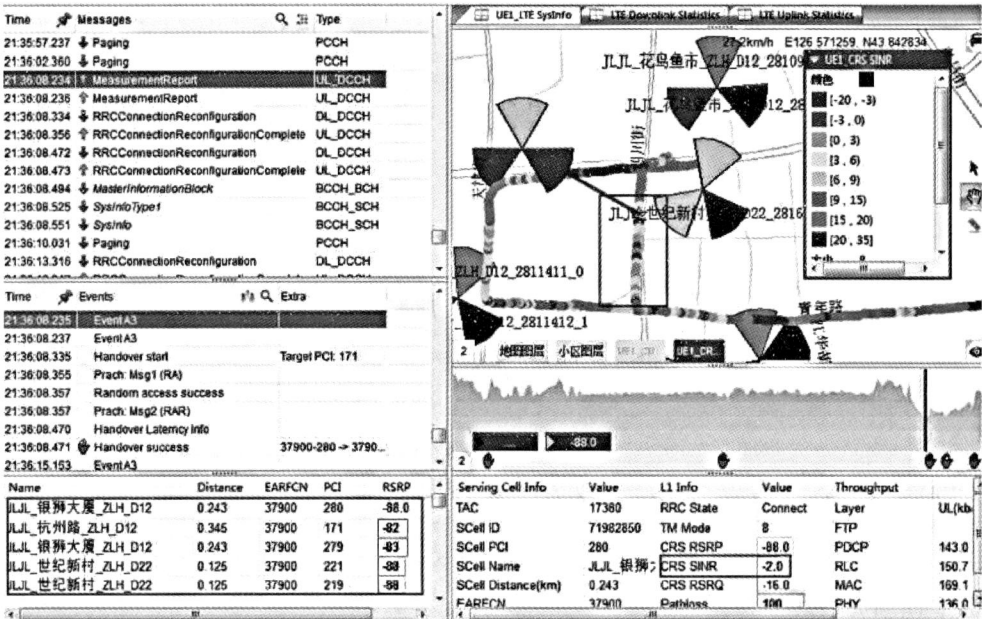

图 5-15　重叠覆盖网优软件常用窗口示意图

(2) 问题分析。

根据 LTE 无线网络中导频污染的判决条件，强导频信号 RSRP$\geqslant-90$ dBm 的小区个数$\geqslant4$，RSRP 值相差在 6 dB 以内，同时满足上述两个条件时定义为导频污染。本案例同时满足这两个条件，因此可以判断该路段存在导频污染。

(3) 问题解决。

发现导频污染区域后，首先根据距离判断导频污染区域应该由哪个小区作为主导小区，明确该区域的切换关系，尽量做到相邻两小区间只有一次切换。

① 调整 PCI=171 和 PCI=279 小区的下倾角和方位角，以加强在此路段的信号覆盖。

通过增大其他在该区域不需要参与切换的邻小区的下倾角和方位角或者降低 RS 功率等，降低其他不需要参与切换的邻小区的信号，直到不满足导频污染的判断条件。

② 削弱 PCI=280、PCI=221、PCI=219 这三个小区在此路段的信号覆盖。

# 知识点/技能点小结

知识点/技能点梳理见图 5-16。

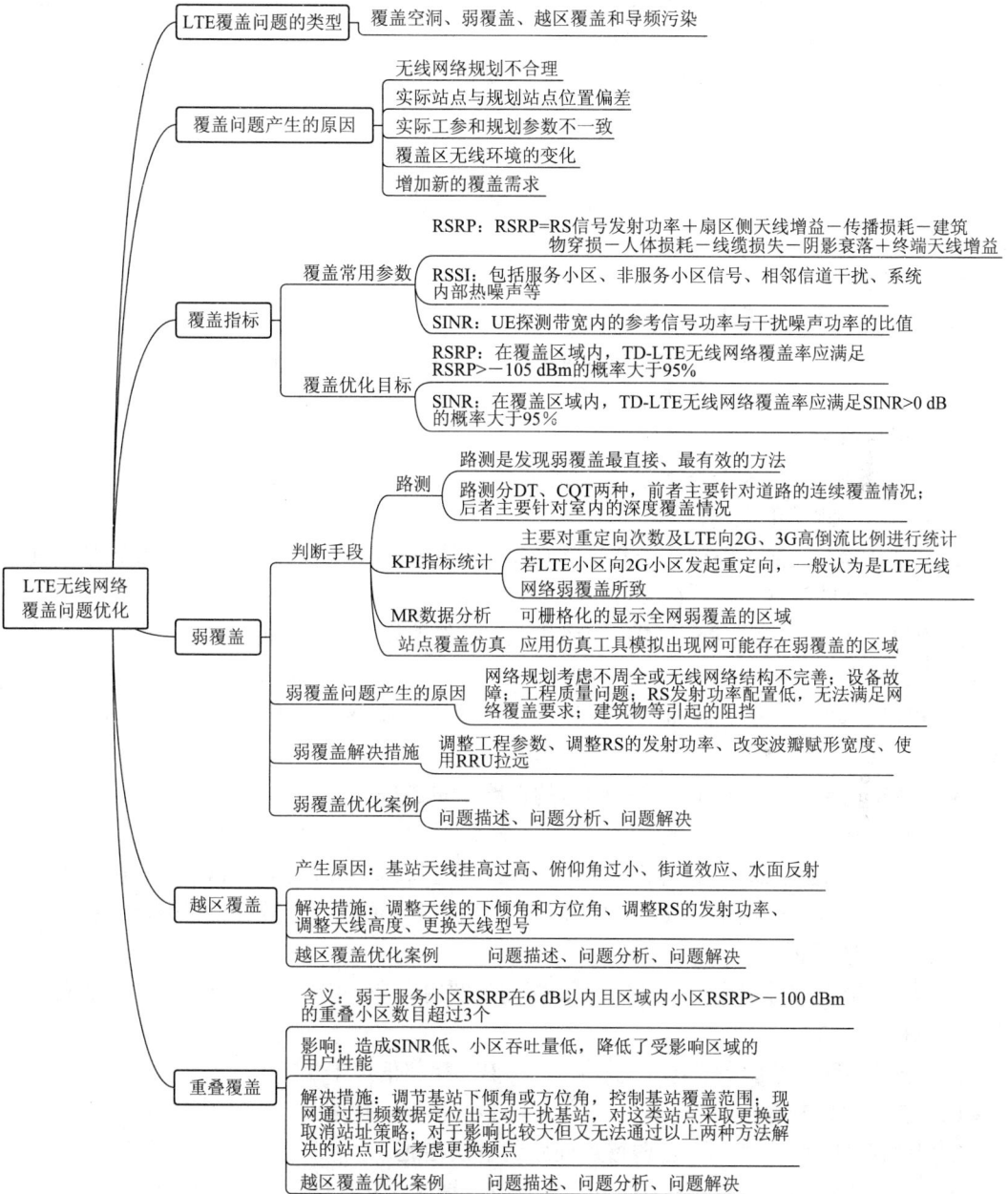

图 5-16 知识点/技能点梳理

知识/技能要点：

(1) 覆盖优化主要消除网络中存在的四种问题：覆盖空洞、弱覆盖、越区覆盖和导频污染。

(2) 在链路预算中，RSRP = RS 信号发射功率 + 扇区侧天线增益 − 传播损耗 − 建筑物穿损 − 人体损耗 − 线缆损失 − 阴影衰落 + 终端天线增益。

(3) 弱覆盖判断手段有路测、KPI 指标统计、MR 数据分析、站点覆盖仿真。

(4) 弱覆盖解决措施有：①调整工程参数；②调整 RS 的发射功率；③改变波瓣赋形宽度；④使用 RRU 拉远。

(5) 越区覆盖的解决思路就是减弱越区覆盖小区的覆盖范围，使之对其他小区的影响减到最小。

# 思考与复习题

一、填空题

1. 覆盖优化主要消除网络中存在的四种问题：_____、_____、_____和_____。

2. _____是指 UE 探测带宽内的参考信号功率与干扰噪声功率的比值。

3. _____是发现弱覆盖最直接、最有效的方法。

二、判断题

1. 在密集城区、一般城区和重点交通干线上，RSRP > −100 dBm，并且 RSRP 测量值均由置于车内的测试手机测得。(    )

2. 由于 RSSI 包括了外部信号和噪声功率，因此通常测量的 RSSI 平均值要比带内真正有用信号 RSRP 的平均值高。(    )

3. RSRQ 不但与承载 RS 的 RE 功率相关，还与承载用户数据的 RE 功率相关，以及与邻区的干扰相关。(    )

4. RSRQ 随着网络负荷和干扰发生变化，网络负荷越大，干扰越大，RSRQ 测量值越小。(    )

5. SINR 值越大，表明 UE 当前信道的链路质量越好。(    )

6. LTE 小区向 2G 小区发起重定向，一般认为是 LTE 无线网络弱覆盖所致。(    )

7. 高倒流小区为 LTE 用户占用 2G、3G 网络产生较高数据流量的 2G、3G 小区。(    )

8. 出现孤岛效应的小区在远离本小区覆盖的区域外形成一个较强信号区域。(    )

三、单项选择题

1. RSSI(接收信号强度指示)是指 UE 探测带宽内一个 OFDM 符号所有 RE 上的总接收功率，包括(    )。

A. 服务小区和非服务小区信号   B. 相邻信道干扰

C. 系统内部热噪声      D. 带外干扰信号

2. 下列选项中，(    )不是弱覆盖问题的解决措施。

A. 调整切换参数      B. 调整 RS 的发射功率

C. 改变波瓣赋形宽度     D. 使用 RRU 拉远

3. 下列选项中，(    )不是造成孤岛效应的原因。

A. 复杂的无线环境     B. 基站安装位置过高

C. 小区功率过大      D. 天线的倾角较大

4. 下列选项中，(　　)不是弱覆盖问题主要解决的方法。

A. 调整工程参数　　　　　　　　　B. 调整 RS 的发射功率

C. 改变波瓣赋形宽度　　　　　　　D. 调整邻区的 CIO

5. LTE 为了解决深度覆盖的问题，以下选项中，(　　)措施是不可取的。

A. 增加 LTE 系统带宽　　　　　　　B. 降低 LTE 工作频点，采用低频段组网

C. 采用分层组网　　　　　　　　　D. 采用家庭基站等新型设备

6. (　　)不属于 LTE 进行覆盖和质量评估的参数。

A. RSRP　　　　　B. RSRQ　　　　　C. CPI(扰码)　　　　　D. SINR

7. 下列选项中，(　　)不属于覆盖问题。

A. 弱覆盖　　　　　B. 越区覆盖　　　　C. 无主导小区　　　D. 频率规划不合理

8. 增大下倾角是必要的网络优化手段，可以_____覆盖范围，_____小区间干扰。下列选项正确的是(　　)。

A. 减小，减少　　　B. 减小，增大　　　C. 增大，减少　　　D. 增大，增大

9. 对 RSRP 描述错误的是(　　)。

A. RSRP 是一个表示接收信号强度的绝对值

B. RSRP 一定程度上可以用来反映移动台距离基站的远近，因此可以用来度量小区覆盖范围大小

C. 只通过 RSRP 即可确定系统实际覆盖情况

D. RSRP 是承载小区参考信号 RE 上的线性平均功率

四、多项选择题

1. 无线网络覆盖问题产生的原因主要有(　　)。

A. 无线网络规划不合理　　　　　　B. 实际站点与规划站点位置偏差

C. 实际工参和规划参数不一致　　　D. 覆盖区无线环境的变化

2. 弱覆盖判断手段主要有(　　)。

A. 路测　　　　　　　　　　　　　B. KPI 指标统计

C. MR 数据分析　　　　　　　　　D. 站点覆盖仿真

3. 引起无线网络弱场覆盖的主要原因有(　　)。

A. 网络规划考虑不周全或无线网络结构不完善

B. 设备故障

C. 工程质量问题

D. RS 发射功率配置低，无法满足网络覆盖要求

4. UE 接收到的 RSRP 与下列(　　)因素有关。

A. RS 信号发射功率　　　　　　　B. 扇区侧天线增益和终端天线增益

C. 传播损耗和建筑物穿损　　　　　D. 人体损耗和阴影衰落

5. 可以用来解决某路段弱覆盖问题的方法有(　　)。

A. 降低非主覆盖小区的信号强度，提升主覆盖小区信号 SINR

B. 调整主覆盖小区的天线倾角及方位角

C. 如果主覆盖小区功率未到额定最大值，适当提高主覆盖小区的功率

D. 调整主覆盖小区 sector beam 的权值，使得能量更集中

五、问答题

1. 分析仅仅通过 UE 接收到 RSRP 的值是否就能判断出 UE 是处于弱覆盖区域。
2. LTE 弱覆盖判断手段有哪些？比较这些判决手段的优点和缺点。
3. 越区覆盖解决措施有哪些？
4. 简述如何撰写数据分析报告。
5. 弱覆盖问题的典型特征是什么？
6. 使用 Pilot Pioneer 软件进行数据分析的步骤有哪些？

# 任务 5.2    LTE 无线网络干扰问题优化

## 课前引导

随着 4G 基站的逐步建设，目前已形成了 2G、3G、4G 基站共存的局面，不同网络之间、网络内部的干扰问题也大幅提升。干扰是影响网络质量的关键因素之一，对通话质量、掉话、切换、吞吐量均有显著影响。如何降低或消除干扰是网络规划、优化的重要任务。

## 学习任务

(1) 了解 LTE 干扰的分类。
(2) 理解系统内干扰和系统外干扰的常见成因。
(3) 掌握干扰问题的处理方法。
(4) 能够使用 LTE 无线网络优化软件对模三干扰问题进行分析，并简要地撰写优化报告。

### 5.2.1  干扰的含义

在通信领域中，信号是表示消息的物理量，如电信号可以通过幅度、频率、相位的变化来表示不同的消息。干扰是指对有用信号的接收造成损伤。在 LTE 中，所有网络上存在的影响通信系统正常工作的、不是通信系统需要的信号均为干扰信号。

### 5.2.2  干扰成因

LTE 系统最常遇到的干扰可以分为系统内干扰、系统外干扰。系统内干扰主要是同频干扰，包括如 TD-LTE 帧失步(GPS 失锁)、TD-LTE 超远干扰、数据配置错误导致干扰、越区覆盖导致干扰等。LTE 基站硬件故障(包括 RRU 故障、自系统杂散和互调干扰、天馈、天馈避雷器干扰等)也会对系统造成干扰。系统外干扰主要是异系统非法使用 LTE 频段、异系统的杂散、阻塞或者互调干扰对本系统的影响。

#### 1. 系统内干扰

1) 帧失步、GPS 失锁造成的干扰

TD-LTE 系统属于时分双工，这对系统的时钟同步要求很高。如同一个网络中的某基站 A 与周围其他基站的时钟不同步，就会造成基站 A 的下行信号被周围的基站接收到，故而干扰到周围基站的上行接收。如图 5-17 所示，时钟失步的基站 A 发射信号干扰到了基站 B 的上行接收，同样，基站 B 发射信号也会干扰到时钟失步的基站 A 的上行接收。通常基站天线比较高，典型的如城区天线 30 m 高，郊区天线 40 m 高，两个基站天线间可能都是视距传播，一个基站的发射信号很容易被其他基站接收到，因而干扰会很严重。

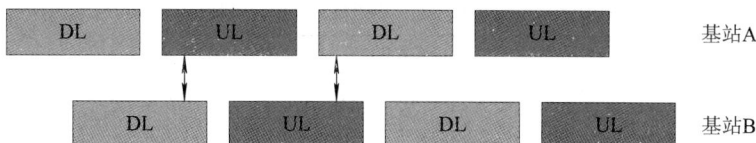

图 5-17　帧失步干扰示意图

TD-LTE 帧结构中的特殊子帧上下行保护时隙之间的 GP 就是为上行和下行留出的保护带，其值从 100 μs 到 700 μs 不等，如图 5-18 所示。如果失步时间超过 100~700 μs，就会造成基站间干扰。

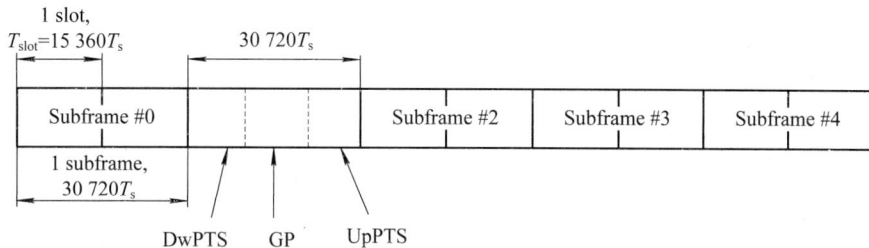

图 5-18　TD-LTE 帧结构

同样的，GPS 也会造成同样的问题。但是 GPS 时钟不同步造成的干扰，通常影响范围比较严重，且范围很广。可能在 GPS 失步基站周围的一大片基站都受到干扰，导致这些基站覆盖范围内的 UE 无法做业务，严重的甚至在基站 RSRP 很好的情况下，UE 都无法入网。在这些基站侧跟踪上行 RSSI 值，通常会发现 RSSI 值可能比正常值高出 10~20 dB，甚至更高。

引起 GPS 失锁的原因主要有以下三种情况：

(1) GPS 安装不规范，导致无法搜到足够的卫星信号。

(2) GPS 受到干扰。

(3) 时钟接收板星卡异常。

2) TD-LTE 基站超远干扰

远距离的 TD-LTE 基站信号经过较长的传播时延，会出现其 DwPTS 与受扰基站的 UpPTS 在时间上重叠。如果传播时延过大，DwPTS 与受扰基站的上行子帧在时间上重叠，导致干扰基站下行信号 DwPTS 对受扰基站上行子帧信号的干扰，如图 5-19 所示。

出现 TD-LTE 基站超远干扰会出现下列问题：

(1) UE 在被干扰小区边缘不能进行随机接入。

(2) 邻区 UE 不能切换到被干扰小区。

(3) 严重的会出现下行业务和上行业务速率都大幅下降。

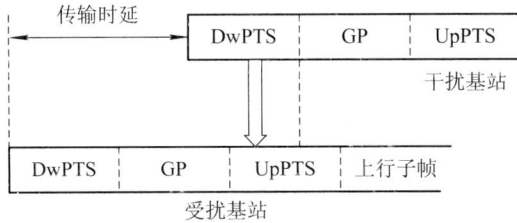

图 5-19　超远干扰示意图

特殊子帧中的 GP 决定了下行信号不会干扰上行信号的最小距离。根据表 5-4 中特殊子帧 GP 长度，可以算出保护距离从 21.4 km 到 214.3 km 不等。当基站间配置的特殊子帧的 GP 很小时，很有可能造成 TD-LTE 基站之间存在超远干扰。

表 5-4　特殊子帧配比与保护距离对应表

| 特殊子帧配置 | DwPTS | GP | UpPTS | 保护距离/km |
|:---:|:---:|:---:|:---:|:---:|
| 0 | 3 | 10 | 1 | 214.3 |
| 1 | 9 | 4 | 1 | 85.7 |
| 2 | 10 | 3 | 1 | 64.3 |
| 3 | 11 | 2 | 1 | 42.9 |
| 4 | 12 | 1 | 1 | 21.4 |
| 5 | 3 | 9 | 2 | 192.9 |
| 6 | 9 | 3 | 2 | 64.3 |
| 7 | 10 | 2 | 2 | 42.9 |
| 8 | 11 | 1 | 2 | 21.4 |

3) 数据配置错误

小区频率、PCI、上下行配比等参数配置错误，会导致同系统间干扰增大，表现在 RSRQ、SINR 等参数远低于预期。

由于数据配置错误引起的系统内干扰，可通过数据配置核查进行确认和处理，确保基站的配置与规划数据的配置相同。

4) 越区覆盖

越区覆盖是指某小区的服务范围过大，在间隔一个以上的基站后仍有足够强的信号电平，手机可以占用该小区进行驻留和保持连接。越区覆盖小区容易对其他小区造成干扰，严重时还会出现拥塞、切换失败、掉话等问题。越区覆盖属于下行干扰。

5) 硬件故障

(1) RRU 放大电路自激。如果 RRU 因生产原因或在使用过程中性能下降，可能会导致 RRU 放大电路自激，产生干扰。

(2) 系统杂散和互调干扰。如果 RRU 或功放的带外杂散超标，或者双工器的收发隔离过小，都会形成对接收通道的杂散干扰。天线、馈线等无源设备也会产生互调干扰。

(3) 天馈避雷器干扰。由于天馈避雷器老化或质量问题导致基站出现互调信号，无线信号杂乱，影响正常的频率接收，从而使无线环境恶化。

### 2. 系统外干扰

LTE系统常用的频率较多，受到干扰的可能性也较大。如军方通信、大功率电子设备、非法发射器等微波通信设备会对LTE系统造成干扰。与LTE系统共存的系统，如WiMAX、UMTS也可能对LTE系统造成干扰。系统外干扰主要有三种方式：杂散干扰、阻塞干扰和互调干扰。

#### 1) 杂散干扰

杂散干扰是指干扰源在被干扰接收机工作频段产生的加性干扰，包括干扰源的带外功率泄漏、放大的热噪声、发射互调产物等，使被干扰接收机的信噪比恶化。

如图5-20所示，右边的基站产生了较强的带外杂散信号，会对左边的基站造成干扰。

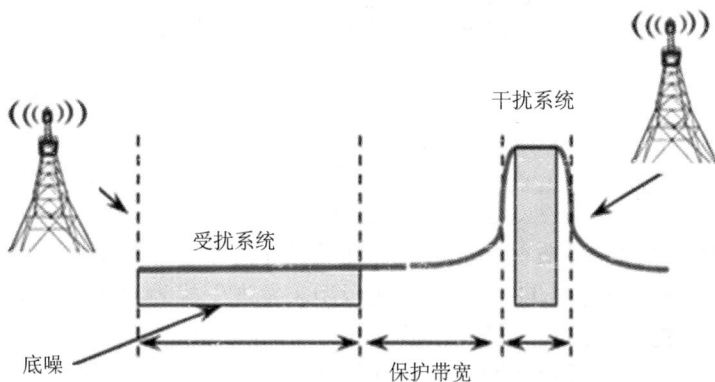

图 5-20　杂散干扰示意图

#### 2) 阻塞干扰

接收机通常工作在线性区，当有一个强干扰信号进入接收机时，接收机会工作在非线性状态下，干扰严重时会导致接收机工作在饱和状态下，我们称这种干扰为阻塞干扰。阻塞干扰可以导致接收机增益的下降与噪声的增加。

接收带外的强干扰信号，会引起接收机工作在饱和状态下，导致增益下降；也会与本振信号混频后产生落在中频的干扰信号；还会由于接收机的带外抑制度有限而直接造成干扰。

阻塞干扰示意图如图5-21所示。

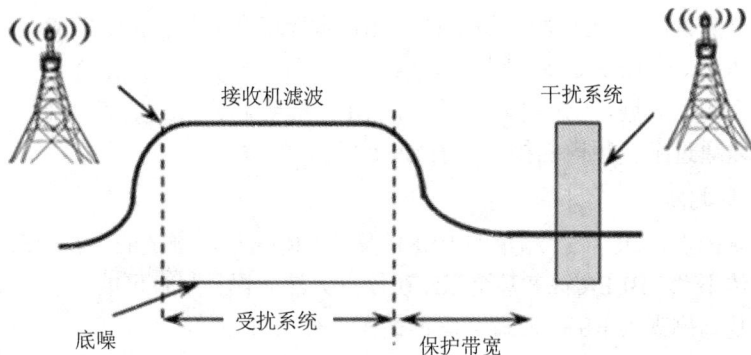

图 5-21　阻塞干扰示意图

### 3) 互调干扰

当频率不同的两个或更多的干扰信号同时进入接收机时，由于在接收机的非线性电路作用下而产生的互调产物若落在接收机的工作带内，就会形成接收互调干扰。

由于接收机的非线性及对带外抑制不够，所以会对接收到的信号产生多次谐波。当接收机同时接收到两个强干扰信号时，会出现两个强干扰信号的组合频率。如图 5-22 所示，两个强信号发射信号的频率 $f_1$ 和 $f_2$，这两个信号发生三阶互调，生成频率是 $2f_1-f_2$、$2f_2-f_1$ 的两个较强信号，而 $2f_1-f_2$ 恰好落入受扰接收机的频带内，从而对受扰信号造成干扰。

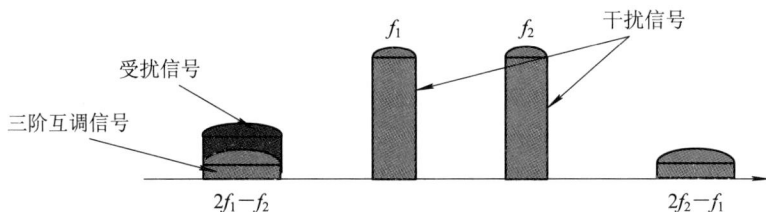

图 5-22　互调干扰示意图

## 5.2.3　干扰处理

要解决干扰，改善通话质量，首先是要发现干扰，然后是采取适当的手段定位干扰，最后是排除或降低干扰。在 LTE 系统中，可以用来发现干扰的方法有：检查话语统计、使用 LMT 辅助分析 RSSI、路测、频谱扫描。

在检测干扰时，首先根据从 UE 侧和 eNodeB 侧跟踪的业务应用质量、RSSI、RSRP、SINR、BLER 等指标，判断是上行链路受到干扰，还是下行链路受到干扰，然后再根据上行链路干扰、下行链路干扰的特性进一步有针对性地进行检测。

### 1. 路测

当某基站覆盖范围内业务异常，怀疑可能是干扰造成的，则首先要判断是上行链路干扰还是下行链路干扰。

需要说明的是由于终端的多样性以及性能差异，下行测量到的 SINR 和 RSSI 可能有较大差距，若不能确认，可设法获取无干扰状态环境下的测试值，与之对比。

#### 1) 下行干扰判断

如果在某个测试区域，UE 测量的下行 RSRP 指标正常，但是下行 SINR 指标明显偏低，并且下行数据传不动、BLER 高，则有可能该区域下行链路受到了干扰。

如果在某个测试区域，UE 测量的下行 RSSI 指标明显偏大，则有可能该区域受到了异系统干扰，可以通过下行频谱扫描仪查看频域情况。

#### 2) 上行干扰判断

如果在该测试点，UE 下行测量的 RSRP 及 SINR 正常，测量的上行 RSSI 指标异常，并且上行数据传不动、BLER 高，甚至 UE 在该点无法入网，则有可能是上行链路受到了干扰。可以通过基站侧观察 RSSI 来确认是否存在上行干扰。

### 2. 使用网管系统辅助分析

华为公司的 M2000 网管系统信令跟踪功能菜单中有干扰检测监控和回放功能,指定小区可以连续观察载波接收功率。干扰检测功能的输出包括系统带宽上每个 RB 的接收信号强度、全带宽 RSSI、每个天线口接收信号强度等内容。

正常组网条件下,每 RB 接收信号强度在−110 dBm 左右,RSSI 在−90 dBm 左右,每天线口的接收功率在−90 dBm 左右。

如图 5-23 所示,在基站失步时,每 RB 接收信号强度达到了−80 dBm,RSSI 达到了−60 dBm。关闭失步基站即可恢复正常水平。由此,可以判断故障原因是网络失步。

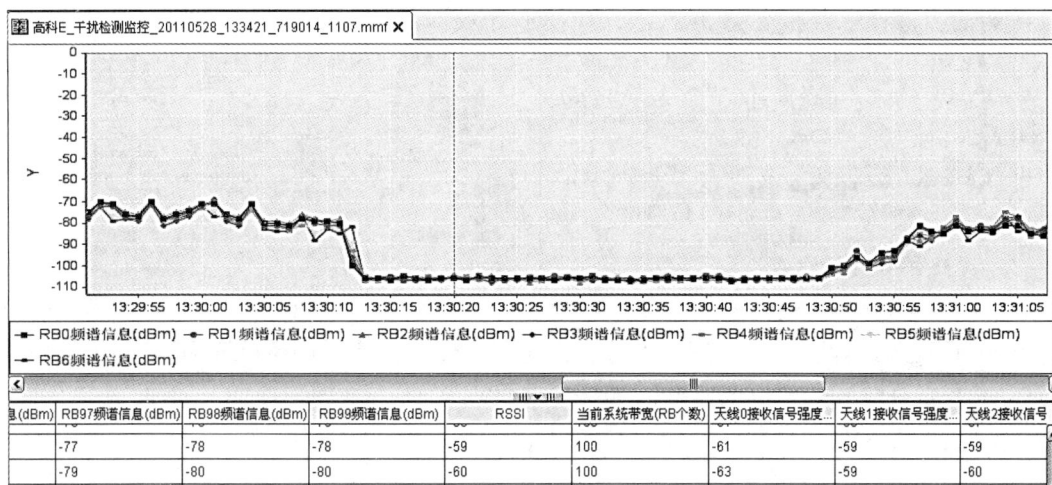

图 5-23　基站失步时 RB 的接收信号强度和 RSSI 值

## 5.2.4　系统内模三干扰案例 1

### 1. 数据准备

(1) 启动 Pilot Pioneer。

在安装好的电脑中,启动 Pilot Pioneer 软件。

(2) 导入数据。

① 导入基站数据库。启动 Pilot Pioneer 之后,在主菜单的【配置】菜单中选择【基站数据库管理】,在弹出的对话框中选择基站栏目下的【LTE】选项,再点击【导入】按钮,将文件名为"实训 8 基站工程参数"的文件导入到 Pilot Pioneer 中。

② 打开数据文件。在 Pilot Pioneer 软件主菜单的【文件】中选择【导入测试数据】子菜单,再选择【常规】,在弹出的对话框中选择文件的路径,将文件名为"实训 8 数据.RCU"的文件导入到 Pilot Pioneer 中。

(3) 解压和解码数据文件。

在工程窗口中选择【工程】选项卡,用鼠标双击导入的数据文件(即"实训 8 数据"文件)下面的【Message】选项,软件就会对"实训 8 数据"进行解压和解码,并自动弹出信令窗口。

(4) 打开常用的窗口。

打开 Map 窗口、Graph 窗口、Line chart 窗口、事件窗口、LTE Serving+Neighbor Cell List 窗口等常用窗口。

**2. 数据分析**

(1) 问题描述。

在淮阴区淮河东路信号 RSRP = −90 dBm 左右，信号强度覆盖较好，但是 SINR<0 dB，下行速率在 1 Mb/s 左右，下载数据速率很低，如图 5-24 所示。

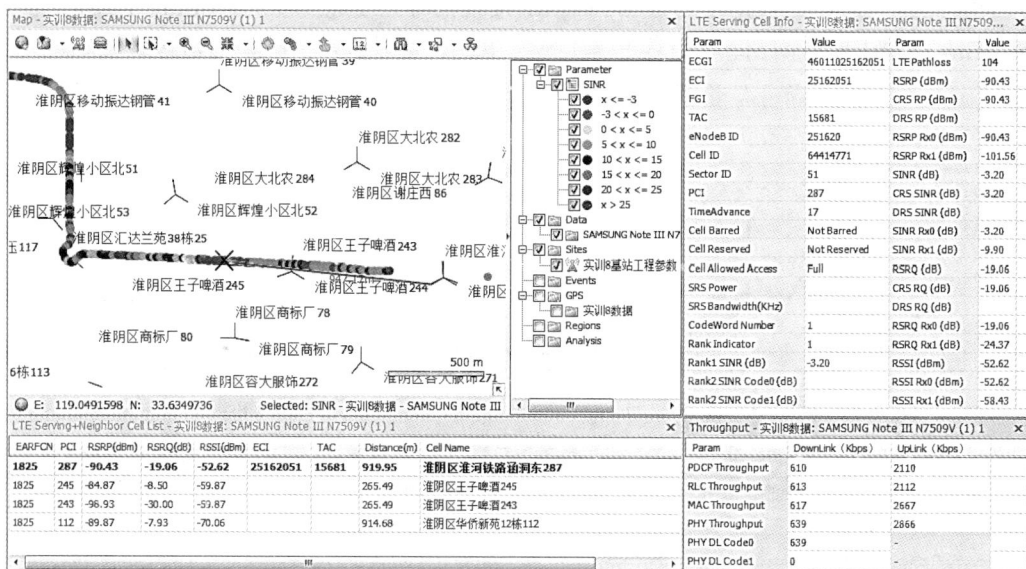

图 5-24　模三干扰软件测试图

(2) 问题分析。

通过 Map 窗口的标尺工具测量 SINR 较差区域的距离累计长度约为 240 m。通过 LTE Serving+Neighbor Cell List 窗口查看发现 UE 占用距离 1 km 左右的淮阴区淮河铁路涵洞东 (PCI=287) 的 服 务 小 区 信 号 RSRP = − 90.43 dBm， 检 测 到 邻 区 淮 阴 区 王 子 啤 酒 (PCI=245)RSRP = −84.87 dBm。淮阴区淮河铁路涵洞东(PCI=287)参考信号与淮阴区王子啤酒(PCI=245)参考信号的 PCI 模三运算后结果都是 2，且两个小区的参考信号都比较强，形成模三干扰，导致 SINR 值较低。

(3) 解决措施。

淮阴区淮河铁路涵洞东(PCI=287)的小区存在越区覆盖，需要控制该小区的覆盖范围。经检查该小区的天线为内置电子为 3°的小板状天线，机械下倾角设置较小，建议调整小区天线的机械下倾角 4°～10°。

## 5.2.5　系统内模三干扰案例 2

(1) 问题描述。

UE 占用滨江国家税务局 3(PCI=108)小区进行 FTP 下载测试，在长河路口附近 UE 尝试切换到江边 1(PCI=63)小区，结果切换失败导致下载业务掉线，速率降为 0 kb/s。UE 重选到江边 1 小区，如图 5-25 所示，此处 RSRP 正常(RSRP = −80 dBm)，但 SINR 较差(−8 dB

左右)。UE 由江边 1 小区向滨江国家税务局 3 小区方向不能正常切换，时常会发生业务掉线，小区重选。

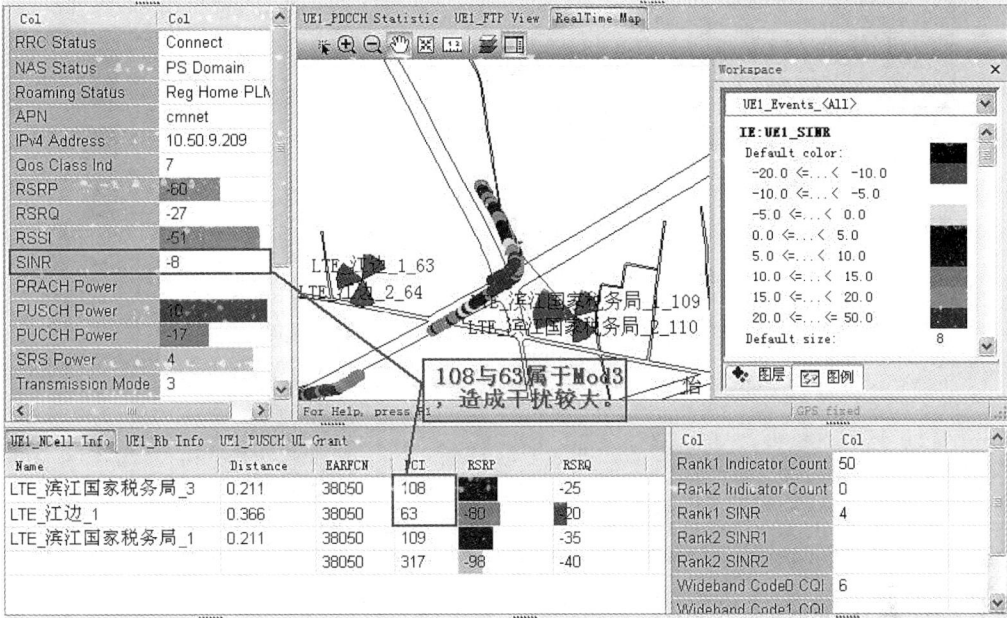

图 5-25　模三干扰测试图

(2) 问题分析。

① 由于此处无线环境 RSRP 较好但是 SINR 较差，故判定小区之间存在干扰。

② 此处在滨江国家税务局 3(PCI=108)小区和江边 1(PCI=63)小区的切换带上，扫频仪扫频发现附近没有其他小区的强信号，也不存在异系统间的干扰。初步怀疑是两小区 PCI mod3 结果相同，在切换同步时存在干扰，造成两者不能正常切换。

③ 滨江国家税务局 3(PCI=108)小区和江边 1(PCI=63)小区 PCI mod3 结果都为 0，对主同步信号的加扰方式相同，造成切换时 SINR 较差，干扰严重，发生切换失败，业务掉线。

(3) 解决措施。

结合周围站点的覆盖情况分析，将江边 1(PCI=63)小区和江边 3(PCI=65)小区的 PCI 进行对调，如表 5-5 所示。

表 5-5　PCI 调整表

| 小区名 | PCI | 参数名称 | 原配置 | 更改后配置 |
|---|---|---|---|---|
| LTE_江边_1 | 63 | PCI | 63 | 65 |
| LTE_江边_3 | 65 | PCI | 65 | 63 |

(4) 复测验证。

江边 1 小区 PCI 参数修改后，多次复测此路段小区间切换情况，滨江国家税务局 3 (PCI=108)小区和江边 1(PCI=65)小区都能正常切换，反向切换也正常。SINR 值由原来的 −8 dB 提升到 10 dB，业务进行正常，不会发生掉线。滨江国家税务局 3 小区到江边 1 小区切换正常的截图如图 5-26 所示。

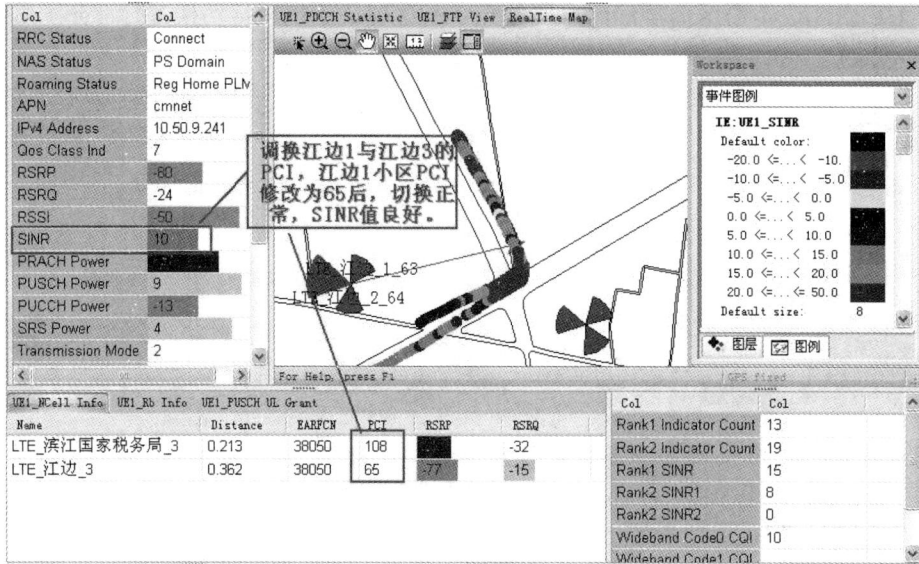

图 5-26　模三干扰排除后测试图

## 知识点/技能点小结

知识点/技能点梳理见图 5-27。

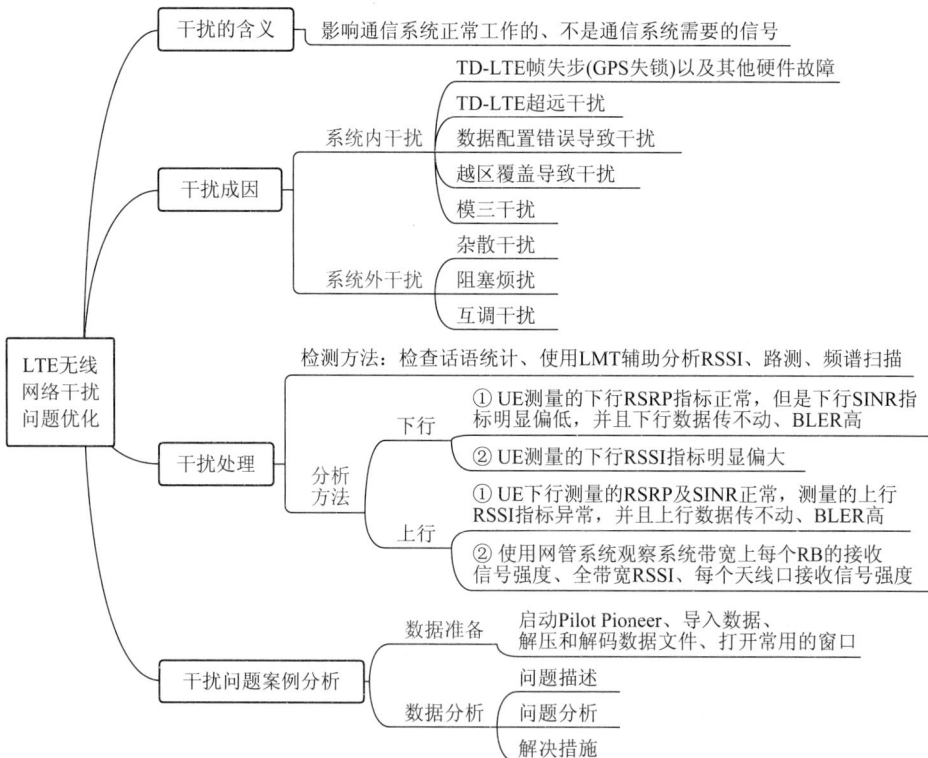

图 5-27　知识点/技能点梳理

知识/技能要点：

(1) 在 LTE 中，所有网络上存在的，影响通信系统正常工作的，不是通信系统需要的信号，均为干扰信号。

(2) LTE 系统最常遇到的干扰可以分为系统内干扰、系统外干扰。系统内干扰主要是同频干扰，包括如 TD-LTE 帧失步(GPS 失锁)、TD-LTE 超远干扰、数据配置错误导致干扰、越区覆盖导致干扰等。

(3) 系统外干扰主要有三种方式：杂散干扰、阻塞干扰和互调干扰。

(4) 模三干扰解决问题的思路。

# 思考与复习题

一、填空题

1. LTE 系统最常遇到的干扰可以分为系统内干扰和_____干扰。

2. 特殊_____的_____决定了下行信号不会干扰上行信号的最小距离。

3. _____干扰是指干扰源在被干扰接收机工作频段产生的加性干扰，包括干扰源的带外功率泄漏、放大的热噪声、发射互调产物等。

4. 当有一个强干扰信号进入接收机时，接收机会工作在非线性状态下，干扰严重时会导致接收机工作在饱和状态下，我们称这种干扰为_____干扰。

5. 当频率不同的两个或更多的干扰信号同时进入接收机时，由于在接收机的非线性电路作用下而产生的互调产物若落在接收机的工作带内，就会形成接收_____干扰。

6. 两个强信号发射信号的频率 $f_1$ 和 $f_2$，生成频率是 $2f_1 - f_2$、$2f_2 - f_1$ 的两个较强信号，而 $2f_1 - f_2$ 恰好落入受扰接收机的频带内，从而对受扰信号造成干扰。我们称这种干扰为_____干扰。

二、判断题

1. 越区覆盖属于下行干扰。(　　)

2. 如果在某个测试区域，UE 测量的下行 RSRP 指标正常，但是下行 SINR 指标明显偏低，则有可能该区域上行链路受到了干扰。(　　)

3. 如果在该测试点，UE 下行测量的 RSRP 及 SINR 正常，测量的上行 RSSI 指标异常，则有可能是上行链路受到了干扰。(　　)

4. 如果上行链路受到了干扰，则往往要通过基站侧观察 RSSI 来确认是否存在上行干扰。(　　)

5. 模三干扰属于系统外干扰。(　　)

6. 采用小区间干扰抑制技术可提高小区边缘的数据率和系统容量。(　　)

三、单项选择题

1. 正常组网条件下，每 RB 接收信号强度约为(　　)。

A. −80 dBm　　　　　B. −90 dBm　　　　　C. −100 dBm　　　　　D. −110 dBm

2. 下列不属于系统外干扰的是(　　)。

A. 杂散干扰　　　　　B. 阻塞干扰　　　　　C. 互调干扰　　　　　D. GPS 失步

3. TD-LTE 系统支持的特殊子帧配比是 SSP5、SSP6、SSP7 和 SSP8，在这三种特殊子帧配比中, ( )使用的 GP 最小。

A. SSP5　　　　B. SSP6　　　　C. SSP7　　　　D. SSP8

4. LTE 无线网络中常用( )参数表示干扰水平。

A. RSRP　　　　B. SINR　　　　C. RSRQ　　　　D. RSCP

5. 接收机通常工作在线性区, 当有一个强干扰信号进入接收机时, 接收机会工作在非线性状态下或严重时导致接收机饱和, 我们称这种干扰为( )。

A. 阻塞干扰　　B. 杂散干扰　　C. 互调干扰　　　D. 带内干扰

6. 下列选项中, ( )是由于受扰系统的设备性能指标不合格导致的。

A. 阻塞干扰　　B. 杂散干扰　　C. 互调干扰　　　D. 谐波干扰

7. 进行干扰分析的常用工具是( )。

A. 扫频仪　　　B. GPS　　　　C. 罗盘　　　　　D. 测试终端

8. 下述关于干扰的说法, 不正确的是( )。

A. 干扰的本质就是未按频率分配规定的信号占据了合法信号的频率, 影响了合法信号的正常工作

B. 从干扰的技术特性分, 干扰可分为杂散干扰、阻塞干扰和互调干扰

C. 杂散干扰是指加于接收机的干扰功率很强, 超出了接收机的线性范围, 导致接收机因饱和而无法工作

D. 互调干扰是指频率为 $f_1$ 和 $f_2$ 的两个信号经过非线性器件或传播媒介后, 出现的频率为 $f_1$ 与 $f_2$ 的和或差的新信号, 主要有二阶、三阶及四阶等互调产物

9. 考虑到干扰控制, 城区三扇区站水平波束宽度一般不大于( )。

A. 45　　　　　B. 90　　　　　C. 120　　　　　D. 65

四、多项选择题

1. 下列选项中, 属于系统内干扰的是( )。

A. TD-LTE 帧失步(GPS 失锁)　　　B. TD-LTE 超远干扰

C. 越区覆盖导致干扰　　　　　　　D. 阻塞干扰

2. 引起 GPS 失锁的原因主要有( )。

A. GPS 安装不规范, 导致无法搜到足够的卫星信号

B. GPS 受到干扰

C. 时钟接收板星卡异常

D. GPS 接收天线受到遮挡

3. 3GPP 提出了多种解决干扰的方案, 包括( )。

A. 分集接收　　　　　　　　B. 干扰随机化

C. 干扰消除　　　　　　　　D. 干扰协调技术

4. 下列选项中, 属于小区干扰随机化技术的是( )。

A. 加扰　　　　B. 交织　　　　C. 跳频　　　　D. 干扰抑制合并 IRC

五、问答题

1. 模三干扰问题的典型特征是什么?

2. 基站共址干扰主要有哪些干扰类型?

# 任务 5.3　LTE 无线网络切换问题优化

## 课前引导

在 LTE 无线网络优化中，切换往往会出现语音不清晰、数据业务下载或上传速率低等问题，在一定程度上影响网络的通信质量。

## 学习任务

(1) 理解 LTE 切换信令流程、A3 切换机制和相关参数。

(2) 掌握切换问题的处理思路。

(3) 掌握常见异常切换问题的处理方法。

(4) 能够使用 LTE 无线网络优化软件对邻区漏配问题、乒乓切换问题进行分析，并简要地撰写优化报告。

### 5.3.1　切换前台信令流程解析

切换的大部分问题可在前台信令(路测软件采集的信令)中进行分析，本文以前台信令为主介绍整个切换流程及问题分析思路。

#### 1. 测量配置

测量配置信息是通过重配消息下发的，一般存在于初始接入时的重配消息和切换命令中的重配消息中。测量配置信息包括邻区列表、事件判断门限、时延、上报间隔等信息。

#### 2. 测量报告

终端在服务小区下发的测量控制中进行测量，将满足上报条件的小区上报给服务小区。

首先了解下终端是如何进行事件判断的，当前网络中采用的是 A3 事件，即目标小区信号质量高于本小区一个门限且维持一段时间就会触发。

测量报告会将满足事件的所有小区上报。需要注意的是 LTE 中终端上报的测量报告不一定是邻区配置里下发的邻区，目前网络暂不支持邻区自优化，故在分析问题时可以使用测量报告值及测量控制中的邻区信息来判断是否为漏配邻区。

#### 3. 切换命令

切换命令是指带有 mobilityControlInfo 的重配命令。mobilityControlInfo 里包含了目标小区的 PCI 以及接入需要的所有配置。

#### 4. 在目标小区随机接入(Msg1)

终端在目标小区使用源小区在切换命令中带的接入配置进行接入。

#### 5. 基站回应随机接入响应(RAR)

目前切换都为非竞争切换，所以到这一步基本上可以确认在目标小区成功接入了。

**6. 终端反馈重配置完成**

实际上重配完成消息在收到切换命令后就已经组包结束，在目标侧的随机接入可认为是由重配完成消息发起的目标侧随机接入过程，重配完成消息包含在 Msg3 中发送。

## 5.3.2　切换优化整体思路

所有的异常流程都首先需要检查基站、传输等状态是否异常，排查基站、传输等问题后再进行分析。

整个切换过程异常情况分为如下三个阶段：

(1) 测量报告发送后是否收到切换命令。

(2) 收到重配命令后是否成功在目标侧发送 Msg1。

(3) 成功发送 Msg1 之后是否正常收到 Msg2。

**1. 测量报告发送后未收到切换命令**

1) 基站未收到测量报告(可通过后台信令跟踪检查)

首先检查覆盖点是否合理，主要检查测量报告点的 RSRP、SINR 等覆盖情况，确认终端是否在小区边缘，或存在上行功率受限情况(根据下行终端估计的路损判断)。如果是该情况，则按照现场情况调整覆盖，切换参数，解决异常情况。目前，现场测试建议在切换点覆盖 RSRP 不要低于−110 dBm，SINR 不要小于−3 dB。

其次检查是否存在上行干扰，可通过后台工具(LTE 系统网管软件)MTS 查询。如：在 20 MHz 带宽下，基站接收无终端接入时接收的底噪约为−98 dBm，如果在无用户时底噪过高，则肯定存在上行干扰。上行干扰优先检查是否为邻近其他小区 GPS 失锁导致，当前版本暂不支持后台工具定位干扰源位置，只能通过关闭干扰源附近站点，使用 Scanner(扫频仪)进行 CW(Continuous Wave，连续波)测试来排查。

2) 基站收到了测量报告

(1) 未向终端发送切换命令情况。

首先确认目标小区是否为漏配邻区，漏配邻区从后台比较容易看出来，直接观察后台信令跟踪中基站收到测量报告后是否向目标小区发送切换请求即可；漏配邻区也可在前台进行判断，首先检查测量报告中给源小区上报的 PCI，检查接入或切换至源小区时重配命令 MeasObjectToAddModList 字段中的邻区列表中，是否存在终端测量报告携带的 PCI，如果确认存在，则为漏配邻区添加邻区关系即可。

在配置了邻区后若收到了测量报告，则源基站会通过 X2 口或者 S1 口(若没有配置 X2 偶联)向目标小区发送切换请求。此时需要检查是否目标小区未向源小区发送切换响应，或者发送 HANDOVER PREPARATION FAILURE 信令，在这种情况下源小区也不会向终端发送切换命令。此时需要从以下三个方面定位：

① 目标小区准备失败、RNTI 准备失败、PHY/MAC 参数配置异常等，会造成目标小区无法接纳而返回 HANDOVER PREPARATION FAILURE。

② 传输链路异常，会造成目标小区无响应。

③ 目标小区状态异常，会造成目标小区无响应。

(2) 向终端发送切换命令情况。

主要检查测量报告上报点的覆盖情况是否为弱场，或强干扰区域。优先建议通过工程参数解决覆盖问题，若覆盖不易调整则通过调整切换参数优化。

### 2. 目标小区 Msg1 发送异常情况

正常情况测量报告上报的小区都会比源小区的覆盖情况好，但不排除目标小区覆盖陡变的情况，所以首先排除掉由于测试环境覆盖引起的切换问题。这类问题建议优先调整覆盖，若覆盖不易调整则通过调整切换参数优化。

如果覆盖比较稳定却仍无法正常发送，就需要在基站侧检查是否出现了上行干扰。

### 3. 接收 RAR 异常情况

接收 RAR 异常情况一般主要检查测试点的无线环境，处理思路仍是优先优化覆盖，若覆盖不易调整则调整切换参数。

## 5.3.3 切换常见异常场景

### 1. 切换过早

切换过早，一般是邻区的信号还不够好或不够稳定，eNodeB 就发起了切换。切换过早主要有以下几种：

(1) 源小区下发切换命令后，UE 收到切换命令，但由于目标小区信号质量不佳，UE 切换到目标小区发生无线链路失败(Radio Link Failure，RLF)，UE 发起 RRC 重建回到源小区。这种场景下，UE 在切换到新小区随机接入或发送 Msg3 失败导致切换失败，然后 UE 在源小区发起 RRC 连接重建。

(2) UE 虽然成功切换到目标小区，但在目标小区只停留了很短的时间，就发生了 RLF，在 RRC 连接重建时，重建回源小区。

(3) UE 虽然成功切换到目标小区，但在很短时间内(5 s)切换到第三方小区，也是切换过早。

### 2. 切换过晚(切换不及时)

切换过晚在实际外场较常见，大多数情况下发生在切换不及时的时候。切换过晚时，UE 收到的服务小区信号变弱，而收到的邻区信号很强，此时 UE 接收到的信号质量变差。具体来说，切换过晚主要有以下两种情况：

(1) 在下行 100%加载的场景，源小区服务质量不好(一般 SINR 低于−3 dB 就会概率性出现切换命令发送失败)，UE 因为服务小区信号不好没有收到切换命令，或收到切换命令，但随机接入过程失败，UE 就发生 RRC 重建，重建到目标小区，此时由于目标小区已建立上下文，所以重建可以成功。

(2) UE 还来不及上报测量报告，源小区的信号已经急剧下降导致下行失步，UE 直接在目标小区发起 RRC 连接重建，此时由于目标小区无 UE 上下文，所以重建必然被拒绝。

过早切换一般在切换开始后短时间内发生无线链路失败、切换失败导致 UE 重建回源小区。它与"目标小区重建回源小区的切换出成功次数"有很大的关联性。

过晚切换是指 UE 在源小区发生了 RLF，并且在 RRC 重建时重建到非源小区，这种情况说明 UE 超出了源小区信号覆盖的范围。

### 3. 乒乓切换

乒乓切换一般可以理解为所处覆盖区域内无主覆盖小区，或者主覆盖小区和一个或者多个邻区信号强度/通话质量接近，由于无线电波在传播过程中存在波动性，信号强度及通话质量都会随着波动，手机在服务小区和相邻小区来回进行切换的现象，类似打乒乓球，故俗称乒乓切换。比如两个小区，A 和 B，A 切换到 B 又切换到 A，两个小区频繁来回切换。

解决乒乓切换的方法如下：

(1) 调整天馈或者调整发射功率，缩小切换区域。

(2) 调整切换参数，提高切换门限，减少频繁切换，如将 IntraFreqHoA3Hyst 和 IntraFreqHoA3Offset 的值设置得尽可能大些，但该参数会影响到所有和该小区进行切换的邻区；也可以增加惩罚时间，提高切换的难度，从而控制切换的频率。

对乒乓切换问题进行优化，同样能改善用户的通话质量，提高用户的数据传输速率。

### 4. 基站不下发切换命令

基站不下发切换命令的前提是 UE 上报了切换的 MR，基站侧也收到了 MR，但没有收到切换命令，可能的原因有邻区漏配、邻区配错或同频邻区中有 PCI 相等的邻区。下面以邻区漏配为例进行简要介绍。

邻区漏配案例的典型特点就是 UE 不断地上报 MR，从基站跟踪看到基站收到了大量的 MR，但是没有下发切换命令，从而导致切换失败，有时还会导致掉话。如图 5-28 所示，因为 UE 连续上报 MR 十多次，没有收到基站侧下发的 RRC_CONN_RECFG 切换命令而掉话，这种情况下，要查看是否为邻区漏配。

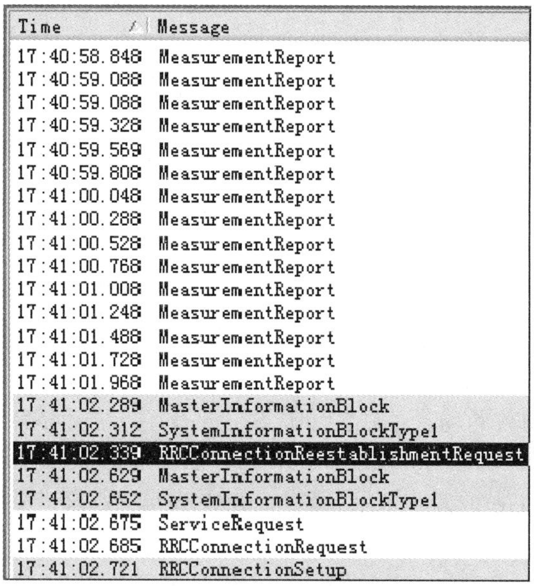

| Time | / | Message |
| --- | --- | --- |
| 17:40:58.848 | | MeasurementReport |
| 17:40:59.088 | | MeasurementReport |
| 17:40:59.088 | | MeasurementReport |
| 17:40:59.328 | | MeasurementReport |
| 17:40:59.569 | | MeasurementReport |
| 17:40:59.808 | | MeasurementReport |
| 17:41:00.048 | | MeasurementReport |
| 17:41:00.288 | | MeasurementReport |
| 17:41:00.528 | | MeasurementReport |
| 17:41:00.768 | | MeasurementReport |
| 17:41:01.008 | | MeasurementReport |
| 17:41:01.248 | | MeasurementReport |
| 17:41:01.488 | | MeasurementReport |
| 17:41:01.728 | | MeasurementReport |
| 17:41:01.968 | | MeasurementReport |
| 17:41:02.289 | | MasterInformationBlock |
| 17:41:02.312 | | SystemInformationBlockType1 |
| 17:41:02.339 | | RRCConnectionReestablishmentRequest |
| 17:41:02.629 | | MasterInformationBlock |
| 17:41:02.652 | | SystemInformationBlockType1 |
| 17:41:02.675 | | ServiceRequest |
| 17:41:02.685 | | RRCConnectionRequest |
| 17:41:02.721 | | RRCConnectionSetup |

图 5-28  邻区漏配 UE 侧信令

检查邻区的方式可以通过 LMT 小区邻区数据配置信息，也可以通过对比 SIB4 中的邻区信息是否包含 MR 中的邻区 PCI，来辅助判断是否为同频邻区漏配，如图 5-29 所示。

邻区漏配有两种情况：一是同频邻区和外部小区都没有配置；二是配置了外部邻区，但没配置同频邻区。

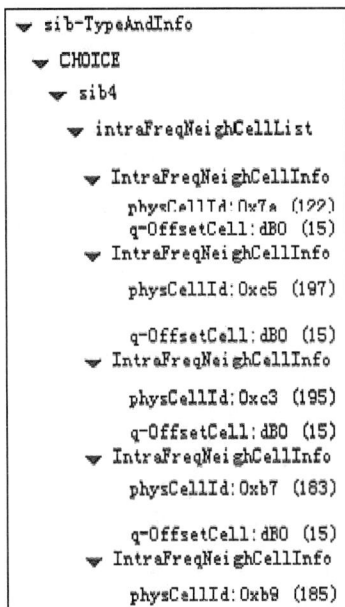

图 5-29 SIB4 中的同频邻区信息解析

## 5.3.4 切换问题优化案例

### 1. LTE 邻区漏配问题案例分析 1

1) 数据准备

(1) 启动 Pilot Pioneer。

在安装好的电脑中，启动 Pilot Pioneer 软件。

(2) 导入数据。

① 导入基站数据库。启动 Pilot Pioneer 之后，在主菜单的【配置】菜单中选择【基站数据库管理】，在弹出的对话框中选择基站栏目下的【LTE】选项，再点击【导入】按钮，将文件名为"实训 9 基站工程参数"的文件导入到 Pilot Pioneer 中。

② 打开数据文件。在 Pilot Pioneer 软件主菜单的【文件】中选择【导入测试数据】子菜单，再选择【常规】，在弹出的对话框中选择文件的路径，将文件名为"实训 9 数据"的文件导入到 Pilot Pioneer 中。

(3) 解压和解码数据文件。

在工程窗口中选择【工程】选项卡，用鼠标双击导入的数据文件(即"实训 9 数据"文件)下面的【Message】选项，软件就会对"实训 9 数据"进行解压和解码，并自动弹出信令窗口。

(4) 打开常用的窗口。

打开 Map 窗口、Graph 窗口、Line chart 窗口、事件窗口、LTE Serving+Neighbor Cell List 窗口等常用窗口。

2) 数据分析

(1) 问题描述。

　　UE 由南向北行驶至距离开发区茂华国际 10 号楼 50 小区约 557.85 米时，UE 接收到参考信号接收功率 RSRP 急剧下降到−100 dBm 以下，如图 5-30 椭圆区域所示。

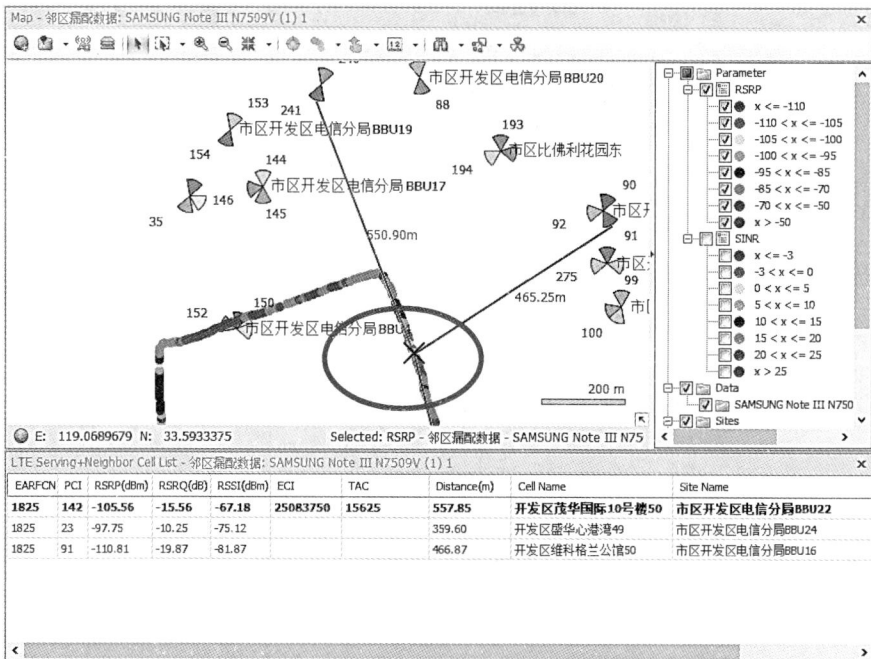

图 5-30　UE 的 RSRP 测试轨迹图

(2) 问题分析。

　　通过 Pioneer 测试软件中的 LTE Serving+Neighbor Cell List 窗口查看服务小区和邻区的 RSRP 数值，发现在 15:07:56.036 时刻，服务小区的 RSRP = −105.56 dBm，而 UE 检测到距离 359.60 m 之外，开发区盛华心港湾 49(PCI=23)的小区 RSRP 数值较大，其 RSRP = −97.75 dBm，如图 5-31 所示。

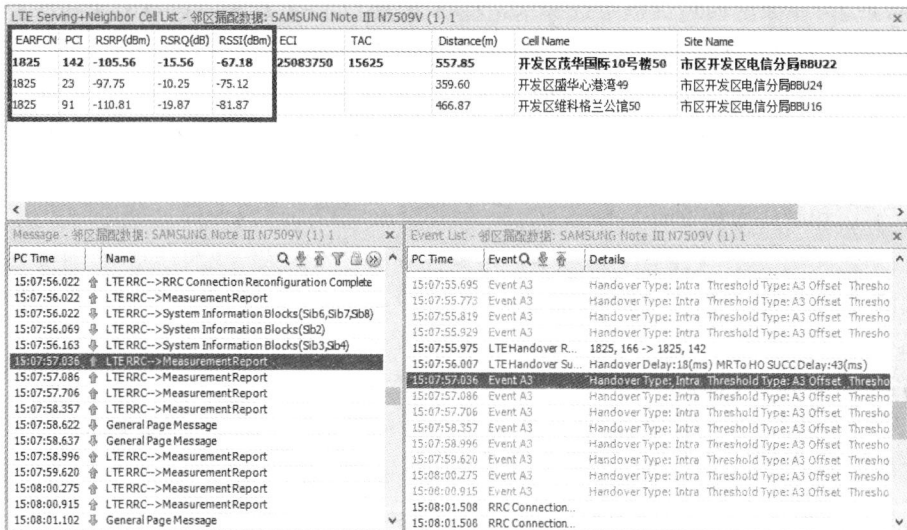

图 5-31　UE 检测到信号较强小区 RSRP 测试图

在随后 3 s 多的时间内，UE 多次向 eNodeB 上报 MeasurementReport 消息，要求进行 A3 事件切换，即由开发区茂华国际 10 号楼 50(PCI=142)的小区切换到开发区盛华心港湾 49(PCI=23)的小区，如图 5-32 所示。但是由于源小区的 RSRP 越来越低，SINR 也越来越低，无法完成切换，因此 UE 随后发送了 rrcConnectionReestablishmentRequest 消息。在 UE 刚切入到开发区茂华国际 10 号楼 50(PCI=142)的小区之后，查看测量控制语句信令消息中的邻区列表，发现并没有 PCI=23 的小区。

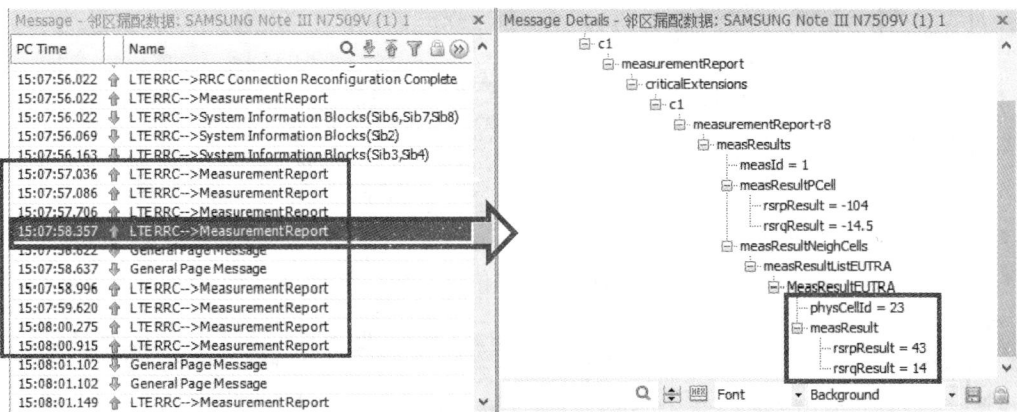

图 5-32    UE 检测到较强小区的 PCI 和信号强度数值

与 2G、3G 系统相比，LTE 的切换测量有一个明显的特点，即其测量是基于频点而不是基于邻区列表的，也就是说，即便 A 小区没有被配置为 B 小区的邻区，UE 也能检测出 A 小区的 PCI 和 PSRP 等信息。UE 根据测量配置所指示的频点测量出使用该频点的小区，然后由 UE 高层对测量结果进行处理，得到切换候选列表发给网络，由网络根据邻区列表选择小区发起切换。本例中，UE 检测到了开发区盛华心港湾 49(PCI=23)的小区信号，且该小区信号约为 RSRP = −95 dBm。

综上所述，可以判断本次切换失败主要是由于开发区茂华国际 10 号楼 50(PCI=142)的同频邻区中，并没有配置开发区盛华心港湾 49(PCI=23)的小区，出现了邻区漏配，从而导致切换失败。

(3) 解决措施。

增加开发区盛华心港湾 49(PCI=23)的小区与开发区茂华国际 10 号楼 50(PCI=142)的小区之间的邻区关系。

**2. LTE 邻区漏配问题案例分析 2**

(1) 问题描述。

UE 占用虹四宏 1 小区(PCI=227)的 RSRP = −96 dBm，多次上发测量报告切向杨四康 2 小区(PCI=43)的 RSRP = −91 dBm，但一直未发生切换导致掉线，如图 5-33 所示。

(2) 问题分析。

UE 多次上报向理想目标小区切换的测量报告，但一直未收到 eNodeB 下发的切换命令，怀疑基站侧未添加邻区关系。经查询邻区表确认虹四宏 1 与杨四康 2 之间无邻区。

(3) 解决方案。

邻区关系添加后，UE 顺利由虹四宏 1(PCI=227)切换到杨四康 2(PCI=43)，如图 5-34 所示。

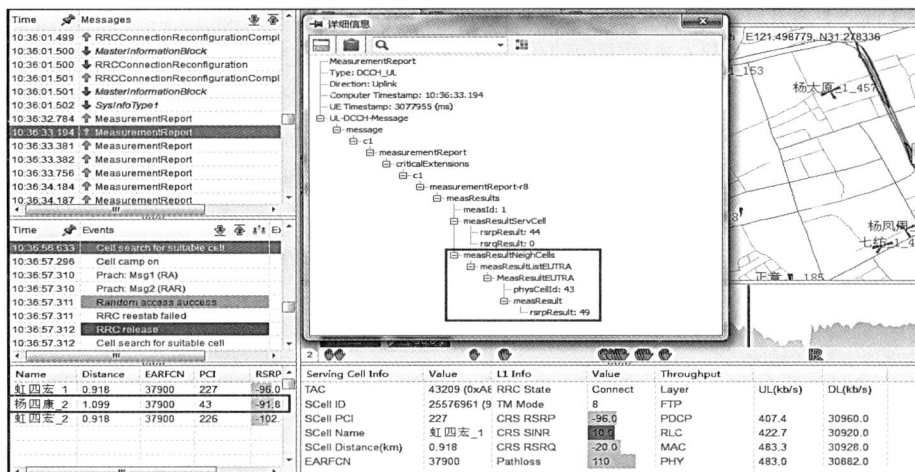

图 5-33　虹四宏 1 小区信号 RSRP 示意图

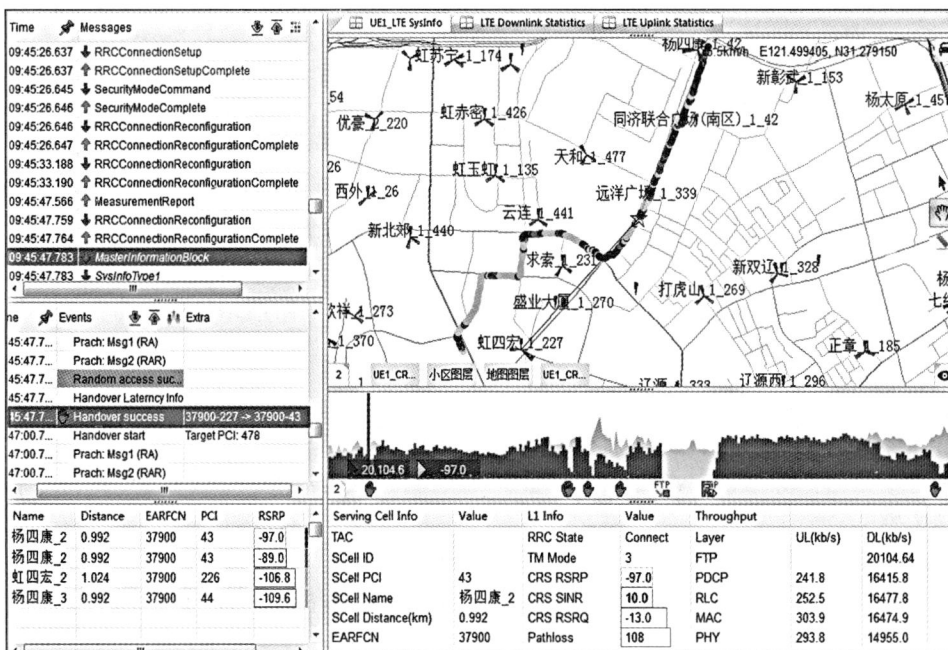

图 5-34　虹四宏 1 切换到杨四康 2 后的 RSRP 示意图

### 3. LTE 无线网络乒乓切换问题案例分析

1) 数据准备

(1) 启动 Pilot Pioneer。

在安装好的电脑中，启动 Pilot Pioneer 软件。

(2) 导入数据。

① 导入基站数据库。启动 Pilot Pioneer 之后，在主菜单的【配置】菜单中选择【基站数据库管理】，在弹出的对话框中选择基站栏目下的【LTE】选项，再点击【导入】按钮，将文件名为"实训 10 基站工程参数"的文件导入到 Pilot Pioneer 中。

② 打开数据文件。在 Pilot Pioneer 软件主菜单的【文件】中选择【导入测试数据】子菜单，再选择【常规】，在弹出的对话框中选择文件的路径，将文件名为"实训 10 数据"文件导入到 Pilot Pioneer 中。

(3) 解压和解码数据文件。

在工程窗口中选择【工程】选项卡，用鼠标双击导入的数据文件(即"实训 10 数据"文件)下面的【Message】选项，软件就会对"实训 10 数据"进行解压和解码，并自动弹出信令窗口。

(4) 打开常用的窗口。

打开 Map 窗口、Graph 窗口、Line chart 窗口、事件窗口、LTE Serving+Neighbor Cell List 窗口等常用窗口。

(5) 打开播放工具。

在工具栏中，用鼠标点击【选择文件】按钮，选择相应的测试数据。

2) 数据分析

(1) 问题描述。

如图 5-35 所示,车辆在市区淮安军星科技学校由西向东行驶至开发区沪源水电路段时,UE 在淮安军星科技学校基站第 2 小区(PCI=181)和开发区沪源水电基站第 3 小区(PCI=71)之间频繁地进行切换，这在一定程度上会影响 UE 的下载速率。

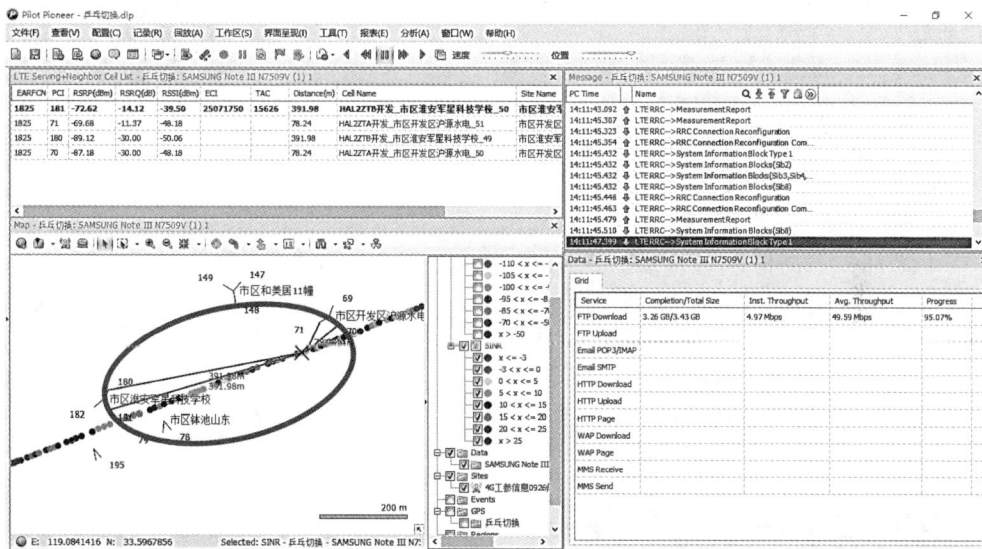

图 5-35   UE 的乒乓切换测试图

(2) 问题分析。

通过 Pioneer 软件的 Map 窗口和 Message 窗口(见图 5-36)可以看出，UE 从 14:11:15 开始到 15:11:51 之间的 36 秒时间内，UE 先使用淮安军星科技学校基站第 2 小区(PCI=181)信号，随后使用开发区沪源水电基站第 3 小区(PCI=71)信号，然后 UE 又切回到淮安军星科技学校基站第 2 小区，最后 UE 又切换到开发区沪源水电基站第 3 小区(PCI=71)信号，这样 UE 在淮安军星科技学校基站第 2 小区(PCI=181)与开发区沪源水电基站第 3 小区(PCI=71)

之间进行了两次往返切换，同时，从 Data 窗口可以看出 UE 的 FTP Download 实时吞吐率也不太稳定，呈现出明显的起伏变化。在切换过程中，UE 的 FTP 下载速率明显下降，下降到 4.97 Mb/s。

利用 Pioneer 软件的回放工具进行回放，发现 UE 在淮安军星科技学校基站与开发区沪源水电基站之间的路段，淮安军星科技学校基站第 2 小区(PCI=181)的信号和开发区沪源水电基站第 3 小区(PCI=71)的信号都比较强，RSRP 的值在−70 dBm 左右。

查看这两个小区的切换配置参数，开发区沪源水电基站第 3 小区(PCI=71)和淮安军星科技学校基站第 2 小区(PCI=181)的 A3 事件的 a3-Offset 取值为 3，a3-Offset 单位为 0.5 dB，即 a3-Offset = 1.5 dB，同样地，A3 事件的 hysteresis 取值为 3，a3-Offset 单位为 0.5 dB，即 hysteresis = 1.5 dB，如图 5-36 和图 5-37 所示。a3-Offset+hysteresis=6，即 3 dB。

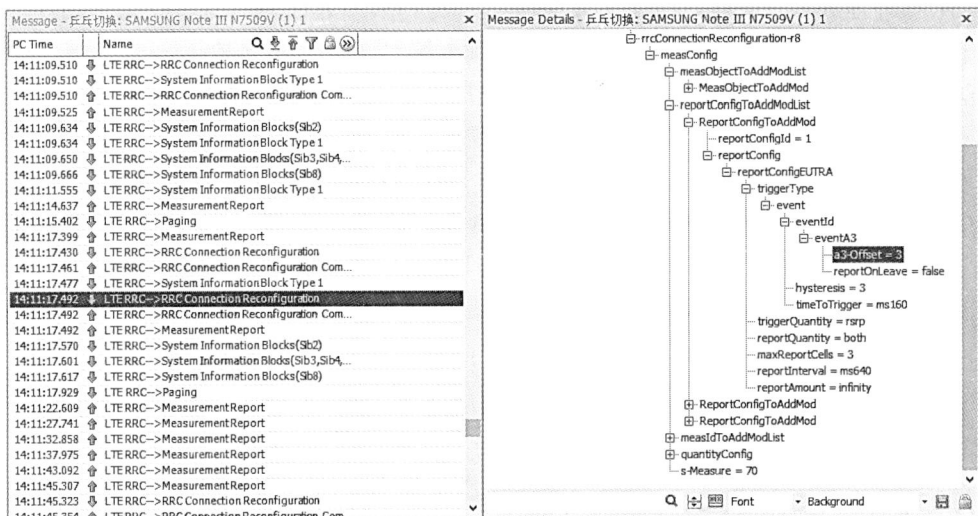

图 5-36  沪源水电基站第 3 小区(PCI=71)切换配置参数

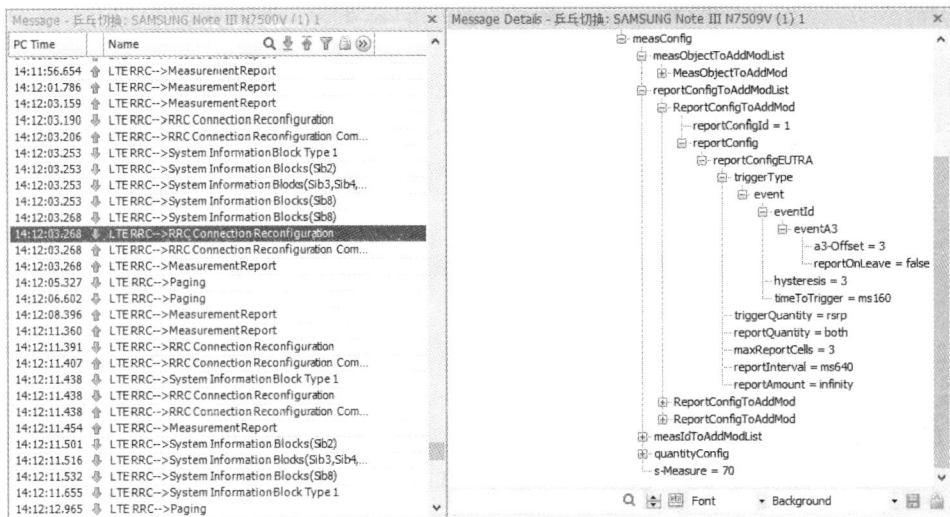

图 5-37  淮安军星科技学校基站第 2 小区(PCI=181)切换配置参数

根据 A3 事件的判决公式：Mn － Offset > Ms + Hysteresis。Mn － Ms > Hysteresis + Offset。也就是说 Mn － Ms > 3 dB，在满足一定的触发时间的条件下，就会上报 A3 事件，进行同频切换。

查看 UE 从开发区沪源水电基站第 3 小区(PCI=71)的信号切换到淮安军星科技学校基站第 2 小区(PCI=181)之前，14:11:45 上报的最后一条 MeasurementReport 消息可以看出，当前服务小区的 RSRP = －75 dBm，而邻区 PCI=181 的小区的 RSRP = － 140 + 68 = － 72 dBm，如图 5-38 所示。恰好满足 Mn － Ms > 3 dB，因此发生了同频切换。

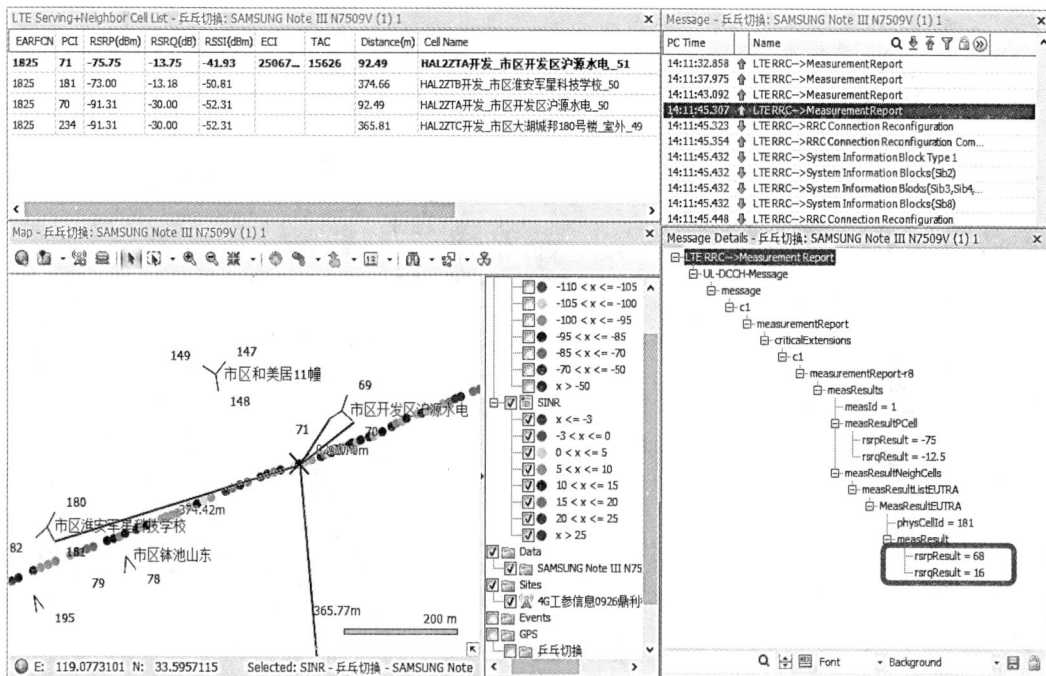

图 5-38　切换之前的 MeasurementReport 消息

(3) 解决措施。

① 参数调整。

避免 UE 从淮安军星科技学校基站第 2 小区(PCI=181)切换到开发区沪源水电基站第 3 小区(PCI=71)之后，再切回到淮安军星科技学校基站第 2 小区(PCI=181)。

根据 A3 事件的切换判决条件：Mn + Ocn － Hysteresis > Ms + Ocs + Offset。其中：Ocn 为邻区的特定小区偏置(CIO)；Ocs 为服务小区的小区特定偏置，一般设为 0 dB。可以通过降低邻区特定小区偏置 CellIndividualOffset，让 A3 切换变得更难。本案例中，开发区沪源水电基站第 3 小区(PCI=71)的邻区淮安军星科技学校基站第 2 小区(PCI=181)CIO=0，可以将 CIO 的值改为 -2，即为-1 dB。

调整 Hysteresist、Offset、时间迟滞的参数会影响到所有和该小区进行切换的邻区。

② 天馈调整。

调整淮安军星科技学校基站第 2 小区(PCI=181)天线的下倾角，缩小该小区的覆盖范围。这也是简单易行的好方法。

### 4. LTE 切换不及时问题案例分析

(1) 问题描述。

测试车辆沿长安街由东向西行驶，终端发起业务占用北京银行燕京支行 2 小区 (PCI=211)，车辆继续向西行驶，RSRP 从 $-90\,\mathrm{dBm}$ 降至 $-100\,\mathrm{dBm}$ 以下，出现掉话，如图 5-39 所示。

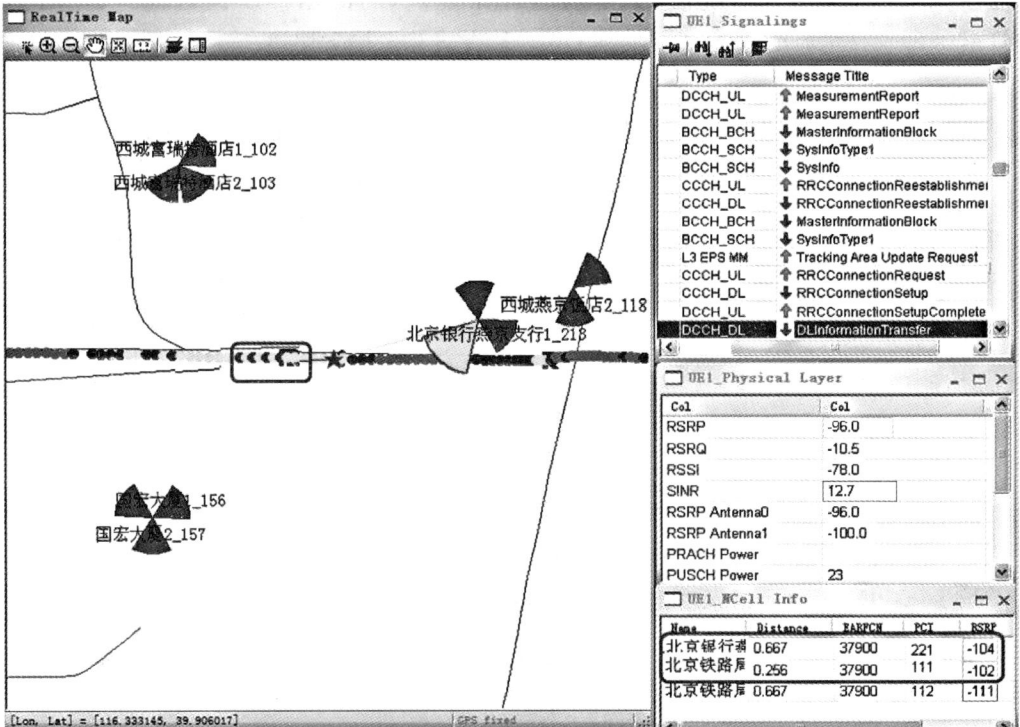

图 5-39　切换不及时优化前测试图

(2) 问题分析。

观察该路段 RSRP 值分布发现，北京银行燕京支行 2 小区(PCI =221)覆盖方向向西约 200 米后，出现黄色覆盖区域，RSRP 为 $-100\,\mathrm{dBm}$ 以下，邻区列表中测量到最强邻小区北 京铁路局 1 小区(PCI=111)RSRP 也是 $-100\,\mathrm{dBm}$ 以下，且两小区 RSRP 值相近，一直无法满 足切换判决条件，当测试车辆继续向西行驶时，无线环境继续恶劣导致掉话。

北京银行燕京支行 2 小区(PCI=211)天线向西方向有高层建筑遮挡天馈系统无法调整， 另北京铁路局 1 小区(PCI=111)距离掉话区域 650 米左右，调整其天馈系统不会产生太大的 改善。所以建议调整北京银行燕京支行 2 小区(PCI=211)向铁路局 1 小区(PCI=111)切换的迟 滞量，使其更容易向铁路局 1 小区(PCI=111)切换以避免掉话。

(3) 解决方案。

将北京银行燕京支行 2 小区(PCI=211)向铁路局 1 小区(PCI=111)切换的邻小区个性化偏 移原始值的 0 dB 调整为 3 dB，以便尽早地切换到铁路局 1 小区(PCI=111)。

调整完成后，使终端提早切换至北京铁路局 1 小区(PCI= 111)，避免终端掉话的风险， 如图 5-40 所示。

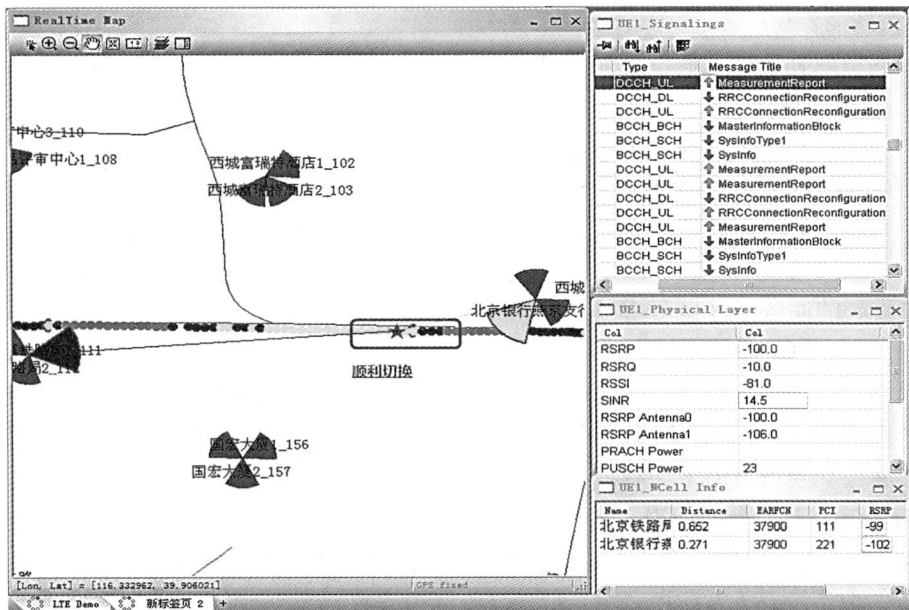

图 5-40　切换不及时优化后测试图

## 知识点/技能点小结

知识点/技能点梳理见图 5-41。

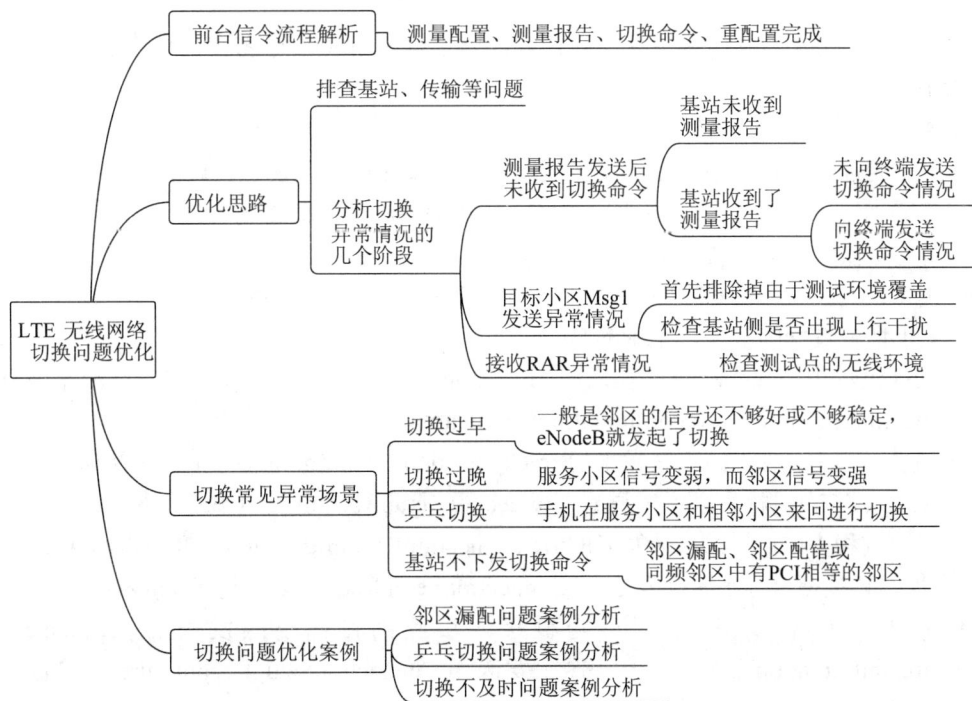

图 5-41　知识点/技能点梳理

知识/技能要点:

(1) 测量配置信息是通过重配消息下发的,一般存在于初始接入时的重配消息和切换命令中的重配消息中。

(2) 切换命令是指带有 mobilityControlInfo 的重配命令。mobilityControlInfo 里包含了目标小区的 PCI 以及接入需要的所有配置。

(3) 切换过早,一般是邻区的信号还不够好或不够稳定,eNodeB 就发起了切换。

(4) 切换过晚在实际外场较常见,大多数情况下发生在切换不及时的时候。切换过晚时,UE 收到的服务小区信号变弱,而收到的邻区信号很强,此时 UE 接收到的信号质量变差。

(5) 乒乓切换一般可以理解为所处覆盖无主覆盖小区,或者主覆盖小区和一个或者多个邻区信号强度/通话质量接近。

(6) 解决乒乓切换的方法有:一是调整天馈或者调整发射功率,缩小切换区域。二是调整切换参数,提高切换门限,减少频繁切换。

(7) 邻区漏配案例的典型特点就是 UE 不断地上报 MR,从基站跟踪看到基站收到了大量的 MR,但是没有下发切换命令,从而导致切换失败。

# 思考与复习题

一、判断题

LTE 系统中采用了软切换技术。(　　)

二、单项选择题

1. 邻区比服务小区质量高一个绝对门限,用于频内/频间基于覆盖的切换是基于(　　)事件的切换。

A. A3　　　　　B. A5　　　　　C. A2　　　　　D. B1

2. 单站验证测试过程中,发现小区之间切换不及时,下列说法正确的是(　　)。

A. CIO 变小　　B. CIO 变大　　C. 增大切换时延　D. 增大切换门限

3. 目前阶段,LTE 系统内的切换是基于(　　)的。

A. RSRP　　　　B. CQI　　　　C. RSRQ　　　　D. SINR

4. 关于切换过程的描述,正确的是(　　)。

A. 切换过程中,收到源小区发来的 rrcConnectionReconfiguration,UE 在源小区发送 rrcConnectionSetupReconfigurationCompelte

B. 切换过程中,收到源小区发来的 rrcConnectionReconfiguration,UE 在目标小区随机接入后并在目标小区上发送 rrcConnectionSetupReconfigurationCompelte

C. 切换过程中,收到源小区发来的 rrcConnectionReconfiguration,UE 无需随机接入过程,直接在目标小区上发送 rrcConnectionSetupReconfigurationCompelte

D. 切换过程中,UE 在目标随机接入后收到目标小区发来的 rrcConnectionReconfiguration 后,在目标小区上发送 rrcConnectionSetupReconfigurationCompelte

三、多项选择题

下列关于 LTE 中 RRC 重配消息的描述,正确的是(　　)。

A. LTE 中，RRC 重配消息中如包含 mobilityControlInfo IE，该 IE 主要功能是描述执行切换

B. LTE 中，RRC 重配消息中如包含 radioResourceConfigDedicated IE，该 IE 主要功能是描述建立、修改和释放无线承载

C. LTE 中，RRC 重配消息中如包含 DedicatedInfoNASList IE，该 IE 主要功能是描述 NAS 信息传递

D. LTE 中，RRC 重配消息中如包含 measConfig IE，该 IE 主要功能是描述建立、修改和释放测量

四、问答题

1. 邻区漏配问题的典型特点是什么？

2. 解决乒乓切换的方法有哪些？

3. 如何通过路测软件区分邻区漏配问题与切换不及时问题？

4. 邻区漏配问题的分析思路是什么？

# 附录一　思考与复习题参考答案

## 任务 1.1

一、填空题

(1) 并行

(2) 多径效应

(3) 符号间干扰(ISI)　　载波间干扰(ICI)

(4) CP

(5) 频率选择性

(6) MIMO

(7) 空间分集　　空间复用　　波束赋型

(8) 发送分集

(9) 空频发射

(10) 1 ms

(11) 开环空分复用模式　　发送分集模式

二、判断题

(1) ×　　(2) ×　　(3) √　　(4) √　　(5) √　　(6) ×

三、单项选择题

(1) B　　(2) A　　(3) D　　(4) B　　(5) B　　(6) B

四、多项选择题

(1) ABCD　　(2) BCD

五、问答题

(1) 答：在 LTE 中，在 OFDM 符号发送前，在码元内插入 CP，当 CP 足够大的时候，多径时延造成的影响不会延伸到下一个符号周期内，从而大大减少了符号间干扰(ISI)。

　　同时 OFDM 加入 CP 可以保证信道间的正交性，大大减少载波间干扰(ICI)。

(2) 略。

(3) 略。

## 任务 1.2

一、填空题

(1) 4.7

(2) 15

(3) 1　　10

(4) 64

(5) 小区专用　　MBSFN　　终端专用

二、判断题

(1) ×    (2) √    (3) √    (4) √    (5) ×    (6) ×    (7) √

三、单项选择题

(1) C    (2) C    (3) D    (4) D    (5) C    (6) A    (7) B    (8) D    (9) D

四、多项选择题

(1) ABC    (2) BD    (3) AD    (4) ABCD

五、问答题

(1) 答：RE：一个 OFDM 符号上一个子载波对应的单元。

RB：一个时隙中，频域上连续宽度为 180 kHz 的物理资源。

REG：资源单元组包含 4 个 RE。

CCE：控制信道单元，包含 36 个 RE，由 9 个 REG 组成。

(2) 答：由于 LTE 可以支持 64QAM 调制方式，因此 LTE 物理层数据域的一个 RE 最多可承载 6 比特。LTE 在使用普通 CP 时，1 个 RB 在时域上占用 7 个符号长度，在频域上占用 12 个子载波，即 1RB = 7 × 12RE，在不考虑 RS 开销情况下，一个 RB(常规 CP)最多可承载 7 × 12 × 6 = 504 比特。

## 任务 1.3

一、填空题

(1) UE    (2) S-GW  MME    (3) MME  RRU    (4) eNodeB    (5) MME  S-GW

(6) 路由    (7) MME    (8) S-GW

二、判断题

(1) √    (2) ×    (3) ×    (4) √    (5) √    (6) ×    (7) ×

三、单项选择题

(1) D    (2) B    (3) D    (4) A    (5) D

四、多项选择题

(1) ABCD    (2) ABC    (3) CD    (4) BC    (5) BC

五、问答题

(1) 答：eNodeB 具体包括：

① 无线资源管理：无线承载控制、无线接纳控制、连接移动性控制、上下行链路的动态资源分配(即调度)等功能。

② IP 头压缩和用户数据流的加密。

③ 当从提供给 UE 的信息无法获知到 MME 的路由信息时，选择 UE 附着的 MME。

④ 路由用户面数据到 S-GW。

⑤ 调度和传输从 MME 发起的寻呼消息。

⑥ 调度和传输从 MME 或 O&M 发起的广播信息。

⑦ 用于移动性和调度的测量和测量上报的配置。

⑧ 调度和传输从 MME 发起的 ETWS 消息。

(2) 答：① 移动管理实体(MME)，用于 SAE 网络，也接入 EPC 的第一个控制面节点，用于本地接入的控制。

② 服务网关(S-GW)，负责 UE 用户平面数据的传送、转发及路由切换等。

③ 分组数据网网关(P-GW)是分组数据接口的终接点，与各分组数据网络进行连接，提供与外部分组数据网络会话的定位功能。

④ 策略与计费规则功能(PCRF)是支持业务数据流检测、策略实施和基于流量计费的功能实体的总称。

⑤ 归属用户服务器(HSS)包含用户配置文件，执行用户的身份验证和授权，并可提供有关用户物理位置的信息，与 HLR 的功能类似。

## 任务 2.1

一、填空题

设备管理器

二、判断题

×

三、单项选择题

C

四、问答题

(1) 略。

(2) 略。

## 任务 2.2

一、填空题

(1) RSRP

(2) 12.2

(3) RSSI

(4) RSRQ

(5) SINR

(6) 100 Mb/s       50 Mb/s

(7) 25

(8) −115

(9) 与业务相关的      与业务无关

(10) 系统间       异频

二、判断题

(1) √      (2) √      (3) √      (4) √      (5) √      (6) √      (7) √

三、单项选择题

(1) C      (2) A

四、多项选择题

(1) ABC      (2) BC

五、问答题

(1) 答：当 $RSRP \geqslant R$ 且 $RSRQ \geqslant S$ 时，$F$ 取值 1；

当 RSRP≥$R$ 与 RSRQ≥$S$ 至少有一个不等式不满足时，则 $F$ 取值 0。

上述中：$R$ 和 $S$ 是 RSRP 和 RSRQ 在计算中的阈值。

覆盖率定义为 $F$ 取值 1 的测试点在测试区所有测试点中的百分比。表示如果某一区域接收信号功率超过某一门限的同时信号质量超过某一门限，则该区域被覆盖。这里的覆盖率指的是区域覆盖率，不是边缘覆盖率。

(2) 答：E-RAB 建立成功率统计要包含三个过程：

① 初始 Attach 过程。UE 附着网络过程 eNodeB 中收到的 UE 上下文可能会有 E-RAB 信息，eNodeB 要建立。

② Service Request 过程。UE 处于已附着到网络但 RRC 连接释放状态，这时 E-RAB 建立需要包含 RRC 连接建立过程。

③ Bearer 建立过程。UE 处于已附着网络且 RRC 连接建立状态，这时 E-RAB 建立只包含 RRC 连接重配过程。

## 任务 2.3

一、填空题

(1) .tpl

(2) 循环测试

(3) 工程

二、单项选择题

B

三、多项选择题

AB

四、问答题

(1) 答：测试计划是具体测试业务的一个组合，可以是一个或者多个测试业务，是针对具体设备而言的。

在进行测试业务之前要建立测试计划。

(2) 答：① 连接设备。点击【Connect】按钮连接设备后，正常的设备都会顺利连接，并进入工作状态。

② 记录测试。对终端的输入信息进行解码等处理并输出文件保存在指定目录下。

点击工具栏的【开始录制】，开始录制测试 LOG，然后在【Device Control】窗口点击【开始所有】进行测试。测试完成后，在【Device Control】窗口点击的【停止所有】按钮停止测试计划，再点击工具栏的【停止录制】按钮，保存 LOG 文件。

## 任务 2.4

一、填空题

(1) 基站　　　地图

(2) 时间

(3) FTP Download

二、单项选择题

(1) B     (2) A     (3) C

三、问答题

(1) 答：Pioneer 软件使用到的 LTE 基站数据库涉及的主要字段有：CELL NAME、EARFCN、PCI、LONGITUDE、LATITUDE、AZIMUTH、Mech.TILT、Elec.TILT、ANTENNA HEIGHT、3 dB Power Beamwidth、eNodeB IP。

(2) 答：① 在导航栏 Template & Test Plan 管理框中，双击【Test Plan】→【FTP Download】或用鼠标右键点击【Edit】选项，打开 FTP Download 测试模板配置窗口。

② 点击工具栏【开始录制】按钮，开始录制测试 LOG。选择【Device Control】，点击【开始所有】开始工作计划。

③ 点击主菜单【界面呈现】，选择【Test Service】子菜单，然后选择【DATA】，打开【DATA】窗口，查看实时吞吐量和平均吞吐量。

④ 测试完成后，点击【停止所有】停止测试计划，然后点击工具栏【停止录制】按钮，保存 LOG 文件。

# 任务 2.5

一、填空题

(1) CMNET     CMWAP

(2) +8613800517500

二、判断题

(1) √     (2) √     (3) √

三、单项选择题

(1) A     (2) C

四、问答题

答：① 在第一次测试前，需检查手机自身的设置项，例如选择的网络制式、手机时间等项目的设定，以保证测试按照规范进行执行。

② 自动获取平台下发计划。平台下发测试计划后，在终端【业务测试】界面点击【测试任务】后，再点击左下方的【下载】按钮，终端会自动收取平台所下发的计划。

③ 导出及导入测试任务。在【测试任务】界面，点击【更多】→【导入】，即可导入之前保存在手机中的测试任务；点击【更多】→【导出】，可以将当前的测试任务命名，并另存至任务模板中。

④ 自定义测试信息。进行第一次测试，需要对主叫的拨打号码、发送短信的号码、发送彩信的号码、FTP 服务器、FTP 上传路径、FTP 下载文件等进行自定义设置。这些设置在用户根据实际情况设定后，点击【导出】另存为一个模板并自定义命名，在下一次的测试可以直接使用，无需再进行任何设置。

⑤ 开始测试。点击【开始测试】后，根据测试需要选择【业务测试】方式(DT 或者 CQT)。若选择 DT，则保证经纬度信息出现后，再开始测试。输入外循环测试的次数，一般 DT 输入 999 次，以保证测试的持续性。开始测试后，点击测试信息界面可以对当前测试状态进行实时查看。

⑥ 停止测试。进入业务测试主界面，此时开始按钮变成停止按钮，点击该按钮后即可停止当前测试。

⑦ 数据的拷贝与保存。将手机连接到计算机上，将路径为 Walktour\data\task 的测试数据文件拷贝到计算机上进行保存。

## 任务 3.1

一、填空题

(1) Sites　　　Samples

(2) Message

(3) Event

(4) 时间

(5) 饼状

(6) Cell Measurement

二、判断题

(1) √　　(2) √　　(3) √　　(4) √

三、单项选择题

(1) A　　(2) A　　(3) D

四、多项选择题

(1) ABC　　(2) ABCD

五、问答题

答：① 打开 Navigator 软件，导入测试数据和基站工参表。② 用鼠标右键点击导入的数据文件下面的端口数据(比如 LTE2 端口)。③ 选中端口数据下的 Parameters，再选择 Serving cell Info 中的 SINR 或 RSRP，点击鼠标右键选择地图窗口，将测试文件的 SINR 或 RSRP 的轨迹点在地图中进行显示。④ 选中端口数据下的 Events 文件夹，选中显示的事件，然后用鼠标拖曳到显示 SINR 或 RSRP 轨迹点的 Map 窗口。

## 任务 3.2

一、填空题

饼状图

二、判断题

√

三、单项选择题

(1) D　　(2) C

四、多项选择题

(1) ABCD　　(2) ABCD

五、问答题

答：Navigator 软件能对测试数据中存在的时延过大、导频污染、邻区漏配、无主服务小区、过覆盖等常见问题进行分析。

## 任务 4.1

一、填空题

(1) SIB2

(2) SIB3

二、判断题

(1) ×　　(2) √　　(3) √　　(4) √

三、单项选择题

(1) B　　(2) A　　(3) B　　(4) C　　(5) C

四、多项选择题

(1) ACD　　(2) ABCD　　(3) AD　　(4) ABCD

五、问答题

(1) 答：LTE 系统支持两种系统信息变更的通知方式。

① 寻呼消息。网络侧使用寻呼消息通知空闲状态和连接状态 UE 系统信息改变，UE 在下一个修改周期开始时监听新的系统消息。另外，网络侧通过寻呼消息中的 ETWS-Indication 和 CMAS-Indication 来指示信息，指示 UE 就进行 SIB10、SIB11、SIB12 的读取。

② 系统信息变更标签。SIB1 中携带 Value Tag 信息，如果 UE 读取的变更标签与之前存储的不同，则表示系统信息发生变更，需要重新读取。UE 存储系统信息的有效期为 3 小时，超过该时间，UE 需要重新读取系统信息。

(2) 答：在 LTE 系统中，UE 在小区选择和重选、切换完成、重新回到服务区、接收到系统消息变更指示时，会主动读取系统消息。

## 任务 4.2

一、填空题

(1) 小区选择和重选　切换

(2) 1.08 MHz

(3) 3

(4) 4

(5) 异系统小区重选　同频小区重选　异频小区重选

(6) P-RNTI　M-TMSI　IMSI

(7) UE

(8) eNodeB

二、判断题

(1) √　　(2) √　　(3) √　　(4) ×　　(5) √　　(6) ×　　(7) √

(8) ×　　(9) √　　(10) √　　(11) ×

三、单项选择题

(1) D　　(2) C　　(3) A　　(4) D　　(5) D　　(6) C　　(7) B　　(8) C

四、多项选择题

(1) ABC　　　(2) ABCD

五、问答与计算题

(1) 答：小区重选是指 UE 在空闲模式下，通过监测邻区和当前小区的信号质量，以选择一个最好的小区提供服务信号的过程。而切换是指在处于连接态的移动台，由于各种原因需要从原来所在的小区转移到一个更适合的小区上进行信息传输的过程。

(2) 答：① $s_{RxLev}$ = 当服务小区 RSRP − $q_{RxLevMin}$ − $q_{RxLevMinOffset}$ − $\max(p_{MaxOwnCell} - 23, 0)$，带入已知参数，$s_{RxLev} = -85 - (-120) - 0 - \max(23 - 23, 0) = 35$ dBm。

② 开启同频测量的条件是 $s_{RxLev} < s_{IntraSearch}$，即 $s_{RxLev} < 39$，RSRP − $q_{RxLevMin}$ − $q_{RxLevMinOffset}$ − $\max(p_{MaxOwnCell} - 23, 0) < 39$。

代入已知参数，RSRP − (−120) − 0 − $\max(23 - 23, 0) < 39$，RSRP < 39 − 120 = −81 dBm，即服务小区 RSRP < −81 dBm 时开启同频测量。

(3) 答：①层 3 滤波系数的含义：

层 3 滤波系数表示在进行事件发生评估之前，对 RSRP 测量进行平均的平滑系数。物理层上报的 RSRP 测量结果需要经过层 3 滤波以消除抖动，RRC 使用的结果都需要经过层 3 滤波后方可使用。滤波公式为

$$F_n = (1-a) \cdot F_{n-1} + a \cdot M_n$$

其中：$a = 1/2^{(k/4)}$，$k$ 即为层 3 滤波系数；$F_n$ 为更新后的滤波测量结果；$F_{n-1}$ 为旧的滤波测量结果；$M_n$ 为最新收到的来自物理层的测量结果。

② 层 3 滤波系数的设置对网络的影响：

层 3 滤波系数数值越大，对测量的平滑越严重，不容易及时反映当时的情况；反之，则无法对抗快衰落。信号快变(拐角、阴影)区域，可以适当减小层 3 滤波系数。

## 任务 4.3

一、填空题

(1) IDLE　Connected

(2) 非竞争性随机接入

(3) 竞争性

(4) 非竞争性

(5) 网络

(6) 6

(7) 64

(8) SIB2

(9) 保护间隔(GT)

(10) RA-RNTI

二、判断题

(1) √　　(2) √　　(3) √　　(4) √　　(5) √　　(6) √　　(7) √　　(8) √

(9) √　　(10) √　　(11) √　　(12) √　　(13) ×　　(14) √

三、单项选择题

(1) A　　(2) A　　(3) C　　(4) C　　(5) D　　(6) D

四、多项选择题

(1) AB　　(2) AB　　(3) ABCD　　(4) AD　　(5) ABCD

五、问答题

(1) 答：进行随机接入主要有两个目的：

① 实现与系统的上行时间同步。

② 与基站进行信息交互，完成后续如呼叫、资源请求、数据传输等操作。

(2) 答：随机接入中的标识主要有 RA-RNTI、TC-RNTI 和 C-RNTI。

RA-RNTI 为随机接入无线网络临时标识，是 UE 发起随机接入请求时的 UE 标识，根据 UE 随机接入的时频位置按照协议公式计算得到。随机接入过程中，UE 根据系统消息在对应时频位置发送随机接入请求 Msg1，eNodeB 根据收到随机接入的时频位置按照协议公式计算 RA-RNTI，使用 RA-RNTI 对 Msg2 加扰发送。

TC-RNTI 为临时小区无线网络临时标识，它是在随机接入过程中 eNodeB 分配在 Msg2 中下发的信息，用于竞争解决。UE 在 Msg2 分配的时频资源上发送 Msg3 竞争消息，eNodeB 发送的 Msg4 消息使用 TC-RNTI 加扰，UE 使用 Msg2 中的 TC-RNTI 解扰解析出 Msg4，根据 Msg4 中的用户标识判断是否竞争成功。

C-RNTI 为小区无线网络临时标识，用于 UE 上下行调度。UE 竞争随机接入在竞争成功后 TC-RNTI 升级为 C-RNTI，非竞争随机接入在 UE 发起接入前就已经分配 C-RNTI(比如切换)。UE 随机接入后，eNodeB 下发 UE 相关的 PDCCH 都用 C-RNTI 加扰，UE 解扰获取上下行调度信息。

# 任务 4.4

一、填空题

(1) 附着

(2) Service Request

(3) EPC

(4) RRC 连接重配置

二、判断题

(1) √　　(2) √　　(3) √　　(4) √　　(5) √　　(6) ×　　(7) ×　　(8) ×

三、单项选择题

(1) A　　(2) D　　(3) A　　(4) D　　(5) D　　(6) D　　(7) B　　(8) A

(9) A　　(10) A　　(11) C　　(12) B　　(13) D

四、多项选择题

(1) AB　　(2) BC　　(3) AB　　(4) ABCD　　(5) ABCD　　(6) ABC

五、问答题

(1) 答：LTE 切换测量过程主要包括以下三个步骤：

① 测量配置：由 eNodeB 通过 rrcConnectionReconfigurtion 消息携带的 measConfig 信元将测量配置消息通知给 UE，即下发测量控制。

② 测量执行：UE 会对当前服务小区进行测量，并根据 rrcConnectionReconfigurtion 消息中的 s-Measure 信元来判断是否需要执行对相邻小区的测量。

③ 测量报告：测量报告触发方式分为周期性和事件触发。当满足测量报告条件时，UE 将测量结果填入 MeasurementReport 消息，发送给 eNodeB。

(2) 答：在 LTE 系统中，MeasurementReport 信令消息包含如下重要内容：

① measId：上报测量报告的测量标识，与 MeasurementControl 消息一致。

② measResultPCell：服务小区测量结果，包括 rsrpResult 和 rsrqResult。

③ measResultNeighCells：邻小区测量的结果，包括邻小区的 PCI 及 rsrpResult 和 rsrqResult 的值。

# 任务 5.1

一、填空题

(1) 覆盖空洞　　　弱覆盖　　　越区覆盖　　　导频污染

(2) SINR

(3) 路测

二、判断题

(1) √　　(2) √　　(3) √　　(4) √　　(5) √　　(6) √　　(7) √　　(8) √

三、单项选择题

(1) D　　(2) A　　(3) D　　(4) D　　(5) A　　(6) C　　(7) D　　(8) D　　(9) C

四、多项选择题

(1) ABCD　　(2) ABCD　　(3) ABCD　　(4) ABCD　　(5) ABC

五、问答题

(1) 答：当手机处于空闲态时，UE 接收到 RSRP 的值基本就能判断出 UE 是否处于弱覆盖区域。

当手机处于连接态时，UE 接收到 RSRP 的值就不能判断出 UE 是否处于弱覆盖区域，还要看一下手机是否检测到其他较强的小区信号。因为，如果出现邻区漏配，手机是不会把较强信号的邻区作为切换目标小区的，也就是说，手机是不会占用较强信号的小区的；如果出现切换不及时，也会出现类似的问题。

(2) 答：LTE 弱覆盖判断手段有路测、KPI 指标统计、MR 数据分析和站点覆盖仿真。

路测优点：最直接、最有效的方法。

KPI 指标统计优点：能够随时提取全网小区的 KPI。

MR 数据分析优点：能够显示全网的覆盖情况，涉及面广，可涉及整个"面"。

站点覆盖仿真优点：在站点规划阶段即可发现可能存在的弱覆盖问题，为周边站点的规划提供参考。

路测缺点：只能发现所测区域是否存在问题，较耗费人力、物力。

KPI 指标统计缺点：统计粒度为小区级，具体的弱覆盖点需进行现场测试。

MR 数据分析缺点：需用专门的分析软件对 MR 数据进行解析，具体的弱覆盖点需进行现场测试。

站点覆盖仿真缺点：无法全面综合基础信息和地理环境，结果可能存在偏差，具体的弱覆盖点需进行现场测试。

(3) 答：解决越区覆盖主要有四种措施：① 调整天线的下倾角和方位角；② 调整 RS 的发射功率；③ 调整天线高度；④ 更换天线型号。

(4) 答：数据分析报告一般包含问题描述、问题分析、解决措施和经验总结四个部分。

问题描述部分主要说明发生网络问题的时间、地点以及问题点的无线环境。

问题分析部分要根据网络优化原理、借助测试和分析软件对问题点进行分析，要用相关的软件屏幕截图进行论证。

解决方案主要针对问题点提供切实可行的解决方案。

经验总结对此类问题进行归纳总结。

(5) 答：弱覆盖问题的典型特征技术 UE 接收到的 RSRP 值较小，一般认为 UE 接收到的无线信号 RSRP < −105 dBm 且 SINR < 3 dB，就认为此处信号较差，属于弱覆盖区域。

在实际的网络优化中，处于弱覆盖区域的 UE 没有检测到周围较强的其他小区信号，且弱覆盖区域具有一定的空间区域，或 UE 在持续一段时间内接收到的无线信号都很差，才认为 UE 所在的区域是弱覆盖区域。

(6) 答：① 启动 Pilot Pioneer。

② 导入基站数据库、打开数据文件、解压和解码数据文件。

③ 打开 Pilot Pioneer 软件常用的窗口。在日常的网优分析中，除了打开信令窗口之外，还需要打开 Map 窗口、Graph 窗口、Line chart 窗口、事件窗口、LTE Serving+Neighbor Cell List 窗口等常用窗口。

④ 撰写数据分析报告。数据分析报告一般包含问题描述、问题分析、解决措施和经验总结四个部分。

## 任务 5.2

一、填空题

(1) 系统外

(2) 子帧中　　GP

(3) 杂散

(4) 阻塞

(5) 互调

(6) 三阶互调

二、判断题

(1) √　　(2) ×　　(3) √　　(4) √　　(5) ×　　(6) √

三、单项选择题

(1) D　　(2) D　　(3) D　　(4) B　　(5) A　　(6) A　　(7) A　　(8) C　　(9) D

四、多项选择题

(1) ABC　　(2) ABCD　　(3) BCD　　(4) ABC

五、问答题

(1) 答：在 LTE 中，相邻小区之间用 PCI 来识别。如果两个相邻小区 PCI 取模三的值相同，就容易产生模三干扰。

一般而言，发生模三干扰问题区域，UE 能接收到至少两个 PCI 模三取值相等的小区信号，且这个两个小区的信号都比较强。存在模三干扰时，服务小区由于受到了其他小区的干扰，会导致 UE 接收到的服务小区的 SINR 相对较小。

(2) 答案：共址基站间的干扰主要分为杂散干扰、阻塞干扰和互调干扰。

阻塞干扰：发射机的带内发射信号可以通过阻塞干扰接收机，若干扰信号过强，超出了接收机的线性范围，会导致接收机饱和而无法工作。

杂散干扰：发射机的带外杂散辐射落入接收机的工作信道，导致接收机的基底噪声抬高，从而降低接收机的灵敏度。

互调干扰：由于接收机的非线性，会出现与接收信号同频的干扰信号，其影响与杂散辐射一样，可将其看作杂散的影响。

## 任务 5.3

一、判断题

×

二、单项选择题

(1) A 　　 (2) B 　　 (3) A 　　 (4) B

三、多项选择题

ABCD

四、问答题

(1) 答：邻区漏配案例的典型特点就是 UE 不断地上报 MR，从基站跟踪看到基站收到了大量的 MR，但是没有下发切换命令，从而导致切换失败，有时还会导致掉话。

通过信令消息，从 UE 不断地上报 MR 消息往前查看，当 UE 刚接收到服务小区时，服务小区会下发测量配置消息 rrcConnectionReconfiguration，查看测量配置消息中是否存在切换目标小区的 PCI。

(2) 答：① 调整天馈或者调整发射功率，缩小切换区域。

② 调整切换参数，提高切换门限，减少频繁切换；可以增加惩罚时间，控制切换频率；降低邻区特定小区偏置 CellIndividualOffset，减少切换的发生；调高 A3 事件 IntraFreqHoA3Hyst 和 IntraFreqHoA3Offset 的参数，提高 A3 事件的切换难度，但调整 IntraFreqHoA3Hyst 和 IntraFreqHoA3Offset 的参数会影响到所有和该小区进行切换的邻区。

(3) 答：邻区漏配问题与切换不及时问题的共同点就是 UE 都能检测到较强的临近小区信号，且都没有成功地发生切换。

存在邻区漏配问题时，UE 会不停地上报 MR 消息，且持续时间很长；而切换不及时问题时，UE 也会不停地上报 MR 消息，但是持续时间很短。切换不及时问题大都发生在道路的拐角处、高速通路或者高速铁路等场景。

(4) 答：在移动通信网络中，只有配置为邻区关系的两个小区才会发生切换。在 LTE 无线网络中，即使两个邻近小区没有配置为邻区关系，UE 也能检测出未定义为邻区关系的小区信号的强度，随着 UE 越来越靠近未定义邻区的临近小区，UE 检测到临近小区的信号越来越强。从路测软件的信令分析窗口可以看出，UE 会不停地上报 MeasurementReport 消息，但是，eNodeB 不会下发切换执行消息 rrcConnectionReconfigurtion。

# 附录二　英文缩写中英文对照表

| 英文缩写 | 英 文 全 称 | 中 文 含 义 |
|---|---|---|
| 16QAM | 16 Quadrature Amplitude Modulation | 16 正交幅度调制 |
| 2G | The Second Generation | 第二代(移动通信系统) |
| 3G | The Third Generation | 第三代(移动通信系统) |
| 3GPP | The 3rd Generation Partnership Project | 第三代移动通信标准化伙伴项目 |
| 4G | The Fourth Generation | 第四代(移动通信系统) |
| 64QAM | 64 Quadrature Amplitude Modulation | 64 正交幅度调制 |
| ACK/NACK | Acknowledgement/Not-Acknowledgement | 应答/非应答 |
| AMBR | Aggregate Maximum Bit Rate | 聚合最大比特速率 |
| AMC | Adaptive Modulation and Coding | 自适应调制编码 |
| APN | Access Point Name | 接入点名称 |
| ARQ | Automatic Repeat Request | 自动重传请求 |
| AS | Access Stratum | 接入层 |
| BBU | BaseBand Unit | 基带处理单元 |
| BCCH | Broadcast Control Channel | 广播控制信道 |
| BCH | Broadcast Channel | 广播信道 |
| BLER | Block Error Rate | 误块率 |
| BPSK | Binary Phase Shift Keying | 双相相移键控 |
| BSC | Base Station Controller | 基站控制器 |
| CGI | (Cell Global Identity) | 小区全球识别码 |
| CCCH | Common Control Channel | 公共控制信道 |
| CCE | Control Channel Element | 控制信道单元 |
| CDD | Cyclic Delay Diversity | 循环延时分集 |
| CDMA | Code Division Multiple Access | 码分多址 |
| CP | Cyclic Prefix | 循环前缀 |
| CQI | Channel Quality Indication | 信道质量指示 |
| CQT | Call Quality Test | 呼叫质量拨打测试 |
| CRC | Cyclic Redundancy Check | 循环冗余校验 |
| C-RNTI | Cell-Radio Network Temporary Identifier | 小区无线网络临时标识 |
| CRS | Cell Reference Signal | 小区参考信号 |
| CS | Circuit Switched | 电路交换 |
| CSFB | Circuit-switched Fallback | 电路交换业务回落 |
| DCCH | Dedicated Control Channel | 专用控制信道 |

| 英文缩写 | 英 文 全 称 | 中 文 含 义 |
|---|---|---|
| DCI | Downlink Control Information | 下行控制信息 |
| DL | Downlink | 下行 |
| DL-SCH | Downlink - Shared Channel | 下行共享信道 |
| DMRS | Demodulation Reference Signal | 解调参考信号 |
| DRB | Data Radio Bearer | 数据无线承载 |
| DRS | Demodulation Reference Signal | 解调参考信号 |
| DRX | Discontinuous Reception | 非连续性接收 |
| DT | Driving Test | 移动测试 |
| DTCH | Dedicated Traffic Channel | 专用业务信道 |
| DwPTS | Downlink Pilot Timeslot | 下行导频时隙 |
| EARFCN | E-UTRA Absolute Radio Frequency Channel Number | E-UTRA 绝对无线频率信道号 |
| EMM | EPS Mobility Management | EPS 移动管理 |
| eNodeB | Evolved Node B | 演进型基站 |
| EPC | Evolved Packet Core | 演进型分组核心网 |
| EPS | Evolved Packet System | 演进型分组系统 |
| E-RAB | EPS Radio Access Bearer | EPS 无线接入承载 |
| ESM | EPS Session Management | EPS 会话管理 |
| ETWS | Earthquake and Tsunami Warning System | 地震海啸预警系统 |
| E-UTRA | Evolved - Universal Terrestrial Radio Access | 演进型通用陆地无线接入 |
| E-UTRAN | Evolved UMTS Terrestrial Radio Access Network | 演进 UMTS 陆地无线接入网 |
| FDD | Frequency Division Duplex | 频分双工 |
| FDM | Frequency Division Multiplexing | 频分复用 |
| FDMA | Frequency Division Multiple Access | 频分多址 |
| FEC | Forward Error Correction | 前向纠错 |
| FFT | Fast Fourier Transform | 快速傅里叶变换 |
| FSTD | Frequency Switched Transmit Diversity | 频率切换发射分集 |
| FTP | File Transfer Protocol | 文件传输协议 |
| GERAN | GSM/EDGE Radio Access Network | GSM/EDGE 无线接入网 |
| GIS | Geographic Information System | 地理信息系统 |
| GP | Guard Period | 保护间隔 |
| GPRS | General Packet Radio System | 通用分组无线系统 |
| GSM | Global System for Mobile communication | 全球移动通信系统 |
| GTP-U | User plane part of GPRS Tunneling Protocol | GPRS 隧道协议用户面部分 |
| GUTI | Globally Unique Temporary Identifier | 全球唯一临时标识 |
| HARQ | Hybrid Automatic Repeat Request | 混合自动重传请求 |

续表二

| 英文缩写 | 英文全称 | 中文含义 |
|---|---|---|
| HPLMN | Home PLMN | 归属 PLMN |
| HSS | Home Subscriber Server | 归属用户服务器 |
| HTTP | Hyper Text Transfer Protocol | 超文本传输协议 |
| ICI | Inter Carriers Interference | 载波间干扰 |
| IFFT | Inverse Fast Fourier Transform | 逆快速傅里叶变换 |
| IMS | IP Multimedia Subsystem | IP 多媒体子系统 |
| IMSI | International Mobile Subscriber Identity | 国际移动用户识别码 |
| IP | Internet Protocol | 网际互连协议 |
| IRC | Interference Rejection Combining | 干扰消除 |
| ISI | Inter Symbol Interference | 符号间干扰 |
| LMT | Local Maintenance Terminal | 本地维护终端 |
| LTE | Long Term Evolution | 长期演进 |
| MAC | Medium Access Control | 介质访问控制 |
| MBMS | Multimedia Broadcast Multicast Service | 多媒体广播多播服务 |
| MBSFN | Multicast/Broadcast Single Frequency Network | 多播广播单频网 |
| MCC | Mobile Country Code | 移动国家代码 |
| MCS | Modulation and Coding Scheme | 调制编码方式 |
| MIB | Master Information Block | 主信息块 |
| MIMO | Multiple-Input Multiple-Output | 多输入多输出 |
| MME | Mobility Management Entity | 移动管理实体 |
| MNC | Mobile Network Code | 移动网络代码 |
| MSC | Mobile Switching Centre | 移动交换中心 |
| MU-MIMO | Multi User - MIMO | 多用户 MIMO |
| NAS | Non Access Stratum | 非接入层 |
| OFDM | Orthogonal Frequency Division Multiplexing | 正交频分复用 |
| OFDMA | Orthogonal Frequency Division Multiple Access | 正交频分多址 |
| PBCH | Physical Broadcast Channel | 物理广播信道 |
| PCCH | Paging Control Channel | 寻呼控制信道 |
| PCFICH | Physical Control Format Indicator Channel | 物理控制格式指示信道 |
| PCH | Paging Channel | 寻呼信道 |
| PCRF | Policy and Charging Rules Function | 策略与计费规则功能 |
| PDCCH | Physical Downlink Control Channel | 物理下行控制信道 |
| PDCP | Packet Data Convergence Protocol | 分组数据汇聚协议 |
| PDN | Packet Data Network | 分组数据网 |
| P-GW | Packet Data Network Gateway | 分组数据网网关 |

| 英文缩写 | 英 文 全 称 | 中 文 含 义 |
|---|---|---|
| PDSCH | Physical Downlink Shared Channel | 物理下行共享信道 |
| PF | Paging Frame | 寻呼帧 |
| PHICH | Physical Hybrid ARQ Indicator Channel | 物理 HARQ 指示信道 |
| PHY | Physical Layer | 物理层 |
| PLMN | Public Land Mobile Network | 公共陆地移动网 |
| PMCH | Physical Multicast Channel | 物理多播信道 |
| PMI | Precoding Matrix Indication | 预编码矩阵指示 |
| PO | Paging Occasion | 寻呼时机 |
| PRACH | Physical Random Access Channel | 物理随机接入信道 |
| PRB | Physical Resource Block | 物理资源块 |
| PS | Packet Switched | 分组交换 |
| PSS | Primary Synchronization Signal | 主同步信号 |
| PUCCH | Physical Uplink Control Channel | 物理上行控制信道 |
| PUSCH | Physical Uplink Shared Channel | 物理上行共享信道 |
| QAM | Quadrature Amplitude Modulation | 正交幅度调制 |
| QCI | QoS Class Identifier | 业务质量级别标识 |
| QoS | Quality of Service | 业务质量 |
| QPSK | Quadrature Phase Shift Keying | 四进制相移键控 |
| RA | Random Access | 随机接入 |
| RACH | Random Access Channel | 随机接入信道 |
| RA-RNTI | Random Access - RNTI | 随机接入 RNTI |
| RB | Resource Block | 资源块 |
| RE | Resource Element | 资源粒子 |
| REG | Resource Element Group | 资源粒子组 |
| RI | Rank Indication | 秩指示 |
| RLC | Radio Link Control | 无线链路控制 |
| RNC | Radio Network Controller | 无线网络控制器 |
| RNTI | Radio Network Temporary Identity | 无线网络临时识别符 |
| RRC | Radio Resource Control | 无线资源控制 |
| RRU | Remote Radio Unit | 射频拉远单元 |
| RS | Reference Signal | 参考信号 |
| RSRP | Reference Signal Received Power | 参考信号接收功率 |
| RSRQ | Reference Signal Received Quality | 参考信号接收质量 |
| RSSI | Received Signal Strength Indicator | 接收信号强度指示 |
| RTT | Round-Trip Time | 往返时延 |

| 英文缩写 | 英 文 全 称 | 中 文 含 义 |
| --- | --- | --- |
| S1 | S1 | LTE 无线网络中 eNodeB 和核心网间的接口 |
| SAE | System Architecture Evolution | 系统结构演进 |
| SC-FDMA | Single Carrier-Frequency Division Multiple Access | 单载波频分多址 |
| SCTP | Stream Control Transmission Protocol | 流控制传输协议 |
| SFBC | Space Frequency Block Code | 空频块码 |
| SFN | System Frame Number | 系统帧号 |
| S-GW | Serving Gateway | 服务网关 |
| SI | System Information | 系统信息 |
| SIB | System Information Block | 系统信息块 |
| SIMO | Single-Input Single-Output | 单输入单输出系统 |
| SINR | Signal to Interference plus Noise Ratio | 信干噪比 |
| SMS | Short Message Service | 短消息业务 |
| SNR | Signal to Noise Ratio | 信噪比 |
| SRB | Signaling Radio Bearer | 信令无线承载 |
| SRS | Sounding Reference Signal | 探测参考信号 |
| SSS | Secondary Synchronization Signal | 辅同步信号 |
| STC | Space Time Coding | 空时编码 |
| Snonintrasearch | Snonintrasearch | 小区重选的异频、异系统测量触发门限 |
| TA | Tracking Area | 跟踪区 |
| TAC | Tracking Area Code | 跟踪区域码 |
| TAI | Tracking Area Identity | 跟踪区标识 |
| TB | Transport Block | 传输块 |
| TBS | Transport Block Size | 传输块尺寸 |
| TDD | Time Division Duplex | 时分双工 |
| TD-LTE | Time Division Long Term Evolution | 时分长期演进 |
| TD-SCDMA | Time Division Synchronous CDMA | 时分同步码分多址 |
| TM | Transparent Mode | 透明模式 |
| TPC | Transmit Power Control | 发射功率控制 |
| TSTD | Time Switched Transmit Diversity | 时间切换发射分集 |
| TTI | Transmission Time Interval | 发送时间间隔 |
| UDP | User Datagram Protocol | 用户数据报协议 |
| UE | User Equipment | 用户设备 |
| UL | Uplink | 上行 |
| UL-SCH | Uplink Shared Channel | 上行共享信道 |
| UMTS | Universal Mobile Telecommunications System | 通用移动通信系统 |

续表五

| 英文缩写 | 英 文 全 称 | 中 文 含 义 |
|---|---|---|
| UpPTS | Uplink Pilot Time Slot | 上行导频时隙 |
| USIM | Universal Subscriber Identity Module | 用户业务识别模块 |
| WAP | Wireless Application Protocol | 无线应用通信协议 |
| WCDMA | Wideband CDMA | 宽带码分多址 |
| WiMAX | Worldwide interoperability for Microwave Access | 全球微波互联接入 |
| X2 | X2 | X2 接口，LTE 无线网络中 eNodeB 之间的接口 |
| ZC | Zadoff-Chu | 一种正交序列 |

# 参 考 文 献

[1] 方明，姚中阳，阳春，等. 无线网络规划与优化[M]. 北京：中国铁道出版社，2020.

[2] 张守国，王建斌，李曙海等. 4G 无线网络原理及优化[M]. 北京：清华大学出版社，2017.

[3] 钟旭东，任保全，李洪钧，等. 空间信息网络无线资源管理与优化[M]. 北京：人民邮电出版社，2021.

[4] 顾艳华，陈雪娇. 移动网络规划与优化[M]. 北京：北京理工大学出版社，2021.

[5] 张守国，周海骄，雷志纯，等. LTE 无线网络优化实践[M]. 2 版. 北京：人民邮电出版社，2018.

[6] 窦中兆，王公仆，冯穗力. TD-LTE 系统原理与无线网络优化[M]. 北京：清华大学出版社，2019.

[7] 朱明程，王霄峻，李建蕊，等. 网络规划与优化技术[M]. 北京：人民邮电出版社，2018.

[8] 李正茂，王晓云，黄宇红，等. TD-LTE 技术与标准[M]. 北京：人民邮电出版社，2013.